Analytical dynamics and nonlinear oscillations

해석역학과 비선형동요

이승준 지음

GS인터비전

서문

저자가 몸담고 있는 대학의 학사 및 대학원 석사 과정에는 라그란지안이나 변분법을 다루는 과목이 없어 조금이라도 해석역학적인 방법을 소개해야 할 경우 항상 적절한 교재의 필요성을 절감해왔다. 그 사이 대학원 석·박사 과정에서 강의하던 '고등동역학(Advanced dynamics)'의 내용을 이제야 정리하여 책으로 남길 수 있게 되어 그나마 매우 다행스럽게 생각한다.

학교에서 교재로 사용할 수 있는 책을 쓸 경우, 현재 우리나라의 대학교에서는 한 학기가 15주로 되어 있으므로 chapter의 수를 13 정도로 하는 것이 적절하다고 생각되어, 이와 같은 원칙을 저자의 책에서는 비교적 일관되게 지키려고 하고 있다. '고등동역학'에서는 해석역학과 비선형동요를 같이 다루어야 하였으므로, 두 주제에 대한 시간 배정 또한 어려운 문제였지만, 학생들이 배운 내용을 응용하는 것을 가장 중요한 인자로 하여 선택의 기준을 삼았다. 특히 해석역학에 5주, 비선형동요에 7주를 배정하는 것은 30 여 년 동안 강의를 진행하면서 거의 저절로 정해진 것으로 보인다. 해석역학의 Hamilton-Jacobi 이론을 포함시키는 문제를 두고 몇 년 동안 고민을 계속하기는 했지만 결국 응용의 견지에서 강의에서 제외되었는데, 현대물리(Modern Physics)를 계속 공부해야 할 학생들에 대해서는 이 부분 매우 안타깝게 생각한다.

동역학은 전반적으로 대학생 시절부터 항상 흥미를 가지고 지켜 보아온 주제이며, Caltech 유학 시절에는 특히 은사이신 Wu 교수의 권유로 고전역학(Classical Mechanics) 강의를 물리학과에서 들으면서, 정말 새로운 관점에서 역학을 다시 바라볼 수 있게 되었던 일에 대해서는 지금도 선생님께 감사드리고 있다.

해석역학을 대학원에서 가르치면서 쓸 수 있는 영어 교재로는 항상 도움을 받고 있는 Sommerfeld(1950), Meirovitch(1970), Lanczos(1970), Landau & Lifshitz(1976), Goldstein(1981) 등 다양한 교재들이 충분히 있고 실제로 Goldstein은 수업 시간 중 가장 많이 인용하며 사용해왔다. 하지만 해석역학과 비선형동요를 같이 다룬 책으로는 Meirovitch를 제외하면 찾아보기 힘들며, Meirovitch조차도 비선형동요와 관련한 선형대수(Linear Algebra)적인 내용은 벡터 공간의 개념을 사용하고 있지 않기 때문에 저자의 입장에서는 조금 미흡하게(?) 느껴지는 면이 있다.

비선형동요는 비선형 파동 이론과 관련하여서도 그 기초를 이루고 있으므로 유학 시절 꽤 많은 시간을 할애하였던 주제이기도 하다. 또한 당시 명강의로 최고의 인기를 누렸던 Knowles 교수의 AM125를 통해서는 비선형 미분 방정식과 관련하여 비선형동요의 중요한 기초들에 대해 배우는 매우 좋은 기회가 되었는데, 여기서도 가능한 한 Knowles 교수가 다루고자 했던 내용을 반영하고자 노력하였다.

물론 비선형동요만 다룬 책들도 근자에 이르러서는 급격히 증가하였지만, Stoker(1966), Meirovitch(1967), Nayfeh & Mook(1995) 등을 대표적인 고전으로 볼 수 있고, 실제로 Stoker는 강의 시간 중 가장 많이 인용한 것으로 생각한다. 비선형동요에 대한 이론은 대부분 비선형 미분 방정식과 관련되어 있으며, 이와 관련하여 전통적인 관점에서는 Struble(1962), Coddington & Levinson(1955), Bellman(1953) 등이 체계적인 설명을 시도하고 있으며, 보다 현대적인 해석과 관련하여서는 Jordan & Smith(1999)를 상당 부분 참고하였다.

책을 쓸 때마다 느끼는 것은 최대의 수혜자는 저자라는 점과, 항상 아쉬운 느낌이 있지만 이런저런 이유 때문에 적절한 수준에서 마감해야 한다는 점이다. 이번에도 그와 같은 사정은 변함이 없었지만, 점차 은퇴가 다가오고 있으므로, 큰 짐을 내려놓는 듯한 홀가분한 마음 또한 숨길 수 없다. 물론 아직도 은퇴 전에 끝내고 싶은 저술들이 몇 권 있기는 하지만 이제는 정말 끝이 보인다고나 할까. 22 년 전 처음 책을 쓰기로 결심했을 때를 돌이켜 보면 정말 먼 길을 왔다는 생각이 절로 든다. 후배들과 제자들이 이 책을 통해 조금이라도 배우는 시간을 단축할 수 있다면 저자는 이 책을 위해 저자가 쏟은 그 동안의 노력, 시간에 대해 충분히 보상받은 것으로 생각할 수 있다. 시점과 장소는 다르지만 같은 길을 가는 수 없이 많은 동료들에게 이 책을 바친다.

2017년 8월 14일 유성에서 이승준.

차례

1장
들어가기

이 책은 크게 두 부분으로 이루어져 있는데, 1부(2장~6장)에서는 **해석역학**(analytical mechanics)을, 2부(7장~13장)에서는 **비선형동요**(nonlinear oscillation)를 각각 다루고 있다. 해석역학과 비선형동요는 물론 각각 독립된 교재가 필요할 정도로 광범위한 내용을 포함한다. 하지만 선박해양공학을 전공하는 학생들이 대학원 석·박사 과정에서 이들과 관련된 내용을 배울 때, 하나의 과목에서 이들 두 분야의 내용을 집중적으로 배우고 있는 것이 일반적이며, 또한 Meirovitch(1970)[1]도 이 점에 대해서는 이 책과 맥락을 같이 하고 있다.

컴퓨터의 발전과 더불어 에너지 방법 및 변분 원리의 활용도는 갈수록 커지고 있으며, 이와 같은 관점에서 해석역학의 주요한 내용인 라그란지안이나 해밀터니안에 대한 이해는 더욱 더 필수적인 부분이 되었다고 할 수 있다. 물론 복잡한 계의 운동 방정식을 유도하는 데는 당연히 라그란지안의 적용을 고려해야 하지만, 구조역학을 포함한 연속체역학에서도 유한 요소법 등 변분 원리를 이용하여 문제를 다루는 것이 보편화되고 있다.

한편 선박 및 해양구조물의 경우, 운동과 조종 문제, 추진장치와 관련된 진동 등의 다양한 문제에서 비선형동요의 기본적 개념을 이해하지 못하면 문제 해결 또는 선형 설계 자체에 지장을 받을 수도 있음을 근자의 경험을 통해 배우고 있다. 비선형 복원력이나 매개기진 등에 의한 선박의 안정성 저하는 선종에 따라서는 선형 설계의 초기 단계부터 심각하게 고려해야 하는 문제가 되고 있다. 또한 기관실에서 발생하는 각종 진동 및 소음도 그에 대한 대책을 마련하기 위해서는 비선형동요의 기본 개념들에 대한 이해가 필수적인 것으로 보인다.

이 책은 학사 과정에서 동역학, 공학수학 등을 배우고 석·박사 과정 1학년에서 응용수학을 배운 공학계 대학원 학생들이 보는 것으로 가정하고 쓰였다. 따라서 미적분, 선형대수, 미분방정식 등의 기초적인 수학적 내용과 관련하여서는 대부분의 경우 적절한 참고도서를 추천하는 것으로 하였다. 단 선형대수에서 다루는 주기저 정리에 대해서는 저자의 경험 상, 통상적으로 벡터 공간의 개념을 사용하는 내용을 학생들이 충분히 주지하고 있지 못하므로 본문 5장에 개략적으로 포함시켰다.

해석역학은 라그랑쥐(Lagrange, 1788{1})에 의해 저술된 책의 제목, 'Mécanique Analytique'에서 유래하였는데, 라그랑쥐는 이 책의 서문에서 '독자들이 하나의 그림도 볼 수 없을 것'[1]이라고 밝혔다. **뉴턴-오일러 역학**(Newton-Euler mechanics)[2]을 사용하여 역학 문제를 풀 때는, 통상 먼저 **자유 물체도**(free body diagram)를 작성함으로써 그 물체에 작용하는 힘을 확실히 파악해야 한다. 이에 비해, 해석역학에서는 생각하는 계의 운동 에너지와 포텐셜 에너지를 구하는 것으로 시작하기 때문에 그의 자랑은 그의 책이 포함한 내용과 뉴턴-오일러 역학의 본질적인 차이를 적확하게 지적한 측면이 있다. 그는 역학 문제를 하나의 **원리**(principle) 안에 담아내어 수학 문제로 바꾸어 버렸다고 할 정도로 **해석적**(analytical) 방법, 즉 미적분의 사용을 선호하였으며, 라그랑쥐 이후 역학의 발전은 그가 추구했던 방향으로 진행되었다.

1부에서 다루는 해석역학과 관련하여 전반적으로는 Goldstein, Poole, & Safko(2000)[2]와, Landau & Lifshitz(1976)[3]을, 뉴턴-오일러 역학에 대한 부분은 이승준(2012)[4]를 주요 참고도서로 추천한다.

1부에서는 해석역학의 기초에 대해 살펴보는데, 2장에서는 먼저 하나의 질점 및 질점계에 대한 뉴턴-오일러 역학의 기본 내용에 대한 복습을 시도한다. 3장에서는 **가상 일의 원리**(principle of virtual work)를 소개하고 **일반 좌표**(generalized coordinate)의 개념을 도입한 뒤, 이들을 이용하여 **라그랑쥐 방정식**(Lagrange's equations)을 유도하며, 이의 적용과 관련된 대표적인 예제들을 살펴보기로 한다.

4장에서는 **변분법**(method of variational calculus)을 간단히 소개하고, 변분법과 **해밀턴 원리**(Hamilton's principle)를 이용하여 3장에서 얻었던 라그랑쥐 방정식을 다시 유도함으로써 변분 원리가 역학의 기본적 원리로서 어떤 역할을 하는지 알아보기로 한다. 다음으로 **운동의 제1 적분**(first integral of motion)에 대해 고찰한 후, **구속조건**(constraints)을 각각의 문제에

1) 'The reader will find no figures in the work.'
2) 일반적으로는 뉴턴 역학으로 부르고 있으나, 저자는 뉴턴-오일러 역학이 맞는 명칭이라고 생각하며, 이에 대해서는 이승준(2012)[4]를 참조하기 바란다.

대해 어떻게 고려할 것인지에 대해 생각하기로 한다.

5장에서는 먼저 **미소동요**(small oscillation)로 다룰 수 있는 대단히 일반적이고도 전형적인 문제를 생각하여 동요 문제 전반에 대한 이해를 돕고, 선형대수의 주요한 결과인 **주기저 정리**(theorem of principal basis)에 대해 간단하게 소개한다. 이어서 이들을 이용하여 자유 진동과 관련된 **다자유도**(multi degree of freedom) 문제의 해를 구하는 과정을 살펴보기로 한다.

6장에서는 지금까지 얻었던 운동 방정식이 n 개의 미지 함수에 대한 2계 상미분 방정식이었던 것에 반해, **일반 운동량**(generalized momenta)의 개념을 도입하고, **해밀터니안**(Hamiltonian)을 정의함으로써 $2n$ 개의 미지 함수에 대한 1계 상미분 방정식으로 주어지는 운동 방정식, 즉 **기준 방정식**(canonical equations)을 유도할 수 있음을 보인다. 또한 이 운동 방정식에 상응하는 변분 원리를 고려하여 **수정 해밀턴 원리**(modified Hamilton's principle)를 얻을 수 있음을 보인다.

2부에서는 **비선형동요**(nonlinear oscillations)의 기본적 내용을 다루는데, 1 **자유도**(single degree of freedom) 문제에 국한하기로 한다. 나아가 비선형성에 의해 새롭게 발생하는 물리적 현상, 즉 **본질적으로 비선형적인**(essentially nonlinear) 문제의 특성에 집중하기로 한다.

또한 개별적인 문제의 해 하나 하나에 대해 관심을 집중하는 것보다, 일반적인 형태의 문제를 생각함으로써 광범위한 문제를 다룰 수 있는 토대를 제공하고, 또한 비선형 문제의 특성에 대한 근본적인 이해를 돕기로 한다.

2부에서 다루는 비선형동요와 관련하여 전반적으로는 Stoker(1966)[5]를, 비선형 상미분 방정식의 이론적인 부분에 대해서는 Jordan & Smith(1999)[6]을 주요 참고도서로 추천한다.

동요는 물리적으로는 **평형점**(equilibrium point) 부근의 운동으로 볼 수 있으며, 7장에서는 **위상평면**(phase plane)의 개념을 도입하여 평형점 부근의 운동을 기하학적으로 이해하는 관점을 제공하기로 한다.

8장에서는 먼저 전형적이고도 간단한 비선형 문제들을 앞 장에서 도입한 개념, 방법들을 사용하여 다루기로 한다. 수학적으로는 벡터 함수에 대한 1계인 **자율계**(autonomous system)로 주어지는 문제를 **임계점**(critical point)의 개념을 도입하여 다룸으로써 일반화를 시도한다.

9장에서는 가장 기본적인 비선형 문제의 하나로, 전형적인 비선형 복원력, 즉 변위의 3승에 비례하는 복원력을 포함하는 Duffing **방정식**(Duffing equation)의 해를 **섭동법**(perturbation method)을 사용하여 고려한다. 이와 같은 과정을 통해 비선형 문제를 다루는 일반적인 방법들을 소개하기로 하며, 또한 **점프**(jump)와 관련된 주기해의 **안정성**(stability)과 **아조화 응답**(subharmonic response) 등에 대해 고찰한다.

10장에서는 또 하나의 가장 기본적인 비선형 문제의 하나로, **음의 비선형 감쇠력**(negative nonlinear damping force)을 포함하는 문제를 생각한다. 이와 관련하여 **Rayleigh 방정식**(Rayleigh equation), 또는 이 방정식과 등가인 **자기기진**(self excitation) 계를 대표하는 **Van der Pol 방정식**(Van der Pol equation)을 고려한다. 이들에 대해 **다중척도법**(multiple scale method)을 적용하여 주기해인 **극한 싸이클**(limit cycle)을 구한 후, 강제 조화 동요의 안정성에 대해 논의하기로 한다.

11장에서는 비선형 문제의 **점근 안정성**(asymptotic stability)과 관련하여 고려해야 하는 선형계의 해의 **존재**(existence)와 **유일성**(uniqueness)에 대한 **Picard 방법**(Picard method)에 대해 알아보기로 한다. 또한 선형계가 가지는 해의 특성을 대표하는 **기본 행렬**(fundamental matrix)에 대해 논의하기로 한다.

12장에서는 **비선형 자율계**(nonlinear autonomous system)의 안정성과 관련하여 **Lyapunov의 점근 안정성**(asymptotic stability of Lyapunov)에 대한 이론을 소개한다. 이어서 다양한 형태의 선형계에 대한 해의 **장시간 거동**(large time behavior)에 대해 논의하기로 한다.

마지막으로 13장에서는 비선형계에 대한 주기해의 안정성을 고려하기 위해 계수가 **주기함수**(periodic function)인 선형계의 해가 가지는 특성과 관련하여 **Floquet 이론**(Floquet theory)을 소개한다. 그리고 Floquet 이론 및 다양한 섭동법을 사용하여 계수가 주기함수인 선형 2계 미분 방정식의 대표로 볼 수 있는 **Mathieu 방정식**(Mathieu equation)의 해의 안정성에 대해 고찰하기로 한다. 이어서 Duffing 방정식의 조화해의 안정성과 관련하여 위에서 얻은 결과를 적용하여 논의하기로 한다.

1부

해석역학

2장

뉴턴-오일러 역학의 복습

1687년 뉴턴의 **프링키피아**(Principia){2}가 발표되어 운동의 법칙들이 알려지고, 1736년 최초의 역학 교과서인 오일러의 Mechanica{3}을 통해 **질점**(mass point, 또는 mass particle)의 개념이 알려지면서 역학 원리는 점차 그 응용 범위를 넓혀가기 시작했다. 이와 같은 역학의 초기 발전 상황은 오늘날 동역학 교과서에도 그대로 그 흔적을 남기고 있으며, 공과대학 학사 과정 동역학의 절반 정도는 **질점 역학**(Mass particle mechanics)으로 부를 수 있는 물체의 **병진 운동**(translation)을 다루고 있다[3].

이 장에서는 뉴턴-오일러 역학에 대한 간단한 복습을 통해 통상 **해석역학**(analytical mechanics) 또는 **스칼라 역학**(scalar mechanics)[4]이라고 불리는 부분에 대한 이론 전개의 전주로 삼고자 한다. 1절에서는 하나의 질점에 대한 운동 법칙을 생각하고, 2절에서는 여러 개의 질점으로 이루어지는 질점계에 대한 운동 법칙을 고려한다. 3절에서는 개별적인 운동 문제를 구성하는 **구속조건**(constraint)에 대해 논의하여 운동의 일반 원리 내에 구속조건을 포함시키는 문제에 대해 논의하기로 한다.

---

3) 역학 발전의 초기 역사에 대해서는 이승준(2012)[4]를 참조하기 바란다.
4) 뉴턴-오일러 역학을 벡터 역학(vectorial mechanics)라고 부르는데 대한 대칭적인 명칭이다.

2.1 질점 역학

질량이 m 이고, 위치 벡터가 시간 t 의 함수 $\underline{x}(t)$ 인 질점에 대해 다음과 같이 미분을 사용하여 속도 벡터 $\underline{u}(t)$ 와 **선운동량**(linear momentum) $\underline{p}(t)$ 를 정의할 수 있다.

$$\underline{u} \equiv \frac{d\underline{x}}{dt}, \tag{2.1}$$

$$\underline{p} \equiv m\underline{u}. \tag{2.2}$$

질점에 작용하는 외력의 합이 $\underline{F}$ 라고 할 때, 뉴턴-오일러에 따르면 다음이 성립한다.

$$\underline{F} = \frac{d\underline{p}}{dt}. \tag{2.3}$$

이 식에 따르면 질점의 선운동량의 시간에 대한 변화율은 질점에 작용하는 외력의 합과 모든 순간 같아야 하며, 위 식은 통상 **선운동량 원리**(principle of linear momentum)라고 불린다. 물론 위에서 벡터 $\underline{x}$ 를 어떤 좌표계를 기준으로 사용하여 나타낼 것인가 하는 문제는 논의의 여지가 있지만, 여기서는 일단 **기준 좌표계**(reference frame)가 존재한다는 가정을 받아들이기로 한다. 식 (2.3)에서 만약 좌변의 외력의 합 $\underline{F} = \underline{0}$ 이라면 선운동량 $\underline{p}(t)$ 는 시간에 따라 변화가 없으며, 따라서 선운동량 $\underline{p}(t)$ 는 보존된다. 한편, 만약 m 이 일정하면 위 식으로부터 다음을 얻는다.

$$\underline{F} = m\frac{d\underline{u}}{dt} = m\underline{a} = m\frac{d^2\underline{x}}{dt^2}. \tag{2.4}$$

기준 좌표계의 원점 O 에 대한 선운동량의 모멘트를 **각운동량**(angular moment) $\underline{L}$ 로 정의하면 다음을 얻으며,

$$\underline{L} \equiv \underline{x} \times \underline{p} = \underline{x} \times m\underline{u}, \tag{2.5}$$

외력 $\underline{F}$ 의 원점 O 에 대한 모멘트를 $\underline{M}$ 이라고 하면 식 (2.3)으로부터 다음을 얻는다.

$$\underline{x} \times \underline{F} \equiv \underline{M} = \underline{x} \times \frac{d\underline{p}}{dt}\,. \tag{2.6}$$

각운동량의 정의, 식 (2.5)의 양변을 시간에 대해 미분하고, $\underline{u} \times \underline{u} = \underline{0}$를 이용하면 다음을 얻으며,

$$\frac{d\underline{L}}{dt} = \frac{d}{dt}(\underline{x} \times m\underline{u}) = \frac{d\underline{x}}{dt} \times m\underline{u} + \underline{x} \times \frac{d(m\underline{u})}{dt} = \underline{x} \times \frac{d\underline{p}}{dt}\,, \tag{2.7}$$

이 식의 마지막 우변과 식 (2.6)의 마지막 우변은 같으므로, 다음을 얻는다.

$$\underline{M} = \frac{d\underline{L}}{dt}\,. \tag{2.8}$$

이 식에 따르면 질점의 원점에 대한 각운동량의 시간에 대한 변화율은 질점에 작용하는 외력의 원점에 대한 모멘트와 모든 순간 같아야 한다. 여기서 만약 좌변 $\underline{M} = \underline{0}$이라면 각운동량 $\underline{L}(t)$는 시간에 따라 변화가 없으며, 따라서 각운동량 $\underline{L}(t)$는 보존된다.

일-에너지 원리를 얻기 위해 다음을 생각한다. 먼저 질점이 $\underline{x}(t_1) = \underline{x}_1$부터 $\underline{x}(t_2) = \underline{x}_2$까지 움직이는 동안 외력이 한 일 W_{12}는 다음과 같이 정의할 수 있다.

$$W_{12} \equiv \int_{\underline{x}_1}^{\underline{x}_2} \underline{F} \cdot d\underline{x}. \tag{2.9}$$

여기서 우변의 $\cdot$ 은 좌우 양쪽에 있는 두 벡터의 **스칼라곱**(scalar product)을 뜻한다.

이 식 우변 피적분 함수의 $\underline{F}$에 식 (2.4)를 대입하고, 또 $d\underline{x} = \frac{d\underline{x}}{dt}dt$ 임을 이용하여 다음을 얻는다.

$$W_{12} = m\int_{t_1}^{t_2} \frac{d\underline{u}}{dt} \cdot \frac{d\underline{x}}{dt}dt = m\int_{t_1}^{t_2} \underline{u} \cdot \frac{d\underline{u}}{dt}dt = m\int_{\underline{u}_1}^{\underline{u}_2} \underline{u} \cdot d\underline{u}\,. \tag{2.10}$$

여기서 $\underline{u}(t_1) = \underline{u}_1$, $\underline{u}(t_2) = \underline{u}_2$이며, 따라서 다음을 얻는데,

$$W_{12} = \frac{m}{2}\left(|\underline{u}_2|^2 - |\underline{u}_1|^2\right), \tag{2.11}$$

질점의 **운동 에너지**(kinetic energy) T를 다음과 같이 정의하고,

$$T \equiv \frac{m}{2} |\underline{u}|^2, \tag{2.12}$$

$T_i = T(t_i)$, $i = 1, 2$ 라고 하면, 식 (2.11)은 다음과 같이 다시 쓸 수 있다.

$$W_{12} = T_2 - T_1. \tag{2.13}$$

이 식은 질점에 대한 **일-에너지 원리**(work-energy principle)라고 부른다. 일-에너지 원리는 위의 식 (2.9)와 (2.10)에서 본 바와 같이 식 (2.3)으로 주어진 선운동량 원리를 한 번 적분하여 얻어졌으므로, 때로는 **적분형 원리**(integral principle)라고 부르기도 한다.

식 (2.13)으로 주어진 일-에너지 원리에 따르면 질점에 가해진 외력에 의한 일은 질점의 운동 에너지의 변화와 같아야 한다. 만약 이 일을 일종의 에너지로 바꾸어 표현하고, 에너지의 합이 일정하다는 소위 에너지 보존 법칙으로 바꿀 수 있다면 개념적으로 이해하기 좀 더 쉬울 것이다. 그와 같은 법칙을 보이기 위해 다음을 생각한다.

먼저 질점에 작용하는 외력이 다음과 같은 성질을 가진다고 가정하자.

$$\oint_C \underline{F} \cdot d\underline{x} = 0\,. \tag{2.14}$$

여기서 적분 경로 C는 임의의 **단순 폐경로**(simple closed path)이다. 이 식에 따르면 질점이 원래의 자리로 돌아온 경우 힘이 질점에 대해 한 일이 영이 되어야 한다. 따라서 경로 C 상의 임의의 두 점을 취하면 폐경로에 대한 적분이 영이므로 두 점 사이의 적분은 어떠한 경로를 따르든지 항상 같은 값을 가져야 한다. 이 때 적분의 하한을 $\underline{0}$ 으로 고정하면, 다음과 같은 적분은 경로에 무관하게 적분의 상한만의 함수로 주어지는 값을 가진다.

$$\int_{\underline{0}}^{\underline{x}} \underline{F} \cdot d\underline{x} = W(\underline{x})\,. \tag{2.15}$$

여기서 하한에 기인하는 항은 상수이므로 함수 $W(\underline{x})$에 포함시켜도 일반성을 잃지 않는다. 식 (2.15)가 성립하는 힘 $\underline{F}$를 **보존력**(conservative force)이라고 부른다.

식 (2.15)의 우변은 항상 다음과 같이 나타낼 수 있는데,

$$W(\underline{x}) = \int_{\underline{0}}^{\underline{x}} dW = -\int_{\underline{0}}^{\underline{x}} (\nabla V) \cdot d\underline{x} = -\int_{\underline{0}}^{\underline{x}} dV = -V(\underline{x}), \tag{2.16}$$

여기서 $V(\underline{x})$는 **포텐셜 에너지**(potential energy)[5]라고 부른다. 식 (2.9)의 일 W_{12}는 $\underline{x}_1$, $\underline{x}_2$뿐만 아니라 적분 경로에 따라 다른 값을 가지는 반면, 식 (2.16)의 포텐셜 에너지는 질점의 최종 위치에만 의존하는 함수임에 유의한다.

$V_i = V(\underline{x}_i)$, $i = 1, 2$라고 하면, 식 (2.9) 좌변의 W_{12}에 대해 다음을 얻는데,

$$W_{12} = \int_{\underline{x}_1}^{\underline{x}_2} dW = -\int_{\underline{x}_1}^{\underline{x}_2} dV = V_1 - V_2, \tag{2.17}$$

이 결과를 식 (2.13)에 대입하고 정리하면 다음을 얻는다.

$$T_1 + V_1 = T_2 + V_2 = E = const.. \tag{2.18}$$

여기서 t_1, t_2 또는 $\underline{x}_1$, $\underline{x}_2$는 특별한 시점, 또는 위치가 아니므로 위 식은 질점 경로 상의 모든 점에 대해 성립해야 한다. 따라서 질점에 작용하는 외력이 보존력일 경우, 운동 에너지와 포텐셜 에너지의 합, 즉 **역학적 에너지**(mechanical energy) E는 항상 일정해야 하고 이와 같은 성질은 **역학적 에너지 보존 법칙**(law of conservation of mechanical energy)이라고 불린다.

2.2 질점계의 역학

두 개 이상의 질점이 하나의 **계**(system)를 이루고 있는 경우에는 각각의 질점에 작용하는 외력뿐만 아니라 질점들 사이에 작용하는 소위 **내력**(internal force)도 고려해야 한다. n 개의 질점으로 이루어진 계의 i번째 질점에 대해 작용하는 힘을 $\underline{F}_i$, 외력을 $\underline{F}_i^e$, j번째 질점이 i번째 질점에 가하는 내력을 $\underline{F}_{ji}$, 또 i번째 질점의 선운동량을 $\underline{p}_i$

5) 차후 보다 일반적인 계에 대한 확장을 고려하여 위치 에너지가 아닌 포텐셜 에너지라는 명칭을 사용하기로 한다.

라고 하자. 그러면 식 (2.3)으로 주어진 선운동량 원리를 적용하여 다음을 얻는다.

$$\underline{F}_i = \underline{F}_i^e + \sum_{j=1}^{n} \underline{F}_{ji} = \frac{d\underline{p}_i}{dt}, \quad i = 1, 2, \cdots, n. \tag{2.19}$$

이 식 첫째 등호 우변의 합에 대해 $j=i$인 경우는 제외되어야 하는데 이하에서도 내력에 대한 합은 $j=i$인 경우를 제외시킨 것으로 간주하기로 한다.

내력과 관련하여 작용-반작용 법칙이 적용된다고 생각하든지 또는 $\underline{F}_{ji} = -\underline{F}_{ij}$임을 가정하면, 식 (2.19)를 i에 대해 모두 더하여 다음을 얻는다.

$$\sum_{i=1}^{n}\left(\sum_{j=1}^{n} \underline{F}_{ji} + \underline{F}_i^e\right) = \sum_{i=1}^{n} \frac{d\underline{p}_i}{dt} \Rightarrow \sum_{i=1}^{n} \underline{F}_i^e = \frac{d^2}{dt^2}\left(\sum_{i=1}^{n} m_i \underline{x}_i\right), \quad \therefore \underline{F}^e = m\frac{d^2\underline{X}}{dt^2}. \tag{2.20}$$

여기서 $\underline{F}^e$는 계에 작용하는 외력의 총합, m은 계 전체의 질량, $\underline{X}$는 그림 2.1에 보인 바와 같이 **질량중심**(center of mass)의 위치 벡터로 각각 다음과 같이 정의되는 양이다.

$$\underline{F}^e \equiv \sum_{i=1}^{n} \underline{F}_i^e, \quad m \equiv \sum_{i=1}^{n} m_i, \quad \underline{X} \equiv \frac{1}{m}\sum_{i=1}^{n} m_i \underline{x}_i. \tag{2.21}$$

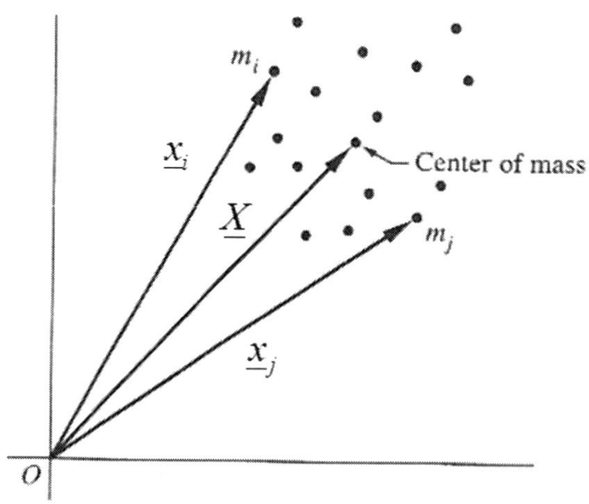

그림 2.1 질점계의 질량중심

만약 **전체 선운동량**(total linear momentum) $\underline{P}$를 다음과 같이 정의하고,

$$\underline{P} \equiv \sum_{i=1}^{n} \underline{p}_i = \sum_{i=1}^{n} m_i \underline{u}_i = \frac{d}{dt}\sum_{i=1}^{n} m_i \underline{x}_i = m\frac{d\underline{X}}{dt} \equiv m\underline{U}, \tag{2.22}$$

이를 이용하여 식 (2.20)의 마지막 식을 다시 쓰면 다음을 얻는다.

$$\underline{F}^e = m\frac{d\underline{U}}{dt} = \frac{d\underline{P}}{dt}. \tag{2.23}$$

이 식을 통상 질점계에 대한 선운동량 원리라고 부르며, 외견 상 식 (2.3)의 하나의 질점에 대한 선운동량 원리와 같음에 유의한다. 이 식에 따르면 질점계의 운동은 마치 질량 중심에 질량 m을 가진 하나의 질점에 대해 계 전체에 작용하는 외력의 총합이 가해질 경우와 같은 운동을 하는 것으로 간주할 수 있다. 또한 만약 좌변의 외력의 합 $\underline{F}^e = \underline{0}$이면 전체 선운동량 $\underline{P}(t)$는 시간에 따라 변화가 없으며, 따라서 선운동량 $\underline{P}(t)$는 보존된다.

질점계의 원점 O에 대한 **전체 각운동량**(total angular momentum)을 $\underline{L}(t)$라고 정의하면 모든 질점의 각운동량을 더하여 다음을 얻는다.

$$\underline{L} \equiv \sum_{i=1}^{n} \underline{x}_i \times \underline{p}_i. \tag{2.24}$$

따라서 전체 각운동량 $\underline{L}(t)$의 시간에 따른 변화율을 다음과 같이 얻고,

$$\frac{d\underline{L}}{dt} = \frac{d}{dt}\left(\sum_{i=1}^{n} \underline{x}_i \times \underline{p}_i\right) = \sum_{i=1}^{n}\left(\frac{d\underline{x}_i}{dt} \times \underline{p}_i + \underline{x}_i \times \frac{d\underline{p}_i}{dt}\right) = \sum_{i=1}^{n}\left(\underline{x}_i \times \frac{d\underline{p}_i}{dt}\right), \tag{2.25}$$

이 식 마지막 우변에 식 (2.19)를 대입하면 다음을 얻는다.

$$\frac{d\underline{L}}{dt} = \sum_{i=1}^{n}\left\{\underline{x}_i \times \left(\underline{F}_i^e + \sum_{j=1}^{n} \underline{F}_{ji}\right)\right\} = \sum_{i=1}^{n} \underline{x}_i \times \underline{F}_i^e + \sum_{i=1}^{n}\sum_{j=1}^{n} \underline{x}_i \times \underline{F}_{ji}. \tag{2.26}$$

i번째 질점과 j번째 질점을 잇는 벡터, $\underline{x}_{ij} = \underline{x}_i - \underline{x}_j$라고 하자. 그러면 위의 식 둘째 등호 우변의 **이중합**(double sum)에 대해 작용-반작용 법칙이 적용된다고 생각하든지,

아니면 아예 $\underline{x}_{ij}$와 j번째 질점이 i번째 질점에 가하는 내력 $\underline{F}_{ji}$가 평행하다고 가정하면 다음을 얻는다.

$$\underline{x}_i \times \underline{F}_{ji} + \underline{x}_j \times \underline{F}_{ij} = \left(\underline{x}_i - \underline{x}_j\right) \times \underline{F}_{ji} = \underline{x}_{ij} \times \underline{F}_{ji} = \underline{0}\,. \tag{2.27}$$

그러므로 식 (2.26)으로부터 결국 다음 결과를 얻는다.

$$\frac{d\underline{L}}{dt} = \sum_{i=1}^{n} \underline{x}_i \times \underline{F}_i^e \equiv \underline{M}^e\,. \tag{2.28}$$

이 식은 외견 상 식 (2.8)로 주어진 하나의 질점에 대한 식과 같다는 점에 유의한다. 또한 만약 우변의 모멘트의 합 $\underline{M}^e = \underline{0}$이면 전체 각운동량 $\underline{L}(t)$는 시간에 따라 변화가 없으며, 따라서 각운동량 $\underline{L}(t)$는 보존된다.

한편, 각 질점의 위치 벡터 $\underline{x}_i$를 그림 2.2에 보인 바와 같이 다음처럼 다시 쓸 수 있다.

$$\underline{x}_i = \underline{X} + \underline{x}_i^{'},\ i = 1, 2, \cdots, n\,. \tag{2.29}$$

또 속도 벡터 $\underline{u}_i$, 각 질점의 질량중심에 대한 속도 벡터 $\underline{u}_i^{'}$ 및 선운동량 $\underline{p}_i^{'}$는 다음과 같이 쓸 수 있으므로,

$$\underline{u}_i = \frac{d\underline{x}_i}{dt} = \underline{U} + \underline{u}_i^{'},\ \underline{u}_i^{'} = \frac{d\underline{x}_i^{'}}{dt},\ \underline{p}_i^{'} = m_i \underline{u}_i^{'},\ i = 1, 2, \cdots, n\,, \tag{2.30}$$

이들을 식 (2.24)에 대입하여 다음을 얻는다.

$$\begin{aligned}
\underline{L} &= \sum_{i=1}^{n} \left\{ \left(\underline{X} + \underline{x}_i^{'}\right) \times m_i \left(\underline{U} + \underline{u}_i^{'}\right) \right\} \\
&= \underline{X} \times \underline{U} \sum_{i=1}^{n} m_i + \underline{X} \times \left(\sum_{i=1}^{n} m_i \underline{u}_i^{'}\right) + \left(\sum_{i=1}^{n} m_i \underline{x}_i^{'}\right) \times \underline{U} + \sum_{i=1}^{n} \left(\underline{x}_i^{'} \times m_i \underline{u}_i^{'}\right) \\
&= \underline{X} \times m\underline{U} + \sum_{i=1}^{n} \left(\underline{x}_i^{'} \times m_i \underline{u}_i^{'}\right) = \underline{X} \times m\underline{U} + \sum_{i=1}^{n} \left(\underline{x}_i^{'} \times \underline{p}_i^{'}\right).
\end{aligned} \tag{2.31}$$

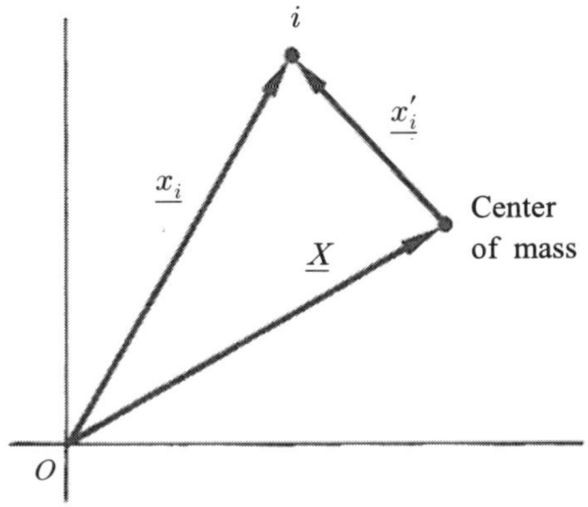

그림 2.2 각운동량에 대한 고려를 위한 위치 벡터의 표현

여기서 셋째 등호를 얻는 데는 질량중심의 정의인 식 (2.21)로부터 얻는 $\sum_{i=1}^{n} m_i \underline{x}_i' = \underline{0}$, $\sum_{i=1}^{n} m_i \underline{u}_i' = \underline{0}$ 를 이용하였다.

식 (2.31)에 따르면 질점계의 전체 각운동량은, 질량중심에 위치한 질량이 m, 속도 벡터가 $\underline{U}$인 질점의 각운동량과, 질량중심에 대한 질점 하나하나의 각운동량의 총합을 더한 양이다. 만약 질량중심의 위치가 변화하지 않는 질점계인 경우에는 $\underline{U} = \underline{0}$ 이다. 그러므로 질점계의 전체 각운동량은 식 (2.31) 마지막 우변의 둘째 항 $\sum_{i=1}^{n} \underline{x}_i' \times \underline{p}_i'$으로 주어지며, 이 항은 원점 O 대신, 질량중심을 기준점으로 취할 때 얻는 각운동량이다. 한편 좌표계의 원점은 임의로 취할 수 있으므로, 따라서 $\underline{U} = \underline{0}$ 이 성립하는 경우, 질점계의 전체 각운동량을 계산함에 있어 좌표계의 원점을 어느 점으로 취하든지 같은 결과를 얻는다. 또한 전체 각운동량은 좌표계의 원점, 즉 선운동량에 대한 모멘트를 취하는 기준점과 무관한 양이 된다.

나아가 식 (2.28)에서 정의한 $\underline{M}^e$ 에 식 (2.29)를 대입하면 다음을 얻고,

$$\underline{M}^e = \sum_{i=1}^{n} \left\{ \left(\underline{X} + \underline{x}_i' \right) \times \underline{F}_i^e \right\} = \underline{X} \times \underline{F}^e + \underline{M}'^e, \quad \sum_{i=1}^{n} \underline{x}_i' \times \underline{F}_i^e \equiv \underline{M}'^e, \qquad (2.32)$$

$\sum_{i=1}^{n} \underline{x}_i^{'} \times \underline{p}_i^{'} \equiv \underline{L}^{'}$ 로 정의한 뒤, 식 (2.31)의 양변에 $\dfrac{d}{dt}$ 를 취하면 다음을 얻는다.

$$\frac{d\underline{L}}{dt} = \underline{X} \times m\frac{d\underline{U}}{dt} + \frac{d\underline{L}^{'}}{dt}. \tag{2.33}$$

식 (2.28)에 따르면 식 (2.32)의 첫째 식, (2.33)의 좌변이 같으므로, 우변도 같아야 하며, 식 (2.23)에 따라 $\underline{F}^e = m\dfrac{d\underline{U}}{dt}$ 이므로 다음을 얻는다.

$$\frac{d\underline{L}^{'}}{dt} = \underline{M}^{'e}. \tag{2.34}$$

식 (2.28)은 선운동량의 모멘트를 취할 때 그 기준점으로 원점을 잡아 얻은 식이고, 식 (2.34)는 그 기준점으로 질량중심을 잡아 얻은 식임에 유의한다.

질점계에 대한 일-에너지 원리를 얻기 위해 다음을 생각하자. 각 질점에 작용하는 힘에 의한 일을 구하는데, t_1, t_2 일 때의 각 질점의 위치를 종합적으로 각각 상태 1, 2로 나타내면 질점계 전체에 대한 일 W_{12} 에 대해 다음을 얻는다.

$$W_{12} = \sum_{i=1}^{n}\int_1^2 \underline{F}_i \cdot d\underline{x}_i = \sum_{i=1}^{n}\int_1^2 \underline{F}_i^e \cdot d\underline{x}_i + \sum_{i=1}^{n}\left(\sum_{j=1}^{n}\int_1^2 \underline{F}_{ji} \cdot d\underline{x}_i\right). \tag{2.35}$$

한편 위 식의 $\underline{F}_i$ 에 대해 각 질점에 대한 선운동량 원리를 적용하고 $d\underline{x}_i = \underline{u}_i dt$를 이용하면 다음을 얻는다.

$$\sum_{i=1}^{n}\int_1^2 \underline{F}_i \cdot d\underline{x}_i = \sum_{i=1}^{n}\int_{t_1}^{t_2} m_i\frac{d\underline{u}_i}{dt} \cdot \underline{u}_i dt = \sum_{i=1}^{n}\int_1^2 d\left(\frac{m_i\left|\underline{u}_i\right|^2}{2}\right) = T_2 - T_1. \tag{2.36}$$

여기서 $\dfrac{1}{2}\sum_{i=1}^{n} m_i\left|\underline{u}_i(t_k)\right|^2 \equiv T_k$, $k = 1, 2$ 이며 질점계의 전체 운동 에너지이다. 따라서 식 (2.35), (2.36)으로부터 질점계에 대해서도 일-에너지 원리, 식 (2.13)은 여전히 성립함을 알 수 있다.

또한 운동 에너지 T에 대해서도 식 (2.30)을 이용하면 다음을 얻는다.

$$T=\frac{1}{2}\sum_{i=1}^{n}\left\{m_i\left(\underline{U}+\underline{u}_i'\right)\cdot\left(\underline{U}+\underline{u}_i'\right)\right\}=\frac{m}{2}\underline{U}\cdot\underline{U}+\underline{U}\cdot\sum_{i=1}^{n}m_i\underline{u}_i'+\frac{1}{2}\sum_{i=1}^{n}m_i\underline{u}_i'\cdot\underline{u}_i',$$

$$\therefore\ T=\frac{m}{2}\left|\underline{U}\right|^2+\frac{1}{2}\sum_{i=1}^{n}m_i\left|\underline{u}_i'\right|^2. \tag{2.37}$$

이 식에 따르면 질점계의 전체 운동 에너지는 질량중심에 위치한 질량 m, 속도 $\underline{U}$인 질점의 운동 에너지와 각 질점의 질량중심에 대한 상대적인 운동 에너지의 합으로 이루어진다.

일반적인 질점계에 대해 포텐셜 에너지를 정의하여 일-에너지 원리를 에너지 보존 법칙으로 바꾸는 것은 식 (2.35) 마지막 우변의 둘째 항인 이중합으로 주어지는 내력에 기인하는 항 때문에 쉽지 않다. 하지만, 강체를 임의의 두 질점 사이의 **거리**(distance)가 운동 중에 변화하지 않는 물체로 정의하자. 그러면 강체 내의 두 질점을 연결하는 벡터 $\underline{x}_{ij}$는 병진 운동에 의해서는 변화할 수 없고, 오직 회전 운동에 의해서만 변화할 수 있으며, 회전에 의해 생긴 $\underline{x}_{ij}$의 미소 변화 $d\underline{x}_{ij}$는 $\underline{x}_{ij}$와 수직해야 한다. 한편 식 (2.27)과 관련하여 언급한 바와 같이 $\underline{x}_{ij}$와 $\underline{F}_{ji}$는 평행하다고 가정하였으므로, $d\underline{x}_{ij}$는 $\underline{F}_{ji}$와 수직해야 한다. 따라서 강체에 대해서는 $\sum_{i=1}^{n}\sum_{j=1}^{n}\int_1^2\underline{F}_{ji}\cdot d\underline{x}_i$과 관련하여 다음을 얻는다.

$$\underline{F}_{ji}\cdot d\underline{x}_i+\underline{F}_{ij}\cdot d\underline{x}_j=\underline{F}_{ji}\left(d\underline{x}_i-d\underline{x}_j\right)=\underline{F}_{ji}\cdot d\underline{x}_{ij}=0. \tag{2.38}$$

그러므로 결국 $\sum_{i=1}^{n}\sum_{j=1}^{n}\int_1^2\underline{F}_{ji}\cdot d\underline{x}_i=0$을 얻으며, 따라서 강체의 경우에는 내력에 의한 일을 고려할 필요가 없고, 식 (2.35) 마지막 우변의 첫째 항만 고려하면 된다.

강체의 경우, 질점에 대해서와 같이 외력이 보존력인 경우에는 일을 포텐셜 에너지로 바꾸어 쓸 수 있고, 결국 하나의 질점에 대해서와 유사한 역학적 에너지 보존 법칙을 얻을 수 있다.

3장에서 **라그란지안**(Lagrangian) L을 도입한 후, 4.3절에서 운동 방정식을 한 번 적분하여 얻는, 운동의 제1 적분을 생각한다. 물리적으로 중요한 7 개의 양, 즉 벡터인 선운동량의 세 성분, 각운동량의 세 성분, 그리고 스칼라인 에너지가 물체의 운동과 관련하여 보존되는 양들로, 운동의 제1 적분으로 얻어지는 것을 보일 것이다. Landau & Lifshitz(1976)[3]에 따르면, 이들 보존량은 운동이 발생하는 공간의 **균질성**(homogeneity)과 **등방성**

(isotropy), 그리고 시간의 균질성에 기인한다. 여기서 공간의 균질성은 라그란지안 L이 **일반 좌표**(generalized coordinate) q_i의 **양함수**(explicit function)가 아닌 것, 공간의 등방성은 L이 좌표계 회전에 독립인 것, 또 시간의 균질성은 L이 시간 t의 양함수가 아닌 것을 뜻한다.

2.3 구속조건

N 개의 질점으로 이루어지는 질점계의 **자유도**(degree of freedom)는 그 계에 부과된 **구속조건**(constraint)에 따라 결정된다. 만약 구속조건이 다음과 같은 형태로 주어지는 경우,

$$f\left(\underline{x}_i, t\right) = 0, \tag{2.39}$$

그와 같은 구속조건을 **적분형**(holonomic)[6]이라고 부르며, 그렇지 않을 경우에는 **비적분형**(nonholonomic)이라고 부른다. 위 식에서 $\underline{x}_i$는 $\underline{x}_1$, $\underline{x}_2, \cdots$, $\underline{x}_N$을 뜻한다.

예를 들어 강체에 대한 다음과 같은 조건은 적분형이다.

$$\left|\underline{x}_{ij}\right| = c_{ij},\ i = 1, 2, \cdots, N,\ j = 1, 2, \cdots, N. \tag{2.40}$$

여기서 c_{ij}는 주어진 상수이다.

한편 반경 a인 구의 바깥에 위치해야 하는 질점에 대해 다음과 같이 주어지는 조건은 비적분형이다.

$$\left|\underline{x}\right|^2 - a^2 \geq 0\,. \tag{2.41}$$

k 개의 적분형 구속조건이 주어진 경우, N 개의 질점으로 이루어진 질점계의 자유도는 $3N-k$이며, 따라서 질점계의 운동을 구하기 위해서는 $3N-k$ 개의 서로 독립적인 변수들을 시간 t의 함수로 결정해야 할 것이고, 이와 같은 변수들을 **일반 좌표**(generalized coordinate)라고 부른다. 그러므로 위와 같은 질점계의 운동을 구하기 위해

6) holos는 그리스 어로는 정수, 라틴어로는 적분가능을 뜻하며, holonomic이란 명칭은 Hertz에 기인한다.

서는 우선적으로 $3N$ 개의 **직각 좌표**(Cartesian coordinate) $\underline{x}_i$를 $3N-k$ 개의 독립적인 일반 좌표로 변환해야 한다. 일반 좌표는 극좌표 θ의 예에서 알 수 있는 것과 같이 반드시 길이의 차원을 가지지는 않는 점에 유의한다.

구속조건에 기인하여 고려 중인 계에 작용하는 힘은 사실 해의 일부이므로, 구속조건 때문에 발생하는 미지의 힘들을 고려하지 않고서도 운동을 기술할 수 있는 원리를 얻을 수 있다면 대단히 바람직할 것이다. 벡터 량을 다루는 뉴턴-오일러 역학을 사용하는 한, 구속조건에 기인하는 힘을 고려하지 않는다면 운동 방정식을 세우는 것 자체가 불가능한 점을 상기하면, 위와 같은 원리의 중요함을 인식할 수 있을 것이다.

한편, 일-에너지 원리에서처럼 스칼라 량을 다루는 적분형 원리에서는 구속조건에 기인하는 힘들을 무시할 수도 있으며, 위에서 이미 강체의 경우 내력을 무시하여도 좋은 것을 식 (2.38) 아래에서 언급한 바 있다. 따라서 다음 장에서는 이와 같은, 즉 스칼라 량으로 기술되는 운동의 원리로 동역학의 일반적인 문제들을 다룰 수 있는 원리인 가상일의 원리와 달랑베르 원리에 대해 고찰하기로 한다.

연습문제

1. 공기 중에서 자유 낙하하는 물체에 작용하는 힘 F가 다음과 같다고 하자.

$$F = mg - au^2 . \tag{2.E1}$$

여기서 m은 물체의 질량, g는 중력 가속도, a는 주어진 양의 상수, u는 속도의 크기이며, F는 연직 하방을 양의 방향으로 잡는다. $t \to \infty$ 일 때의 소위 **최종 속력**(terminal speed) $v = \sqrt{\frac{mg}{a}}$ 임을 보이고, $u(t)$는 다음과 같이 주어짐을 보이시오.

$$u(t) = v \tanh \frac{gt}{v} . \tag{2.E2}$$

2. 물에 의해 배에 작용하는 항력 D가 다음과 같이 근사적으로 주어진다고 하자.

$$D = ku^3 . \tag{2.E3}$$

여기서 k는 주어진 양의 상수, u는 배의 속력이다. 배가 추진장치를 가동하지 않으면서 그 속력이 $5\,m/s$로부터 $4\,m/s$로 감소하는 동안 배가 움직인 거리와 소요된 시간을 배의 질량 m과 k의 함수로 구하시오.

3. 질량 m인 두 질점이 그림 2.E1에 보인 바와 같이 질량을 무시해도 좋은 길이 l인 강봉(rigid rod)으로 연결되어 있으며, 이 계는 $t = 0$일 때 그림에 보인 바와 같은 상태에 있다고 하자. x방향으로 일정한 크기의 힘 F가 작용할 때의 질량중심의 위치를 t의 함수로 구하시오. 또 각 질점에 대해 운동 방정식을 따로 세우고 그들의 해를 구하여 질량중심의 운동을 구하시오.

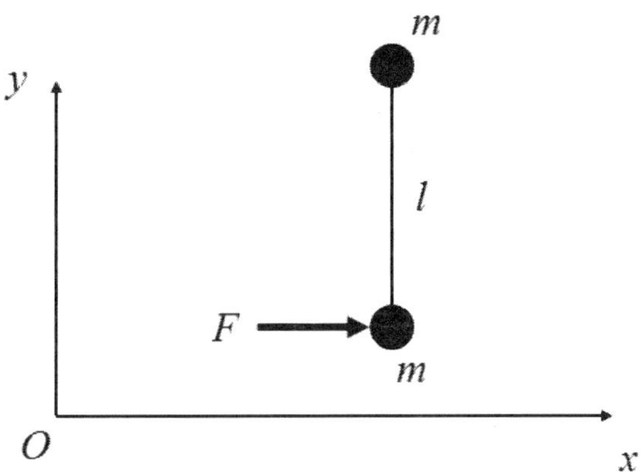

그림 2.E1 질량을 무시해도 좋은 강봉으로 연결된 두 질점

4. 반경 a인 원판이 그림 2.E2에 보인 바와 같이 수평면인 xy 평면 위를 굴러서 움직이는데 항상 xy 평면에 수직한 위치를 유지하도록 구속되어 있다고 할 때, 그 구속조건은 다음과 같이 비적분형으로 주어짐을 보이시오.

$$dx - a\sin\theta\, d\phi = 0,\ \ dy + a\cos\theta\, d\phi = 0. \tag{2.E4}$$

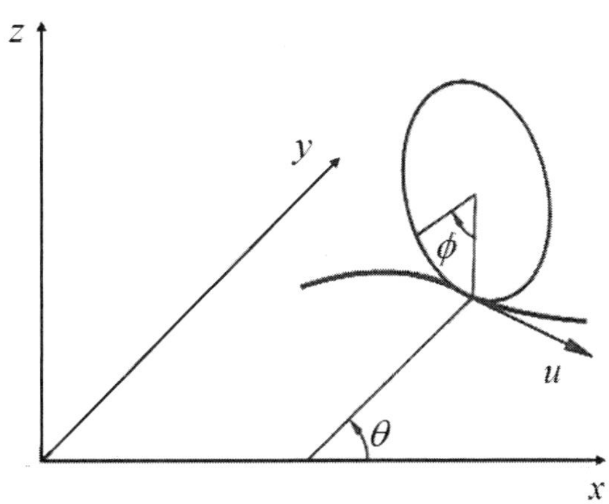

그림 2.E2 수평면 상에서 수직하게 굴러서 움직이는 원판

3장
가상 일의 원리와 라그랑쥐 방정식

2장에서 논의한 바와 같이 구속조건에 기인하는 힘을 고려하지 않는 운동 원리를 생각하기 위해 벡터인 '힘'을 위주로 생각하지 않고 스칼라인 '에너지와 일'을 위주로 하는 원리를 생각하기로 한다.

1절에서는 **가상 일의 원리**(principle of virtual work)를 도입하고, 2절에서는 **일반 좌표**(generalized coordinate)와 이를 이용하여 얻는 **라그랑쥐 방정식**(Lagrange equations)을 생각하며, 3절에서는 대표적인 예제들을 다루어 위에서 얻은 원리들의 응용 사례를 보이기로 한다.

3.1 가상 일의 원리

N 개의 질점으로 이루어지는 질점계에 대해 외력에 의해 발생하는 **가상 일**(virtual work) δW를 생각하자. 이 일은 구속조건과 일관된다고 가정하고, 즉 구속조건을 만족하는 가운데 발생하는 변위에 대한 일만 고려하기로 하면, 질점계에 대해 다음을 얻는다.

$$\delta W = \sum_{i=1}^{N} \underline{F}_i \cdot \delta \underline{x}_i. \tag{3.1}$$

여기서 $\underline{F}_i$는 i번째 질점에 대해 작용하는 힘이며, $\delta\underline{x}_i$는 구속조건을 만족하는 i번째 질점의 **미소 변위**(infinitesimal displacement), 즉 **가상 변위**(virtual displacement)이다.

주목할 것은 구속조건에 기인하여 i번째 질점에 대해 작용하는 힘이 $\underline{f}_i$라고 하면, 다음이 성립한다는 점이다.

$$\underline{f}_i \cdot \delta\underline{x}_i = 0\,,\ i = 1, 2, \cdots, N. \tag{3.2}$$

따라서 구속조건에 기인하는 힘 $\underline{f}_i$와 가상 변위 $\delta\underline{x}_i$는 서로 직교함을 알 수 있다.

한편, 만약 다음이 성립한다면,

$$\underline{F}_i = \underline{0}\,,\ i = 1, 2, \cdots, N, \tag{3.3}$$

즉 모든 질점에 작용하는 힘이 영이 된다면, 따라서 '평형 상태'에 있다면, 식 (3.1)로부터 다음을 얻는다.

$$\delta W = \sum_{i=1}^{N} \underline{F}_i \cdot \delta\underline{x}_i = 0\,. \tag{3.4}$$

이 결과는 통상 **가상 일의 원리**(principle of virtual work)라고 불리며, **베르누이**(Johann Bernoulli, 1715{4})에 의해 제안되었다.

달랑베르(D'Alembert, 1743{5})는 식 (3.3)이 항상 성립한다고 볼 수 있도록 하는 관점을 제시하였다. 그는 식 (2.19)를 다음과 같이 바꾸어 쓰고,

$$\underline{F}_i - \frac{d\underline{p}_i}{dt} = \underline{0}\,,\ i = 1, 2, \cdots, N, \tag{3.5}$$

여기서 이 식 좌변의 둘째 항도 하나의 힘으로 본다면 위 식은 식 (3.3)의 형태를 가진다는 점에 주목하였다. 단지 $\frac{d\underline{p}_i}{dt}$ 항을 이항한 것에 불과하지만, 식 (2.19)는 매 순간 만족되어야 하는 운동 방정식임에 반하여, 식 (3.5)는 각 질점이 만족해야 하는 일종의 '평형 방정식'이다. 다시 말하면 달랑베르는 동역학적인 문제를 정역학적인 문제로 바꾸어 볼 수 있는 관점을 제공하였다고 할 수 있다.

시간에 대한 1계, 2계 미분을 $\dot{\underline{x}}_i$, $\ddot{\underline{x}}_i$와 같이 위에 점을 찍어 나타내는 뉴턴의 방법을 사용하기로 하면, 식 (3.5) 좌변의 둘째 항, $-\dfrac{d\underline{p}_i}{dt} = -m_i\ddot{\underline{x}}_i$는 **관성력**(inertia force)이라고 불리는데, 식 (3.4)의 $\underline{F}_i$를 $\underline{F}_i - m_i\ddot{\underline{x}}_i$로 대체하여 다음을 얻는다.

$$\sum_{i=1}^{N}\left\{\left(\underline{F}_i - m_i\ddot{\underline{x}}_i\right)\cdot\delta\underline{x}_i\right\} = 0. \tag{3.6}$$

이 식은 가상 일의 원리에 관성력의 개념을 도입하여 얻었으며, 여기서 가상 변위는 구속조건에 기인하는 힘과 직교한다는 점을 강조해 둔다. 위 식으로부터 운동 방정식을 얻기 위해서는 일반 좌표의 개념이 필요하며 이에 대해 다음 절에서 생각하기로 한다.

3.2 일반 좌표와 라그랑쥐 방정식

2.3절에서 논의한 바와 같이 일반 좌표는 생각하는 계의 자유도 n과 같은 수가 존재하므로, N 개의 질점으로 이루어진 계의 경우, 적어도 하나 이상의 적분형 구속조건이 주어졌다면 $n < 3N$이 성립한다.

따라서 q_j, $j = 1, 2, \cdots, n$을 **일반 좌표**(generalized coordinate)라고 하면, 원칙적으로 다음과 같은 변환이 존재해야 한다.

$$\underline{x}_i = \underline{x}_i(q_1, q_2, \cdots, q_n, t),\ i = 1, 2, \cdots, N. \tag{3.7}$$

이 식으로부터 **연쇄율**(chain rule)에 의해 가상 변위 $\delta\underline{x}_i$에 대해 다음을 얻고,

$$\delta\underline{x}_i = \sum_{j=1}^{n}\frac{\partial\underline{x}_i}{\partial q_j}\delta q_j,\ i = 1, 2, \cdots, N, \tag{3.8}$$

이를 식 (3.6)에 대입하여 다음을 얻는다.

$$\sum_{i=1}^{N}\left\{\left(\underline{F}_i - m_i\ddot{\underline{x}}_i\right)\cdot\sum_{j=1}^{n}\frac{\partial\underline{x}_i}{\partial q_j}\delta q_j\right\} = \sum_{j=1}^{n}\left\{\sum_{i=1}^{N}\left(\underline{F}_i - m_i\ddot{\underline{x}}_i\right)\cdot\frac{\partial\underline{x}_i}{\partial q_j}\right\}\delta q_j = 0\,. \tag{3.9}$$

위 식에서 $\delta q_j,\ j=1,2,\cdots,n$는 선형 독립이므로 { }안의 양은 모든 $j=1,2,\cdots,n$에 대해 영이 되어야 하며 따라서 다음 결과를 얻는다.

$$\sum_{i=1}^{N}\left\{\left(\underline{F}_i - m_i\ddot{\underline{x}}_i\right)\cdot\frac{\partial\underline{x}_i}{\partial q_j}\right\} = 0\,,\ j=1,2,\cdots,n\,. \tag{3.10}$$

여기서 위 식 좌변 ( ) 안의 첫째 항과 관련하여 다음 정의를 도입하는데,

$$\sum_{i=1}^{N}\underline{F}_i\cdot\frac{\partial\underline{x}_i}{\partial q_j} \equiv Q_j\,,\ j=1,2,\cdots,n\,, \tag{3.11}$$

이 식 우변의 Q_j는 **일반화된 힘**(generalized force)이라고 불린다. 식 (3.11)의 좌변은 일-에너지 원리와 관련하여 고려한 식 (2.35)의 힘 $\underline{F}_i$에 의한 일과 본질적으로 같은 양임에 유의한다.

식 (3.10) 좌변의 $\dfrac{\partial\underline{x}_i}{\partial q_j}$와 관련하여 식 (3.7)로부터 다음을 얻는다.

$$\frac{d\underline{x}_i}{dt} = \sum_{j=1}^{n}\left(\frac{\partial\underline{x}_i}{\partial q_j}\dot{q}_j\right) + \frac{\partial\underline{x}_i}{\partial t}\,,\ i=1,2,\cdots,N. \tag{3.12}$$

이 식 좌변은 $\dot{\underline{x}}_i$으로 쓸 수 있으므로 위 식의 양변을 $\dot{q}_j$에 대해 편미분하여 다음 관계를 얻으며,

$$\frac{\partial\dot{\underline{x}}_i}{\partial\dot{q}_j} = \frac{\partial\underline{x}_i}{\partial q_j}\,,\ i=1,2,\cdots,N,\ j=1,2,\cdots,n\,, \tag{3.13}$$

이 결과를 이용하여 식 (3.10) 좌변 ( ) 안의 둘째 항과 관련하여 다음을 얻는다.

$$\begin{aligned}\sum_{i=1}^{N} m_i \ddot{\underline{x}}_i \cdot \frac{\partial \underline{x}_i}{\partial q_j} &= \sum_{i=1}^{N} m_i \frac{d\dot{\underline{x}}_i}{dt} \cdot \frac{\partial \dot{\underline{x}}_i}{\partial \dot{q}_j} = \sum_{i=1}^{N} m_i \left\{ \frac{d}{dt}\left(\dot{\underline{x}}_i \cdot \frac{\partial \dot{\underline{x}}_i}{\partial \dot{q}_j} \right) - \dot{\underline{x}}_i \cdot \frac{d}{dt}\left(\frac{\partial \dot{\underline{x}}_i}{\partial \dot{q}_j} \right) \right\} \\ &= \sum_{i=1}^{N} m_i \left[\frac{d}{dt}\left\{ \frac{\partial}{\partial \dot{q}_j}\left(\frac{\dot{\underline{x}}_i \cdot \dot{\underline{x}}_i}{2} \right) \right\} - \dot{\underline{x}}_i \cdot \frac{d}{dt}\left(\frac{\partial \underline{x}_i}{\partial q_j} \right) \right] \\ &= \frac{d}{dt}\frac{\partial T}{\partial \dot{q}_j} - \sum_{i=1}^{N} m_i \dot{\underline{x}}_i \cdot \left(\frac{\partial \dot{\underline{x}}_i}{\partial q_j} \right) = \frac{d}{dt}\frac{\partial T}{\partial \dot{q}_j} - \frac{\partial}{\partial q_j}\left(\sum_{i=1}^{N} m_i \frac{\dot{\underline{x}}_i \cdot \dot{\underline{x}}_i}{2} \right) \\ &= \frac{d}{dt}\frac{\partial T}{\partial \dot{q}_j} - \frac{\partial T}{\partial q_j}, \quad j = 1, 2, \cdots, n. \end{aligned} \tag{3.14}$$

여기서 T는 질점계의 운동 에너지이고, 셋째 등호를 얻기 위해서는 식 (3.13)을 한 번 더 사용하였다. 식 (3.14)에서 고려한 양은 일-에너지 원리와 관련하여 고려한 식 (2.36)의 관성력에 의한 운동 에너지의 변화와 본질적으로 같은 양임에 유의한다.

식 (3.11), (3.14)를 식 (3.10)에 대입하면 다음을 얻으며,

$$\frac{d}{dt}\left(\frac{\partial T}{\partial \dot{q}_j} \right) - \frac{\partial T}{\partial q_j} = Q_j, \quad j = 1, 2, \cdots, n, \tag{3.15}$$

이 식은 **라그랑쥐 방정식**(Lagrange equations, 1788{1})이라고 불린다. 이 식으로부터 계의 자유도와 같은 수인 n 개의 방정식을 얻는데, 이 식을 주어진 문제에 대해 적용하기 위해서는 계의 운동 에너지 T를 q_j, $\dot{q}_j$의 함수로 얻고, 일반화된 힘 Q_j를 식 (3.11)로부터 얻어야 하는 점과, 식 (3.11)은 구속조건에 기인하는 힘을 포함하고 있지 않은 점에 유의한다.

식 (3.6) 좌변 ( ) 안의 첫째 항과 관련하여 질점에 작용하는 힘 $\underline{F}_i$에 의한 가상 일의 총합을 $\delta W_{\underline{F}}$라고 하면 다음을 얻는다.

$$\delta W_{\underline{F}} = \sum_{i=1}^{N} \underline{F}_i \cdot \delta \underline{x}_i = \sum_{j=1}^{n}\left(\sum_{i=1}^{N} \underline{F}_i \cdot \frac{\partial \underline{x}_i}{\partial q_j} \right)\delta q_j = \sum_{j=1}^{n} Q_j \delta q_j. \tag{3.16}$$

여기서 마지막 등호를 얻는 데는 식 (3.11)을 사용하였다.

만약 $W_{\underline{F}}$를 다음과 같은 하나의 포텐셜 $V(q_1, q_2, \cdots, q_n)$을 사용하여 나타낼 수 있다고 하자.

$$W_{\underline{F}} = - V. \tag{3.17}$$

이 식으로부터 다음을 얻으므로,

$$\delta W_{\underline{F}} = - \sum_{j=1}^{n} \frac{\partial V}{\partial q_j} \delta q_j , \tag{3.18}$$

이를 식 (3.16)과 비교하여 다음을 얻는다.

$$Q_j = - \frac{\partial V}{\partial q_j}, \ j = 1, 2, \cdots, n. \tag{3.19}$$

따라서 식 (3.19)를 식 (3.15)의 라그랑쥐 방정식에 대입하고 정리하면 다음을 얻는다.

$$\frac{d}{dt}\left(\frac{\partial T}{\partial \dot{q}_j}\right) - \frac{\partial (T - V)}{\partial q_j} = 0, \ j = 1, 2, \cdots, n. \tag{3.20}$$

포텐셜 V는 $\dot{q}_j$의 함수가 아닌 것으로 가정하였으므로 위 식 좌변의 첫째 항의 T를 $T - V$로 대체하여도 문제가 없을 것이고, 따라서 $T - V \equiv L$로 정의하면 식 (3.20)은 다음과 같이 다시 쓸 수 있다.

$$\frac{d}{dt}\left(\frac{\partial L}{\partial \dot{q}_j}\right) - \frac{\partial L}{\partial q_j} = 0, \ j = 1, 2, \cdots, n. \tag{3.21}$$

여기서 L은 **라그랑지안**(Lagrangian)이라고 부르며, 이 식도 통상 라그랑쥐 방정식이라고 부르는데[7], 이 식에 따르면 식 (3.17)이 만족되는 경우, 주어진 문제에 대해 스칼라량인 라그란지안만 구하면 필요한 개수만큼의 운동 방정식을 얻을 수 있다.

---

7) 식 (3.15)와 구별하기 위해 식 (3.15)를 제1형(first kind), 식 (3.21)을 제2형(second kind) 라그랑쥐 방정식으로 구분하기도 한다.

3.3 대표적 예제들

이 절에서는 다섯 개의 예제를 생각하기로 한다.

1) $N=1$, 즉 질량 m인 하나의 질점에 대해 생각하자.

운동이 동일 평면 내에서 발생하는 경우, **극좌표계**(polar coordinates)의 r, θ를 일반 좌표로 사용하기로 하면 $n=2$이며, 운동 에너지 T는 다음과 같이 쓸 수 있다.

$$T = \frac{m}{2}\left(\dot{r}^2 + r^2\dot{\theta}^2\right). \tag{3.22}$$

여기서 직각 좌표계와 극좌표계 사이의 관계는 다음과 같으므로,

$$x = r\cos\theta, \tag{3.23}$$

$$y = r\sin\theta, \tag{3.24}$$

$\dfrac{\partial x_i}{\partial q_j}$ 에 대해 다음을 얻는다.

$$\frac{\partial x}{\partial r} = \cos\theta, \quad \frac{\partial x}{\partial \theta} = -r\sin\theta, \tag{3.25}$$

$$\frac{\partial y}{\partial r} = \sin\theta, \quad \frac{\partial y}{\partial \theta} = r\cos\theta. \tag{3.26}$$

이들을 이용하여 식 (3.11)로부터 Q_j를 구하면 다음을 얻는데,

$$Q_1 = (F_x, F_y)\cdot\left(\frac{\partial x}{\partial r}, \frac{\partial y}{\partial r}\right) = F_x\cos\theta + F_y\sin\theta = F_r, \tag{3.27}$$

$$Q_2 = (F_x, F_y)\cdot\left(\frac{\partial x}{\partial \theta}, \frac{\partial y}{\partial \theta}\right) = -rF_x\sin\theta + rF_y\cos\theta = rF_\theta, \tag{3.28}$$

$$F_x \cos\theta + F_y \sin\theta = F_r ,$$
$$-F_x \sin\theta + F_y \cos\theta = F_\theta$$

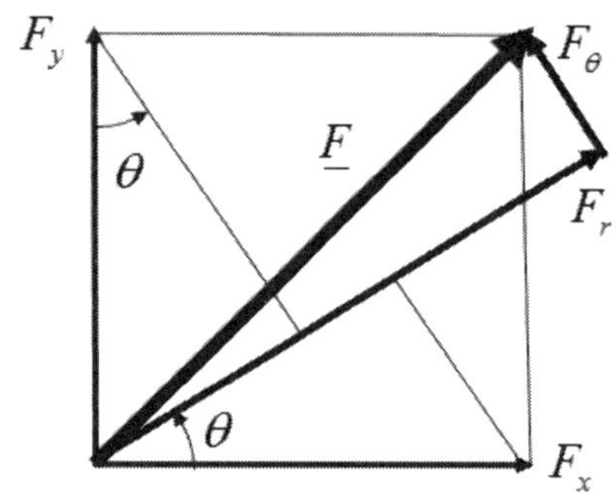

그림 3.1 극좌표계에 대한 힘의 성분 분해

여기서 F_r, F_θ는 각각 질점에 작용하는 힘의 r 방향, θ 방향 성분임을 그림 3.1에 보였다.

따라서 식 (3.15)로부터 다음 결과를 얻고,

$$\frac{d}{dt}\frac{\partial T}{\partial \dot{r}} - \frac{\partial T}{\partial r} = \frac{d}{dt}(m\dot{r}) - mr\dot{\theta}^2 = Q_1 = F_r , \tag{3.29}$$

$$\frac{d}{dt}\frac{\partial T}{\partial \dot{\theta}} - \frac{\partial T}{\partial \theta} = \frac{d}{dt}(mr^2\dot{\theta}) = Q_2 = rF_\theta , \tag{3.30}$$

이들을 정리하여 r, θ 에 대한 운동 방정식을 다음과 같이 얻는다.

$$m(\ddot{r} - r\dot{\theta}^2) = F_r , \tag{3.31}$$

$$m(r\ddot{\theta} + 2\dot{r}\dot{\theta}) = F_\theta . \tag{3.32}$$

뉴턴-오일러 역학에서 구했던 결과와 비교하여 식 (3.31)은 r 방향에 대한 운동 방정식, 식 (3.32)는 θ 방향에 대한 운동 방정식과 동일함을 확인할 수 있다[8]. 식 (3.31) 좌변 ( ) 안의 둘째 항은 구심 가속도이며, 식 (3.32) 좌변 ( ) 안의 둘째 항은 Coriolis 가속도임에 유의한다.

8) 예를 들어 이승준(2012)[4]를 참조하기 바란다.

2) **Atwood 장치**(Atwood machine)로 불리는 그림 3.2에 보인 것과 같은 고정 도르래 문제를 생각한다.

$N=2$, 즉 직선 운동을 하는 두 질점에 대해 생각하는데, 도르래에 걸려있는 줄의 전체 길이는 일정하므로, $n=1$인 문제이다. 질량 m_1의 위치를 x라고 하면, m_2의 위치는 $l-x$로 주어진다. 여기서 l은 주어진 상수이다. 따라서 x를 일반 좌표로 사용하기로 하면 운동 에너지 T는 다음과 같이 쓸 수 있다.

$$T=\frac{(m_1+m_2)}{2}\dot{x}^2=\frac{m}{2}\dot{x}^2,\ m=m_1+m_2. \tag{3.33}$$

여기서 질량의 위치 x_1, x_2와 일반 좌표 x 사이의 관계는 다음과 같으므로,

$$x_1=x, \tag{3.34}$$

$$x_2=l-x, \tag{3.35}$$

$\frac{\partial x_i}{\partial q_j}$에 대해 다음을 얻는다.

$$\frac{\partial x_1}{\partial x}=1,\ \frac{\partial x_2}{\partial x}=-1. \tag{3.36}$$

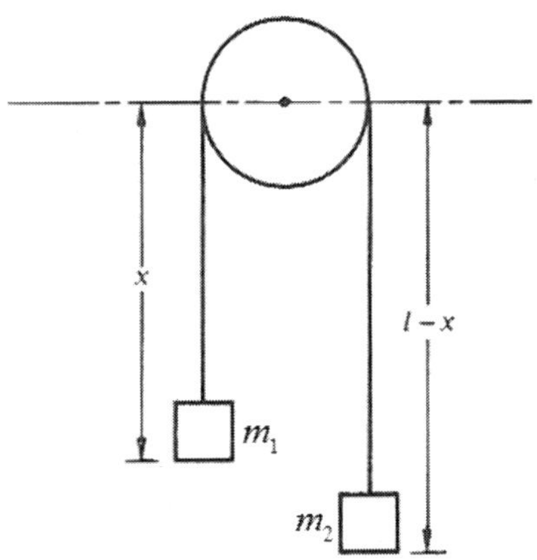

그림 3.2 도르래 문제

이들을 이용하여 식 (3.11)로부터 Q_1을 구하면 다음을 얻는다.

$$Q_1 = m_1 g \frac{\partial x_1}{\partial x} + m_2 g \frac{\partial x_2}{\partial x} = (m_1 - m_2) g \, . \tag{3.37}$$

따라서 식 (3.15)로부터 다음 결과를 얻으며,

$$\frac{d}{dt} \frac{\partial T}{\partial \dot{x}} - \frac{\partial T}{\partial r} = \frac{d}{dt} (m\dot{x}) = Q_1 = (m_1 - m_2) g \, , \tag{3.38}$$

이를 정리하여 다음과 같은 x에 대한 운동 방정식을 얻는다.

$$m \ddot{x} = (m_1 - m_2) g, \ \ddot{x} = \frac{m_1 - m_2}{m_1 + m_2} g. \tag{3.39}$$

이 식에 따르면 두 질량의 가속도는 두 질량의 차에 비례하고 그 합에 반비례함을 얻는다. 또 위에서 식 (3.39)를 얻는데 줄에 걸리는 장력을 고려할 필요가 없었음에 유의하며, 위의 방법으로는 장력을 구할 수 없으므로, 장력을 구하는 것이 목적일 경우에는 오히려 위의 방법이 아닌 다른 방법을 써야 한다.

한편, 위에서는 식 (3.11)을 이용하여 Q_1을 구하였으나, 이 문제에 대해서는 중력이 유일하게 작용하는 힘이므로 다음과 같은 포텐셜 에너지를 사용할 수 있다.

$$V = - m_1 g x - m_2 g (l - x). \tag{3.40}$$

이를 식 (3.19)에 대입하여 식 (3.37)로 주어진 Q_1을 얻음을 확인할 수 있다. 따라서 라그란지안 L을 구하면 다음과 같고,

$$L = T - V = \frac{m}{2} \dot{x}^2 + m_1 g x + m_2 g (l - x), \tag{3.41}$$

이를 식 (3.21)에 대입하여 운동 방정식을 얻으며, 식 (3.39)와 같은 결과를 얻는다.

3) 일정한 각속도 ω로 회전하는 철사를 따라 운동하는 질량 m인 염주(bead)의 운동을 생각한다. 단 이 때 염주에 작용하는 외력은 없다고 가정한다.

$N = 1$인 경우이며, 철사의 회전 운동이 일어나는 평면을 생각하면 염주의 위치는 x,

y의 두 직각 좌표를 알아야 하는데, 회전 중심으로부터의 거리를 r이라고 하고 이를 일반 좌표로 삼기로 하면, $n=1$인 문제이다.

운동 에너지 T는 다음과 같이 쓸 수 있으며,

$$T=\frac{m}{2}\left(\dot{r}^2+r^2\omega^2\right), \tag{3.42}$$

염주에 작용하는 r방향 힘은 없으므로, 식 (3.15)로부터 다음을 얻는다.

$$\frac{d}{dt}\frac{\partial T}{\partial \dot{r}}-\frac{\partial T}{\partial q_j}=m\left(\ddot{r}-\omega^2 r\right)=0\,. \tag{3.43}$$

직접 대입에 의해 확인할 수 있는 바와 같이 이 2계 미분 방정식의 해로 $r(t)$를 다음과 같이 얻는다.

$$r(t)=A\cosh\omega t+B\sinh\omega t\,. \tag{3.44}$$

여기서 A, B는 초기조건을 만족하도록 결정되어야 하는 상수이다.

4) 그림 3.3에 보인 바와 같이 스프링에 연결된, 질량을 무시해도 좋은 지지대(support)에 단진자(simple pendulum)가 매달려 있을 경우, 단진자의 운동을 구하고자 한다.

$N=1$인 경우이며, 단진자의 운동이 동일 평면에서 일어난다고 하면, 질량 m인 단진자의 위치는 x, y의 두 직각 좌표를 알아야 하며, 지지대의 위치 x와 단진자의 연직선에 대한 경사각 θ를 일반 좌표로 삼기로 하면, $n=2$인 문제이다.

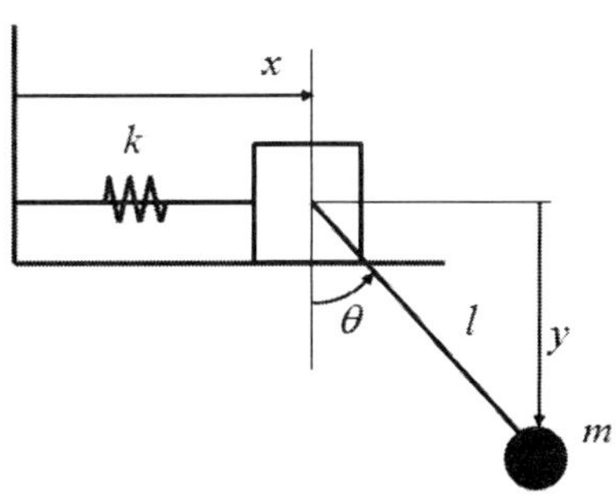

그림 3.3 스프링에 연결된 질량을 무시해도 좋은 지지대에 매달린 단진자

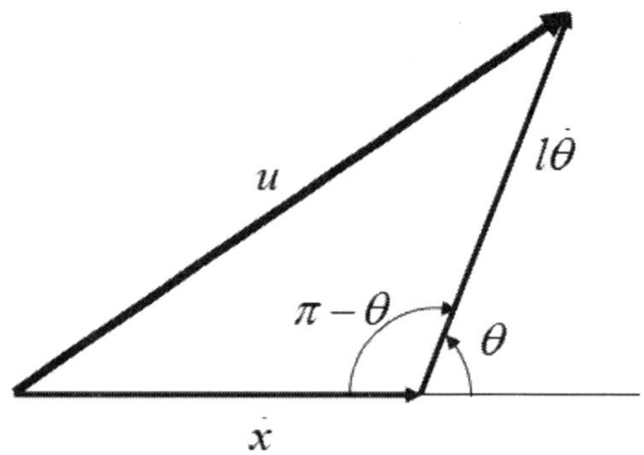

그림 3.4 속도의 크기 u 에 대한 코싸인 법칙,
$u = \sqrt{\dot{x}^2 + l^2\dot{\theta}^2 - 2\dot{x}l\dot{\theta}\cos(\pi-\theta)}$

운동 에너지 T는 그림 3.4에 보인 바와 같이 코싸인 법칙을 적용하여 다음과 같이 얻는다.

$$T = \frac{m}{2}\left(\dot{x}^2 + l^2\dot{\theta}^2 + 2\dot{x}\,l\,\dot{\theta}\cos\theta\right). \tag{3.45}$$

단진자는 스프링과 중력에 기인하는 힘을 받고 있으므로 스프링의 변형 에너지와 중력장에서의 포텐셜 에너지를 함께 고려하여 다음과 같이 계 전체에 대한 포텐셜 에너지를 얻을 수 있다.

$$V = \frac{k}{2}x^2 - mgy = \frac{k}{2}x^2 - mgl\cos\theta. \tag{3.46}$$

따라서 라그란지안 L을 구하면 다음과 같은데,

$$L = T - V = \frac{m}{2}\left(\dot{x}^2 + l^2\dot{\theta}^2 + 2\dot{x}\,l\,\dot{\theta}\cos\theta\right) - \frac{k}{2}x^2 + mgl\cos\theta, \tag{3.47}$$

이를 식 (3.21)에 대입하여 다음 결과를 얻고,

$$\frac{d}{dt}\frac{\partial L}{\partial \dot{x}} - \frac{\partial L}{\partial x} = m\frac{d}{dt}\left(\dot{x} + l\dot{\theta}\cos\theta\right) + kx = 0, \tag{3.48}$$

$$\frac{d}{dt}\frac{\partial L}{\partial \dot{\theta}} - \frac{\partial L}{\partial \theta} = m\frac{d}{dt}\left(l^2\dot{\theta} + \dot{x}\,l\cos\theta\right) + ml\left(\dot{x}\dot{\theta} + g\right)\sin\theta = 0, \tag{3.49}$$

이들을 정리하여 다음과 같이 x, θ에 대한 운동 방정식을 얻는다.

$$\ddot{x} + l\ddot{\theta}\cos\theta - l\dot{\theta}^2\sin\theta + \frac{k}{m}x = 0, \tag{3.50}$$

$$l\ddot{\theta} + \ddot{x}\cos\theta + g\sin\theta = 0. \tag{3.51}$$

경사각 $|\theta| \ll 1$의 가정을 도입하여 $\cos\theta \simeq 1$, $\sin\theta \simeq \theta$를 사용하고, 비선형 항들을 무시하면 위 식들로부터 다음과 같은 선형 근사식들을 얻는다.

$$\ddot{x} + l\ddot{\theta} + \frac{k}{m}x = 0, \tag{3.52}$$

$$l\ddot{\theta} + \ddot{x} + g\theta = 0. \tag{3.53}$$

이 두 식 좌변의 첫째, 둘째 항의 합은 서로 같으므로 이들로부터 다음을 얻으며,

$$kx = mg\theta, \tag{3.54}$$

이 결과를 이용하여 식 (3.53)으로부터 x를 소거하고 정리하면 다음을 얻는다.

$$\ddot{\theta} + \frac{g}{l+\lambda}\theta = \ddot{\theta} + \omega_n^2\theta = 0,\ \lambda = \frac{mg}{k},\ \omega_n^2 = \frac{g}{l+\lambda}. \tag{3.55}$$

따라서 스프링에 연결된 지지대에 매달린 단진자는 그 **고유진동수**(natural frequency)가 단진자의 길이를 $\lambda = \frac{mg}{k}$ 만큼 증가시킨 경우와 같은 값을 가진다. 스프링의 스프링 상수 k를 증가시키면 λ는 감소하므로, $k \to \infty$ 인 극한의 경우 고정된 지지대에 상응하는데, $\lambda \to 0$ 이므로 원래 단진자의 고유진동수 $\omega_n = \sqrt{\frac{g}{l}}$ 를 가짐을 확인할 수 있다.

5) 그림 3.5에 보인 바와 같이 자유도 $n=2$인 스프링-질량 계를 생각한다.

두 질량의 위치를 알아야 하므로 $N=2$이고, 각 질량은 직선 운동을 하므로 x_1, x_2를 일반 좌표로 취하기로 한다.

운동 에너지 T는 다음과 같고,

$$T=\frac{m}{2}\left(\dot{x}_1^2+\dot{x}_2^2\right), \tag{3.56}$$

스프링의 변형 에너지를 고려하여 다음과 같이 포텐셜 에너지를 얻을 수 있다.

$$V=\frac{k}{2}x_1^2+\frac{k}{2}(x_1-x_2)^2+\frac{k}{2}x_2^2=kx_1^2+kx_2^2-kx_1x_2. \tag{3.57}$$

따라서 라그란지안 L을 구하면 다음과 같은데,

$$L=T-V=\frac{m}{2}\left(\dot{x}_1^2+\dot{x}_2^2\right)-kx_1^2-kx_2^2+kx_1x_2, \tag{3.58}$$

이를 식 (3.21)에 대입하여 다음 결과를 얻는다.

$$\frac{d}{dt}\frac{\partial L}{\partial \dot{x}_1}-\frac{\partial L}{\partial x_1}=m\frac{d\dot{x}_1}{dt}+2kx_1-kx_2=0, \tag{3.59}$$

$$\frac{d}{dt}\frac{\partial L}{\partial \dot{x}_2}-\frac{\partial L}{\partial x_2}=m\frac{d\dot{x}_2}{dt}+2kx_2-kx_1=0. \tag{3.60}$$

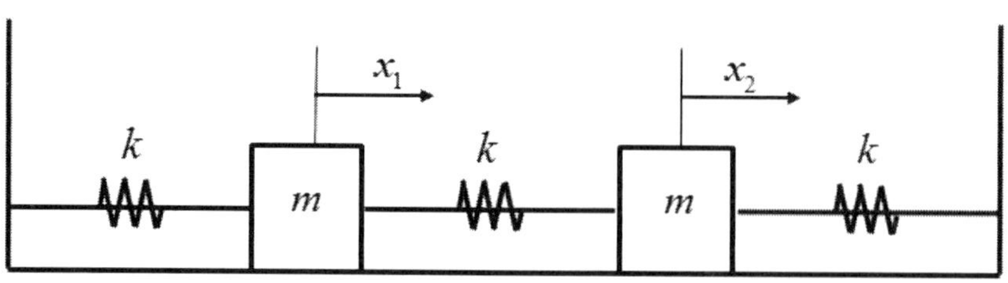

그림 3.5 2 자유도의 스프링-질량 계

이들을 정리하여 x_1, x_2에 대한 운동 방정식을 다음과 같이 얻는다.

$$\ddot{x}_1 + 2\mu x_1 - \mu x_2 = 0, \ \mu = \frac{k}{m}, \tag{3.61}$$

$$\ddot{x}_2 + 2\mu x_2 - \mu x_1 = 0. \tag{3.62}$$

이들 두 식을 행렬을 사용하여 나타내면 다음과 같은데,

$$\begin{pmatrix} \ddot{x}_1 \\ \ddot{x}_2 \end{pmatrix} + \begin{pmatrix} 2\mu & -\mu \\ -\mu & 2\mu \end{pmatrix} \begin{pmatrix} x_1 \\ x_2 \end{pmatrix} = \begin{pmatrix} 0 \\ 0 \end{pmatrix}, \tag{3.63}$$

위 식 좌변 2×2 행렬의 **대칭성**(symmetry)에 유의한다. 위 식은 1계 미분 항을 가지고 있지 않으므로, $x_i = a_i \cos \omega t$, $i = 1, 2$를 가정하고, 이를 위 식에 대입하면 다음을 얻는다.

$$\begin{pmatrix} 2\mu - \omega^2 & -\mu \\ -\mu & 2\mu - \omega^2 \end{pmatrix} \begin{pmatrix} a_1 \\ a_2 \end{pmatrix} = \begin{pmatrix} 0 \\ 0 \end{pmatrix}. \tag{3.64}$$

이 식의 우변이 영 벡터이므로 해가 존재하기 위해서는 계수 행렬의 **행렬값**(determinant)이 영이 되어야 하며, 따라서 다음을 얻고,

$$(2\mu - \omega^2)^2 - \mu^2 = (\omega^2 - \mu)(\omega^2 - 3\mu) = 0, \tag{3.65}$$

이 식으로부터 ω에 대해 다음 결과를 얻는다.

$$\omega_1 = \omega_0, \ \omega_2 = \sqrt{3}\,\omega_0, \ \omega_0 \equiv \sqrt{\mu} = \sqrt{\frac{k}{m}}. \tag{3.66}$$

$\omega_1 = \omega_0$에 대해서는 이를 식 (3.64)에 대입하면 다음을 얻으며,

$$\begin{pmatrix} \mu & -\mu \\ -\mu & \mu \end{pmatrix} \begin{pmatrix} a_1 \\ a_2 \end{pmatrix} = \begin{pmatrix} 0 \\ 0 \end{pmatrix}, \tag{3.67}$$

따라서 $\dfrac{a_1}{a_2} = 1$, 즉 $a_1 = a_2$를 얻는다. $\omega_2 = \sqrt{3}\,\omega_0$에 대해서는 이를 식 (3.64)에 대입하면 다음을 얻으므로,

$$\begin{pmatrix}-\mu & -\mu\\ -\mu & -\mu\end{pmatrix}\begin{pmatrix}a_1\\ a_2\end{pmatrix}=\begin{pmatrix}0\\ 0\end{pmatrix}, \tag{3.68}$$

따라서 $\dfrac{a_1}{a_2}=-1$, 즉 $a_1=-a_2$를 얻는다.

한편, $x_i=a_i\sin\omega t$, $i=1,2$를 가정하여도 위에서와 같은 결과를 얻을 것이므로, 이들을 종합하여 식 (3.63)에 대한 해를 다음과 같이 얻는다.

$$\begin{aligned}\begin{pmatrix}x_1\\ x_2\end{pmatrix}&=(\alpha_1\cos\omega_0 t+\beta_1\sin\omega_0 t)\begin{pmatrix}1\\ 1\end{pmatrix},\\ &+\left(\alpha_2\cos\sqrt{3}\,\omega_0 t+\beta_2\sin\sqrt{3}\,\omega_0 t\right)\begin{pmatrix}1\\ -1\end{pmatrix}.\end{aligned} \tag{3.69}$$

여기서 α_i, β_i, $i=1,2$는 초기조건을 만족하도록 결정될 상수이다.

위 결과에 따르면 x_1, x_2는 ω_0, $\sqrt{3}\,\omega_0$의 두 **고유진동수**(natural frequency)와 그에 상응하는 **고유모드**(natural mode)를 가진다. $\omega_1=\omega_0$에 상응하는 고유모드는 두 질량이 같은 크기, 같은 부호로 움직이므로 마치 하나의 질량이 움직이는 것과 같이 운동하는 모드이다. 또한 $\omega_2=\sqrt{3}\,\omega_0$에 상응하는 고유모드는 두 질량이 같은 크기, 반대 부호로 움직이므로 두 물체의 질량중심은 움직이지 않는 모드이다.

이와 같은 고유모드를 사용하여 계의 운동을 보다 쉽게 기술하기 위해 다음과 같은 소위 **정규모드**(normal mode)의 개념을 도입할 수 있다. $\xi_1(t)$, $\xi_2(t)$를 다음과 같이 정의하면,

$$\begin{pmatrix}\xi_1\\ \xi_2\end{pmatrix}\equiv\begin{pmatrix}x_1+x_2\\ x_1-x_2\end{pmatrix}, \tag{3.70}$$

이 식의 우변에 식 (3.69)를 대입하여 다음을 얻는다.

$$\begin{pmatrix}\xi_1\\ \xi_2\end{pmatrix}=2\begin{pmatrix}\alpha_1\cos\omega_0 t+\beta_1\sin\omega_0 t\\ \alpha_2\cos\sqrt{3}\,\omega_0 t+\beta_2\sin\sqrt{3}\,\omega_0 t\end{pmatrix}. \tag{3.71}$$

다시 말하면 각각의 정규모드는 하나의 고유진동수 만을 가지는 조화함수로 해가 주어지며, 정규모드는 고유모드 중에서 특정한 크기를 하나 지정하여 얻어지는데, 위에서는 $a_1=1$로 정하여 얻었다.

만약 주어진 문제를 다루는데 처음부터 ξ_1, ξ_2를 일반 좌표로 사용하였다면, 식 (3.61), (3.62)로부터 다음 식들을 얻는다.

$$\ddot{\xi}_1 + \mu \xi_1 = 0\,, \tag{3.72}$$

$$\ddot{\xi}_2 + 3\mu \xi_2 = 0\,. \tag{3.73}$$

이들은 식 (3.61), (3.62)와 달리 서로 **비연계 되어**(uncoupled) 있어 따로따로 풀 수 있는 식들이다. 다시 말하면 정규모드는 처음에 고려했던 일반 좌표 x_1, x_2와는 달리 각각 하나의 고유진동수로 진동하는 운동 모드이다.

식 (3.63) 이하에서 보인 해를 구하는 과정을 좀 더 알기 쉽게 보이기 위해, 2-열벡터와 2×2 행렬을 사용하여 식 (3.63)을 다음과 같이 다시 쓰기로 하자.

$$\ddot{\underline{x}} + \underline{K}\underline{x} = \underline{0}\,,\ \underline{x} = \begin{pmatrix} x_1 \\ x_2 \end{pmatrix},\ \underline{K} = \begin{pmatrix} 2\mu & -\mu \\ -\mu & 2\mu \end{pmatrix}. \tag{3.74}$$

$\underline{a} = \begin{pmatrix} a_1 \\ a_2 \end{pmatrix}$라고 하고, 이 식에 $\underline{x} = \underline{a}\cos\omega t$를 대입하면 다음을 얻는데,

$$-\omega^2 \underline{a} + \underline{K}\underline{a} = \underline{0}\,,\ \therefore \left(\underline{K} - \omega^2 \underline{1}\right)\underline{a} = \underline{0}\,, \tag{3.75}$$

여기서 $\underline{1}$은 **단위 행렬**(unit matrix)이며, 이 식 우변이 영 벡터이므로, $\underline{a}$에 대한 해가 존재하기 위해서는 계수 행렬의 행렬값이 영이 되어야 하며, 따라서 다음을 얻는다.

$$\left|\underline{K} - \omega^2 \underline{1}\right| = 0\,. \tag{3.76}$$

여기서 좌변의 | |는 행렬값을 뜻한다.

선형대수로부터 잘 알려진 바와 같이 식 (3.76)은 **대칭 행렬**(symmetric matrix) $\underline{K}$의 **고유값**(eigenvalue) $\lambda = \omega^2$을 구하는 문제이며, 위 식은 두 개의 실근을 가지고, 만약 $\underline{K}$에 대한 2차 방형이 **양확정**(positive definite)[9]이면 그 근들은 영보다 커야 한다. 식 (3.65)에서 보인 바와 같이 식 (3.76)은 ω에 대해 두 개의 양의 실근 ω_1, ω_2를 주고, 이들에 상응하는 **고유벡터**(eigenvector) $\underline{e}_1$, $\underline{e}_2$는 다음 식으로부터 구할 수 있다.

9) 양확정의 정의 및 이와 관련된 2차 방형 등에 대해서는 5.2절을 참조하기 바란다.

$$\left(\underline{K}-\omega_i^2\,\underline{1}\right)\underline{e}_i=\underline{0}\,,\ i=1,2\,. \tag{3.77}$$

물론 $\underline{e}_1$, $\underline{e}_2$는 식 (3.67), (3.68)로부터 보인 바대로 다음과 같이 주어진다.

$$\underline{e}_1=\begin{pmatrix}1\\1\end{pmatrix},\ \underline{e}_2=\begin{pmatrix}1\\-1\end{pmatrix}. \tag{3.78}$$

고유벡터의 크기는 임의의 값을 가질 수 있으므로, 고유벡터는 x_1 성분과 x_2 성분 사이의 **비**(ratio)만 확정될 수 있는데, 위에서는 x_1 성분을 1로 취하여 얻었으며, 또 고유벡터는 운동의 고유모드를 결정함에 유의한다.

이들을 이용하여 식 (3.74)에 대한 일반해를 다음과 같이 얻으며,

$$\underline{x}=\left(\alpha_1\cos\omega_1 t+\beta_1\sin\omega_1 t\right)\underline{e}_1+\left(\alpha_2\cos\omega_2 t+\beta_2\sin\omega_2 t\right)\underline{e}_2, \tag{3.79}$$

이 식은 물론 식 (3.69)와 같은 식이다.

정규모드는 2×2 **모드 행렬**(modal matrix) $\underline{R}$을 사용하여 얻을 수 있다. $\underline{R}$은 행렬의 각 열에 고유벡터 $\underline{e}_1$, $\underline{e}_2$를 배치하여 얻는 행렬이며, 위 문제에 대해서는 다음과 같고,

$$\underline{R}=\begin{pmatrix}1&1\\1&-1\end{pmatrix}, \tag{3.80}$$

또 정규모드 $\underline{\xi}$는 다음 식으로 주어진다.

$$\underline{\xi}=\underline{R}\,\underline{x}\,. \tag{3.81}$$

물론 이 식은 식 (3.70)과 같은 식이다.

$\underline{R}$의 행렬값은 -2이므로 **역행렬**(inverse matrix) $\underline{R}^{-1}$이 존재하며, 따라서 다음과 같이 쓸 수 있고,

$$\underline{x}=\underline{R}^{-1}\underline{\xi}\,,\ \underline{R}^{-1}=\frac{1}{2}\begin{pmatrix}1&1\\1&-1\end{pmatrix}, \tag{3.82}$$

이 식을 식 (3.74) 첫째 식에 대입한 후, 행렬 $\underline{R}$을 **앞에서 곱해주면**(pre-multiply) 다음을 얻는다.

$$\ddot{\underline{\xi}}+\underline{R}\,\underline{K}\,\underline{R}^{-1}\underline{\xi}=\underline{0}\,. \tag{3.83}$$

여기서 좌변의 $\underline{R}\,\underline{K}\,\underline{R}^{-1}$는 **주기저 정리**(theorem of principal basis)[10]에 따르면 **주대각선**(main diagonal) 상에 행렬 $\underline{K}$의 고유값이 배열되는 **대각 행렬**(diagonal matrix)이다. 직접 계산에 의해 다음을 얻으며,

$$\underline{R}\,\underline{K}\,\underline{R}^{-1} = \frac{1}{2}\begin{pmatrix}1 & 1\\ 1 & -1\end{pmatrix}\begin{pmatrix}2\mu & -\mu\\ -\mu & 2\mu\end{pmatrix}\begin{pmatrix}1 & 1\\ 1 & -1\end{pmatrix} = \begin{pmatrix}\mu & 0\\ 0 & 3\mu\end{pmatrix} \equiv \underline{\Lambda}, \tag{3.84}$$

따라서 식 (3.83)은 다음과 같이 다시 쓸 수 있고,

$$\ddot{\underline{\xi}} + \underline{\Lambda}\,\underline{\xi} = \underline{0}, \tag{3.85}$$

이 식은 물론 식 (3.72), (3.73)과 같은 식이다. 위에서 기술한 바와 같이 $\underline{\Lambda}$는 대각 행렬이므로 ξ_1, ξ_2는 비연계 되어 있다.

이상으로 식 (3.63)의 해를 구하는 것과 관련하여 중복이라고 생각될 수도 있는 두 과정을 보였는데, 식 (3.74) 이하에서 보인 열벡터와 행렬을 사용하여 문제를 푸는 과정은 선형대수에서는 주기저 정리와 관련하여 잘 알려져 있으며, 5장에서 이와 같은 과정을 자유도 n인 계에 대해 확장, 일반화하기로 한다.

---

10) 이 정리에 대해서는 5.2절에 간략하게 정리하였으며, 전반적인 내용에 대해서는 이승준(2010)[7]을 참조하기 바란다.

연습문제

1. 그림 3E.1에 보인 것과 같은 이중진자(double pendulum)에 대해 답하시오.

   1) θ, ϕ를 일반 좌표로 삼을 때, 운동 에너지 T와 포텐셜 에너지 V가 다음과 같이 주어짐을 보이시오.

$$T = ml^2\left\{\dot{\theta}^2 + \frac{\dot{\phi}^2}{2} + \dot{\theta}\dot{\phi}\cos(\theta-\phi)\right\},\ \ V = -mgl(2\cos\theta + \cos\phi). \tag{3.E1}$$

   2) 식 (3.21)의 라그랑쥐 방정식을 이용하여 운동 방정식이 다음과 같음을 보이시오.

$$\ddot{\theta} + \frac{\ddot{\phi}}{2}\cos(\phi-\theta) - \frac{\dot{\phi}^2}{2}\sin(\phi-\theta) + \frac{g}{l}\sin\theta = 0, \tag{3.E2}$$

$$\ddot{\phi} + \ddot{\theta}\cos(\phi-\theta) + \frac{\dot{\theta}^2}{2}\sin(\phi-\theta) + \frac{g}{l}\sin\phi = 0. \tag{3.E3}$$

   3) θ, ϕ의 크기가 작다고 가정하여 다음과 같은 선형 근사식을 구하시오.

$$\ddot{\theta} + \omega_0^2\theta = -\frac{\ddot{\phi}}{2},\ \ \omega_0^2 \equiv \frac{g}{l}, \tag{3.E4}$$

$$\ddot{\phi} + \omega_0^2\phi = -\ddot{\theta}. \tag{3.E5}$$

   4) $(\theta, \phi) = (A, B)e^{i\lambda t}$를 가정하여 선형 근사식의 해가 다음과 같은 두 고유진동수 ω_1, ω_2를 가짐을 보이시오.

$$\omega_1 = \sqrt{2-\sqrt{2}}\,\omega_0,\ \ \omega_2 = \sqrt{2+\sqrt{2}}\,\omega_0. \tag{3.E6}$$

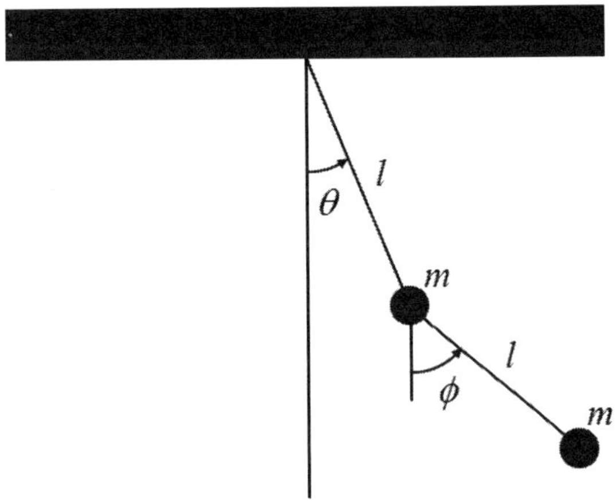

그림 3.E1 이중진자

2. 그림 3.E2에 보인 것과 같이 단진자의 연결자를 스프링 상수 k의 스프링으로 간주할 때, 스프링 방향의 변위 x와 경사각 θ를 일반 좌표로 사용하여 미소동요에 대한 운동 방정식을 구하고, 연결자의 탄성이 물체의 운동에 미치는 영향에 대해 논하시오.

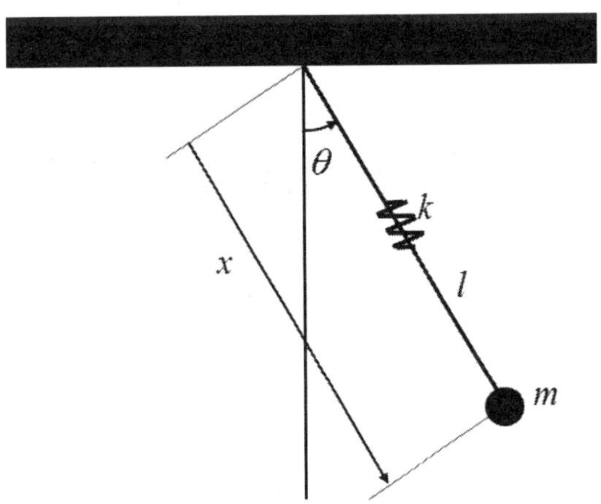

그림 3.E2 스프링-단진자

3. 그림 3.E3에 보인 것과 같은 질점과 스프링 각각 두 개로 이루어진 스프링-질량 계의 고유진동수를 구하시오.

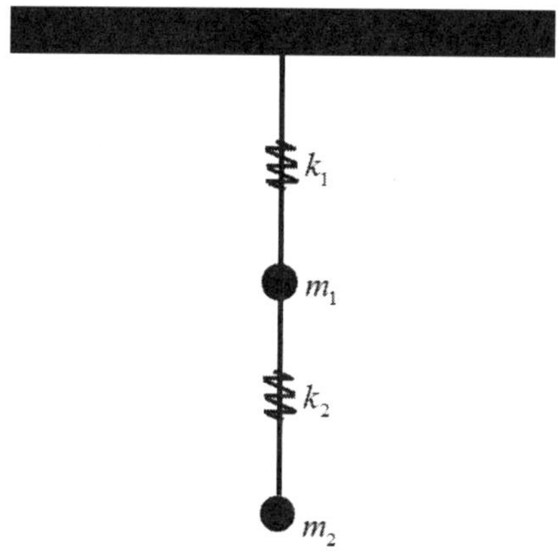

그림 3.E3 스프링-질량 계

4. 그림 3.E4에 보인 것과 같은 두 개의 동일한 단진자가 스프링으로 연결되어 있는 계에 대해 미소동요의 고유진동수와 정규모드를 구하시오. 단 두 진자가 수직 위치에 있을 때 스프링은 인장력을 받지 않는다고 가정한다.

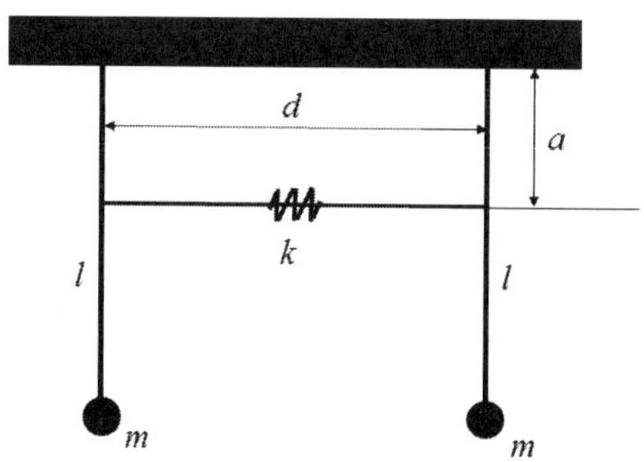

그림 3.E4 스프링으로 연결된 두 단진자

5. 그림 3.E5에 보인 것과 같은 두 개의 질량이 줄(string)에 연결되어 있는 계의 횡방향 (transverse) 미소동요에 대해 고유진동수와 정규모드를 구하시오. 단 줄의 장력은 일정하다고 가정한다.

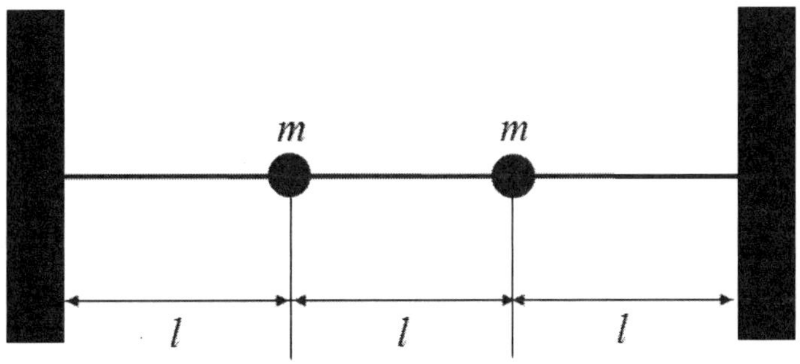

그림 3.E5 줄에 연결된 두 질량의 횡방향 미소동요

4장

변분법과 해밀턴 원리

이 장에서는 **변분법**(method of variational calculus)을 도입, 사용하여 3장에서 얻었던 결과들을 다시 얻고, 또 보다 일반적인 경우로의 확장을 시도한다.

1절에서는 변분법을 사용하여 풀어야 하는 대표적인 문제들을 생각하면서 변분법에 대해 소개하기로 하고, 2절에서는 대표적인 예제들의 답을 구하는 과정을 통해 변분법의 활용에 대해 보인다. 이어서 3절에서는 변분법과 **해밀턴 원리**(Hamilton's principle)를 사용하여 3장에서 구하였던 결과들을 재현하고, 또 운동 방정식을 한 번 적분하여 얻어지는 **운동의 제1 적분**(first integral of motion)에 대해 고찰한다. 또 4절에서는 구속조건이 **비적분형**(nonholonomic)으로 주어진 문제들의 해결을 위해 3장에서 얻었던 이론의 확장을 어떻게 할 수 있는가를 **라그랑쥐의 미정 승수법**(Lagrange's method of undetermined multipliers)과 해밀턴 원리를 사용하여 보이기로 한다.

4.1 변분법의 예시

먼저 다음과 같이 주어진 적분을 최대 또는 최소, 즉 **정류**(stationary)로 하는 함수 $x(t)$를 구하는 문제를 생각하기로 한다.

$$J = \int_{t_1}^{t_2} f(x, \dot{x}, t)\, dt . \tag{4.1}$$

여기서 f는 충분히 **부드러운**(smooth) 주어진 함수이고, 단 $x(t_1) = c_1$, $x(t_2) = c_2$, $t_2 > t_1$를 만족해야 하며, c_1, c_2는 주어진 상수이다.

요구되는 성질을 만족하는 $x(t)$를 구하기 위해 먼저 다음과 같은 함수 $\xi(t,\alpha)$를 정의한다.

$$\xi(t,\alpha) \equiv \xi(t,0) + \alpha\eta(t). \tag{4.2}$$

여기서 $\xi(t_1,0) = c_1$, $\xi(t_2,0) = c_2$, $\eta(t_1) = \eta(t_2) = 0$이며, $\eta \in C^2[t_1,t_2]$, 즉 η는 구간 $[t_1,t_2]$에서 두 번 연속 미분 가능한 함수이다. 최종적으로 $\xi(t,0)$가 우리가 구하는 함수 $x(t)$가 될 것이며, $\xi(t,\alpha)$는 α의 **선형 함수**(linear function)임에 유의한다.

식 (4.2)의 $\xi(t,\alpha)$를 식 (4.1)의 $x(t)$에 대입하여 다음을 얻는데,

$$J(\alpha) = \int_{t_1}^{t_2} f\left[\xi(t,\alpha), \dot{\xi}(t,\alpha), t\right] dt, \tag{4.3}$$

이제 문제는 다음 조건을 만족하는 $\xi(t,0) = x(t)$를 구하는 것으로 볼 수 있다.

$$\left.\frac{dJ}{d\alpha}\right|_{\alpha=0} = 0. \tag{4.4}$$

식 (4.3)의 양변을 α에 대해 미분하여 다음을 얻는데,

$$\frac{dJ}{d\alpha} = \int_{t_1}^{t_2}\left(\frac{\partial f}{\partial \xi}\frac{\partial \xi}{\partial \alpha} + \frac{\partial f}{\partial \dot{\xi}}\frac{\partial \dot{\xi}}{\partial \alpha}\right)dt, \tag{4.5}$$

우변 피적분 함수의 둘째 항에 대해 다음을 얻는다.

$$\int_{t_1}^{t_2}\frac{\partial f}{\partial \dot{\xi}}\frac{\partial \dot{\xi}}{\partial \alpha}dt = \int_{t_1}^{t_2}\frac{\partial f}{\partial \dot{\xi}}\frac{d}{dt}\left(\frac{\partial \xi}{\partial \alpha}\right)dt = \left[\frac{\partial f}{\partial \dot{\xi}}\frac{\partial \xi}{\partial \alpha}\right]_{t_1}^{t_2} - \int_{t_1}^{t_2}\frac{\partial \xi}{\partial \alpha}\frac{d}{dt}\left(\frac{\partial f}{\partial \dot{\xi}}\right)dt. \tag{4.6}$$

식 (4.2)로부터 다음을 얻으므로,

$$\frac{\partial \xi}{\partial \alpha} = \eta(t), \tag{4.7}$$

이를 이용하여 식 (4.5), (4.6)으로부터 다음을 얻는다.

$$\frac{dJ}{d\alpha} = \int_{t_1}^{t_2} \left[\frac{\partial f}{\partial \xi} - \frac{d}{dt}\left(\frac{\partial f}{\partial \dot{\xi}} \right) \right] \eta(t)\, dt\,. \tag{4.8}$$

위 식 우변에서 η는 임의의 함수이므로, 주어진 조건 식 (4.4)를 만족하기 위해서는 다음 식이 만족되어야 한다.

$$\left[\frac{d}{dt}\left(\frac{\partial f}{\partial \dot{\xi}} \right) - \frac{\partial f}{\partial \xi} \right]_{\alpha = 0} = 0\,,$$

$$\therefore\ \frac{d}{dt}\left(\frac{\partial f}{\partial \dot{x}} \right) - \frac{\partial f}{\partial x} = 0\,. \tag{4.9}$$

위의 마지막 식은 식 (4.1)로 주어진 문제에 대한 **오일러 방정식**(Euler equation, 1753{6})이라고 부른다. 다음 관계를 고려하면,

$$\frac{d}{dt}\left(\frac{\partial f}{\partial \dot{x}} \right) = f_{\dot{x}x}\dot{x} + f_{\dot{x}\dot{x}}\ddot{x} + f_{\dot{x}t}, \tag{4.10}$$

식 (4.9)의 오일러 방정식은 일반적으로 $x(t)$에 대한 비선형 2계 미분 방정식임을 알 수 있다.

위의 식 (4.1)로 주어진 문제는 구해야 하는 함수가 n 차원 벡터인 $\underline{x}(t) = (x_1, x_2, \cdots, x_n)$이며, 피적분 함수는 $f(\underline{x}, \dot{\underline{x}}, t)$인 경우로 확장될 수 있고, 식 (4.2) 또한 벡터 함수 $\underline{\xi}(t,\alpha)$와 $\underline{\eta}(t)$를 사용하여 대체할 수 있다. 따라서 그와 같은 경우에 대한 오일러 방정식은 결국 다음과 같이 얻을 수 있다([연습문제 1] 참조).

$$\frac{d}{dt}\left(\frac{\partial f}{\partial \dot{x}_j} \right) - \frac{\partial f}{\partial x_j} = 0\,,\ j = 1, 2,\ \cdots\ , n\,. \tag{4.11}$$

이 식은 라그란지안을 사용하여 얻었던 라그랑쥐 방정식, 아래에 다시 보인 식 (3.21)과 그 형태 상 완벽하게 일치하고 있으므로,

$$\frac{d}{dt}\left(\frac{\partial L}{\partial \dot{q}_j} \right) - \frac{\partial L}{\partial q_j} = 0\,,\ j = 1, 2, \cdots, n\,, \tag{3.21}$$

질점계의 운동 방정식을 어떤 적분이 최대 또는 최소의 값을 가진다는 **변분 원리**(variational principle)로부터 얻을 수도 있다는 가능성을 제시하고 있다.

아래에서는 식 (4.1)로 주어진 문제로부터 식 (4.9)의 오일러 방정식을 얻는 과정을 변분의 표기법을 사용하여 다시 한 번 생각하기로 한다. 식 (4.1)로 주어진 J는 함수 x의 함수로 볼 수 있으므로 **범함수**(functional)라고 불리는데, 범함수의 **변분**(variation) δJ를 다음과 같이 정의한다.

$$\delta J \equiv \int_{t_1}^{t_2} [f(x+\delta x, \dot{x}+\delta\dot{x}, t) - f(x, \dot{x}, t)]\, dt . \tag{4.12}$$

여기서 $\delta x(t)$는 함수 $x(t)$의 변분으로 불리며 $\delta x(t_1) = \delta x(t_2) = 0$를 만족하고, 충분히 부드러운 함수이다.

위와 같은 용어를 사용할 경우, 식 (4.1)로 주어진 문제는 $\delta J = 0$를 만족하는 함수 $x(t)$를 구하는 것이 된다. 식 (4.12)로부터 다음을 얻으며,

$$\delta J = \int_{t_1}^{t_2} \left(\frac{\partial f}{\partial x}\delta x + \frac{\partial f}{\partial \dot{x}}\delta\dot{x} \right) dt , \tag{4.13}$$

위 식 우변 피적분 함수의 둘째 항과 관련하여 다음을 얻는다.

$$\begin{aligned} \int_{t_1}^{t_2} \frac{\partial f}{\partial \dot{x}}\delta\dot{x}\, dt &= \int_{t_1}^{t_2} \frac{\partial f}{\partial \dot{x}} \frac{d\delta x}{dt}\, dt \\ &= \frac{\partial f}{\partial \dot{x}}\delta x \bigg|_{t_1}^{t_2} - \int_{t_1}^{t_2} \frac{d}{dt}\left(\frac{\partial f}{\partial \dot{x}}\right)\delta x\, dt = - \int_{t_1}^{t_2} \frac{d}{dt}\left(\frac{\partial f}{\partial \dot{x}}\right)\delta x\, dt . \end{aligned} \tag{4.14}$$

따라서 이 결과를 식 (4.13) 우변에 대입하여 다음을 얻는데,

$$\delta J = \int_{t_1}^{t_2} \left[\frac{\partial f}{\partial x} - \frac{d}{dt}\left(\frac{\partial f}{\partial \dot{x}}\right) \right] \delta x\, dt , \tag{4.15}$$

δx는 구간 $[t_1, t_2]$에서 임의의 함수이므로, 위 식 우변이 영이 되기 위해서는 [ ] 안이 영이 되어야 하며, 결국 식 (4.9)에 보인 오일러 방정식을 얻는다.

처음에 보인 과정에서는 변분이라는 용어를 도입하지 않고 약간 복잡한 절차를 거쳤고, 나중에 보인 과정에서는 변분이라는 새로운 용어를 도입하여 조금 쉽게 동일한 결과를 얻었다. 어떤 경우든 오일러 방정식을 풀어서 원하는 함수 $x(t)$를 얻을 수 있는데, 이하에서 질점계의 운동과 관련하여서는 변분이라는 용어를 사용하여 논의를 진행하기로 한다.

4.2 대표적 예제들

이 절에서는 변분법과 관련하여 세 개의 예제를 다루기로 한다.

1) 평면 상에서 두 점을 잇는 가장 거리가 짧은 경로;

(x, y) 평면 상에서의 곡선이 $y = y(x)$로 주어졌을 때, $\frac{dy}{dx} = y'$으로 쓰기로 하자. 그러면 곡선을 따라서 잰 호(arc)의 미소 거리 ds는 다음 식으로 주어지므로,

$$ds = \sqrt{dx^2 + dy^2} = \sqrt{1 + y'^2}\, dx, \tag{4.16}$$

두 점을 잇는 일반적인 곡선의 거리 J는 다음 식으로 주어진다.

$$J = \int_{x_1}^{x_2} \sqrt{1 + y'^2}\, dx. \tag{4.17}$$

주어진 문제는 식 (4.17)을 최소로 하는 $y(x)$를 구하는 것이므로 앞 절에서 얻은 오일러 방정식을 그대로 쓸 수 있으며, 식 (4.9)로부터 다음을 얻는다.

$$\frac{d}{dx}\left(\frac{\partial f}{\partial y'}\right) - \frac{\partial f}{\partial y} = \frac{d}{dx}\frac{y'}{\sqrt{1 + y'^2}} = 0. \tag{4.18}$$

이 식으로부터 c를 적분 상수라고 하면 다음을 얻으며,

$$\frac{y'}{\sqrt{1 + y'^2}} = c, \ \therefore\ y'^2 = \frac{c^2}{1 - c^2} = C, \tag{4.19}$$

여기서 C는 상수이므로, 결국 $y(x)$는 기울기가 일정한 직선임을 얻는다.

물론 평면 상에서 두 점을 잇는 곡선 중 거리가 가장 짧은 것은 직선임을 경험적으로, 또는 기하학적으로는 알고 있다. 하지만 미적분 또는 변분을 사용하여 순전히 해석적으로 그와 같은 결과를 얻는다는 것은 약간 다른 의미를 가진다. 왜냐하면 위에서 사용한 방법은 구면, 예를 들면 지구 상에서 두 점을 잇는 거리가 최단인 곡선은 무엇인지를 얻는데 똑같이 사용될 수 있기 때문이다. 일반적인 곡면이 주어졌을 때, 그 곡면 상에서

두 점을 잇는 거리가 가장 짧은 곡선은 **최단 곡선**(geodesic curve)이라고 부르며, 최단 곡선 문제는 여러 가지로 응용이 가능하여 많은 관심을 끌었던 문제이다.

2) (x, y) 평면 상의 두 점을 잇는 곡선을 y 축에 대해 한 바퀴 회전하여 얻어지는 곡면, 즉 **회전면**(surface of revolution)의 면적이 최소가 되는 곡선;

회전면의 면적 J는 다음 식으로 주어지므로,

$$J = 2\pi \int_{x_1}^{x_2} x\sqrt{1+y'^2}\,dx\,, \tag{4.20}$$

식 (4.9)로 주어진 오일러 방정식을 사용하여 다음을 얻는다.

$$\frac{d}{dx}\left(\frac{\partial f}{\partial y'}\right) - \frac{\partial f}{\partial y} = \frac{d}{dx}\frac{x\,y'}{\sqrt{1+y'^2}} = 0\,. \tag{4.21}$$

따라서 c를 적분 상수라고 하면 다음을 얻는데,

$$\frac{x\,y'}{\sqrt{1+y'^2}} = c, \;\; \therefore\; y' = \frac{c}{\sqrt{x^2-c^2}}\,, \tag{4.22}$$

이 식을 적분하여 다음을 얻는다.

$$y(x) = c\int^{x}\frac{dx}{\sqrt{x^2-c^2}} = c\int^{\xi} d\xi = c\,\xi + a\,. \tag{4.23}$$

여기서 a는 적분 상수이다. 위 식에서 둘째 등호를 얻기 위해 $x = c\cosh\xi$의 변환을 사용하였으며, 따라서 $\xi = \cosh^{-1}\dfrac{x}{c}$이고, 이를 대입하여 함수 $y(x)$ 대신 $x(y)$를 구하기로 하면 다음 결과를 얻는다.

$$\cosh\frac{y-a}{c} = \frac{x}{c}\,, \;\; \therefore\; x(y) = c\cosh\frac{y-a}{c}\,. \tag{4.24}$$

위 식으로 주어지는 곡선을 그림 4.1에 보였는데, (c, a)를 꼭지점으로 하는 코싸인 쌍곡선이며, 이 곡선은 **현수선**(catenary)[11]이라고도 부른다.

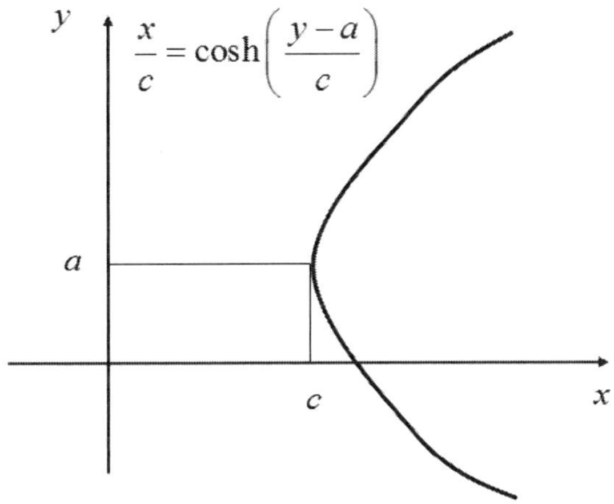

그림 4.1 회전면의 면적을 최소화하는 곡선

또 이 곡선을 y 축에 대해 회전시켜 얻는 곡면은 **현수면**(catenoid)이라고 부른다. 현수선(懸垂線)이라는 명칭은 이 곡선이 자중을 무시할 수 없는 **체인**(chain)을 공간 상의 두 점에 걸쳐 놓았을 때 얻어지는 곡선과 같다는 것을 나타낸다.

식 (4.24)로 얻은 해는 두 점이 주어질 때, 경우에 따라 다양한 해를 고려해야 하는데, 중요한 점은 앞 절에서 얻은 오일러 방정식은 주어진 문제의 해를 얻기 위한 필요 조건이기는 하지만 충분 조건은 아니라는 점이다. 이와 관련된 보다 자세한 논의는 Weinstock(1974)[8]을 참조하기 바란다.

3) 중력장 하에서 정지 상태로부터 물체가 곡선을 따라 낙하할 때 낙하 시간이 가장 짧은 경로:

이 문제는 **최단시간 곡선**(brachistochrone curve)으로 알려진 문제인데, **갈릴레오**(Galileo, 1638{7})에 의해서도 다루어진 적이 있는 문제이지만, **베르누이**(Johann Bernoulli, 1696{8})에 의해 공개적으로 문제가 제기된 후, 1 년 반 후에 베르누이 본인과 뉴턴, 라이프니쯔를 포함한 다섯 명의 해가 같이 발표되면서 많은 관심을 불러일으켰던 문제이다.

곡선을 따라 미소 요소 ds를 낙하하는데 걸리는 시간 dt는 낙하 속도를 v라고 하면 다음과 같이 주어지는데,

11) 라틴어로 catena는 영어의 chain을 뜻한다.

$$dt = \frac{ds}{v} = \frac{\sqrt{1+y'^2}}{v}dx, \tag{4.25}$$

여기서 $v(y)$는 다음과 같은 에너지 보존 법칙으로부터 얻을 수 있다.

$$\frac{m}{2}v^2 + mgy = 0, \quad \therefore v = \sqrt{-2gy}. \tag{4.26}$$

편의상 원점에서 낙하가 시작된다고 가정하였으며, 따라서 $y < 0$ 인 점에 유의한다.

이들로부터 낙하 시간 J에 대해 다음을 얻는데,

$$J = \int_{x_1}^{x_2} \frac{\sqrt{1+y'^2}}{\sqrt{-2gy}} dx, \tag{4.27}$$

따라서 이 적분을 최소화하는 $y(x)$는 식 (4.9)로 주어진 오일러 방정식을 만족해야 하며 다음과 같이 얻는다.

$$\frac{d}{dx}\left(\frac{\partial f}{\partial y'}\right) - \frac{\partial f}{\partial y} = \frac{d}{dx}\left(\frac{y'}{\sqrt{1+y'^2}\sqrt{-2gy}}\right) - \frac{g\sqrt{1+y'^2}}{(-2gy)^{3/2}} = 0,$$
$$\therefore 2yy'' + y'^2 + 1 = 0. \tag{4.28}$$

이 식은 **자율 방정식**(autonomous equation), 즉 독립 변수인 x가 포함되어 있지 않은 방정식이므로, $u(y) = y'(x)$의 치환을 도입하면 미분 방정식의 계수를 하나 낮출 수 있음이 잘 알려져 있으며, 이 식으로부터 다음 결과를 얻는다.

$$2yu\frac{du}{dy} + u^2 + 1 = 0. \tag{4.29}$$

나아가 이 식은 변수 분리형이므로 다음 식을 얻는데,

$$\frac{2udu}{u^2+1} = -\frac{dy}{y}, \quad \therefore \ln(u^2+1) = -\ln\left(-\frac{y}{2a}\right), \tag{4.30}$$

여기서 $2a$는 적분 상수이며, $y \to 0$일 때 $u = y' \to \infty$임을 뜻하고, 이를 정리하여 다음을 얻는다.

$$y'^2 + 1 = -\frac{2a}{y}. \tag{4.31}$$

이 미분 방정식 또한 변수 분리형이므로 다음과 같이 다시 쓸 수 있고,

$$dx = -\sqrt{\frac{-y}{2a+y}}\,dy, \tag{4.32}$$

양변을 적분함에 있어, 우변에 대해 $y = -2a\sin^2\frac{\theta}{2}$ 의 치환을 사용하면 다음을 얻는다.

$$x = 2a\int \sin^2\frac{\theta}{2}d\theta = a(\theta - \sin\theta). \tag{4.33}$$

위의 y에 대한 치환은 다음과 같이 쓸 수 있으므로,

$$y = -a(1-\cos\theta), \tag{4.34}$$

식 (4.33), (4.34)는 주어진 문제에 대해 매개 변수 θ를 이용하여 얻은 해로 간주할 수 있다. $y = y(x)$ 형태는 아니지만, 매개 변수 θ를 사용한 해를 구하였는데, 이 해는 **싸이클로이드**(cycloid)로 잘 알려져 있다([연습문제 2] 참조). 식 (4.33), (4.34)로부터 얻는 싸이클로이드는 그림 4.2에 보인 바와 같이 일정한 각속도 ω로 회전하며 회전각이 θ로 주어지는, 굴러서 움직이는 반경 a인 원의 원주 상에 고정된 점의 궤적을 나타낸다.

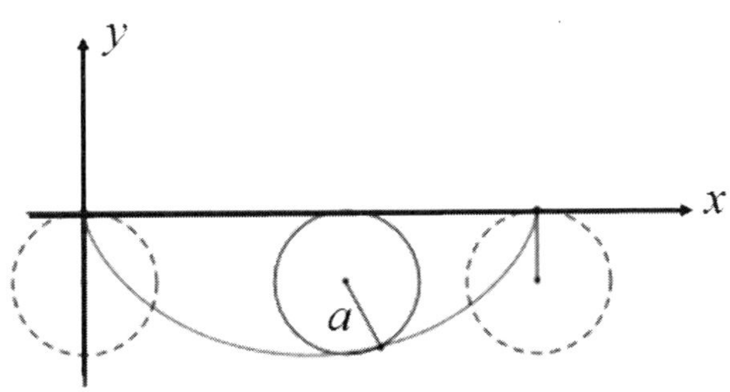

그림 4.2 싸이클로이드

이상에서 두 점 사이의 거리가 최단인 경로는 두 점을 잇는 직선으로 주어지지만, 중력장 하에서 자유 낙하하는 경우, 최단시간 경로는 싸이클로이드로 주어짐을 보였으며, 이 문제는 꽤나 오랜 기간 동안 많은 과학자들이 풀고자 하였던 문제였는데, 변분법의 사용에 의해 그 해가 알려지게 되었다.

4.3 해밀턴 원리와 운동의 제1 적분

앞 절에서 얻은 오일러 방정식, 식 (4.11)과 3장에서 얻었던 라그랑쥐 방정식, 식 (3.21)을 비교하면 질점계의 운동은 라그란지안을 피적분 함수로 하는 적분의 변분이 영이 되어야 한다는 변분 원리에 의해 결정될 수 있다는 점을 알 수 있다.

먼저 질점계에 대해 라그란지안을 얻을 수 있기 위해서는 질점계에 작용하는 외력이 하나의 포텐셜 함수 V에 의해 주어질 수 있어야 하는데, 이와 같은 조건을 만족하는 계를 **단원성**(monogenic) 계라고 부르기로 하고, 이하에서는 단원성 계에 대해 생각하기로 한다.

다음으로 일반 좌표 q_j, $j=1,2,\cdots,n$으로 구성되는 n 차원 공간을 **상태 공간**(configuration space)으로 정의하면, 이 공간 내의 한 점은 계의 어떤 운동 상태에 상응하며, 또 이 공간 내의 곡선은 계의 운동에 상응할 것이다. 이 때 시간 t는 매개 변수임에 유의한다.

단원성 계에 대해 다음과 같이 **작용 적분**(action integral)[12] J를 정의하면,

$$J \equiv \int_{t_1}^{t_2} L\,dt,\ L = T - V, \tag{4.35}$$

시각 t_1으로부터 t_2까지의 계의 운동은 $\delta J = 0$이 되도록 발생한다는 것을 **해밀턴 원리**(Hamilton's principle, Hamilton(1834){9})라고 부른다. 해밀턴 원리에 따르면, 변분법의 결과로 얻었던, 식 (4.11)에 의해 아래에 다시 보인, 운동 방정식인 라그랑쥐 방정식, 식 (3.21)을 얻는다.

12) 차원 상 에너지와 시간의 곱으로 주어지는 물리량을 **작용**(action)이라고 부른다.

$$\frac{d}{dt}\left(\frac{\partial L}{\partial \dot{q}_j}\right) - \frac{\partial L}{\partial q_j} = 0\,,\ \ j = 1, 2, \cdots, n\,. \tag{3.21}$$

이하에서는 라그랑쥐 방정식을 한 번 적분하여 얻어지는 양, 즉 **운동의 제1 적분**(first integral of motion)을 고려하여 운동 중에 어떤 물리량들이 보존될 수 있는지에 대해 생각하기로 한다. 해밀턴 원리는 양자 역학과 상대성 원리를 포함하는 대단히 광범위한 문제에 대해 적용할 수 있는 원리이므로, 라그랑쥐 방정식을 적분하여 얻어지는 보존량 또한 그 적용 범위가 매우 크며, 뉴턴-오일러 역학과 비교할 때, 이와 같이 광범위한 계에 적용할 수 있는 보존량을 비교적 쉽게 얻을 수 있다는 점 또한 라그랑쥐 역학의 이점이라고 할 수 있다.

먼저 라그란지안 L과 관련하여 다음과 같이 **일반 운동량**(generalized momenta) p_j를 정의하기로 하자.

$$p_j \equiv \frac{\partial L}{\partial \dot{q}_j}\,,\ \ j = 1, 2,\ \cdots\ , n\,. \tag{4.36}$$

일반 좌표 q_j가 반드시 길이의 차원을 가지지 않으므로, **일반 속도**(generalized velocity) $\dot{q}_j$도 또한 반드시 속도의 차원을 가지지 않으며, 따라서 일반 운동량 p_j의 차원도 선운동량의 차원과 같지 않음에 유의한다.

만약 라그란지안 L이 어떤 i에 대해 q_i의 **양함수**(explicit function)가 아니라면, 식 (3.21)로부터 다음을 얻으므로,

$$\frac{d}{dt}\left(\frac{\partial L}{\partial \dot{q}_i}\right) = 0\,,\ \ \therefore\ \frac{\partial L}{\partial \dot{q}_i} = p_i = const.\,, \tag{4.37}$$

일반 운동량 p_i는 보존된다고 할 수 있으며, 이 때 q_i는 **싸이클릭**(cyclic) 좌표라고 부른다. 다시 말하면 싸이클릭 좌표 q_i에 대한 일반 운동량 p_i는 보존된다. 식 (4.37)은 라그랑쥐 방정식을 한 번 적분하여 얻었으며, 따라서 p_i는 운동의 제1 적분이다.

3.2절의 식 (3.7)은 N 개의 질점으로 이루어진 계에 대해 n 개의 일반 좌표가 존재할 경우, 질점의 위치를 나타내는 $\underline{x}_i$, $i = 1, 2, \cdots, N$와 일반 좌표 q_j, $j = 1, 2, \cdots, n$ 사이의 변환을 나타낸다. 만약 그와 같은 변환이 시간 t의 양함수가 아니라면 다음과 같이 쓸 수 있으며,

$$\underline{x}_i = \underline{x}_i(q_1, q_2, \cdots, q_n), \; i = 1, 2, \cdots, N, \tag{4.38}$$

이하에서는 그와 같은 경우에 대해 생각하기로 한다. 운동 에너지 T의 정의에 따라 이와 같은 계의 T에 대해 다음을 얻는다.

$$\begin{aligned} 2T \equiv \sum_{i=1}^{N} m_i \dot{\underline{x}}_i \cdot \dot{\underline{x}}_i &= \sum_{i=1}^{N} m_i \left(\sum_{j=1}^{n} \frac{\partial \underline{x}_i}{\partial q_j} \dot{q}_j \right) \cdot \left(\sum_{k=1}^{n} \frac{\partial \underline{x}_i}{\partial q_k} \dot{q}_k \right) \\ &= \sum_{j=1}^{n} \sum_{k=1}^{n} \left(\sum_{i=1}^{N} m_i \frac{\partial \underline{x}_i}{\partial q_j} \cdot \frac{\partial \underline{x}_i}{\partial q_k} \right) \dot{q}_j \dot{q}_k. \end{aligned} \tag{4.39}$$

이 식에 따르면 운동 에너지는 **일반 속도**(generalized velocity) $\dot{q}_j$, $j = 1, 2, \cdots, n$의 2 **차 함수**(quadratic function)로 주어짐을 알 수 있다.

한편, 라그란지안 L의 시간 변화율에 대해 다음을 얻는다.

$$\frac{dL}{dt} = \sum_{j=1}^{n} \left(\frac{\partial L}{\partial \dot{q}_j} \ddot{q}_j + \frac{\partial L}{\partial q_j} \dot{q}_j \right) + \frac{\partial L}{\partial t}. \tag{4.40}$$

위 식 우변 ( ) 안의 둘째 항에 대해 식 (3.21)을 사용하면 다음을 얻으며,

$$\frac{dL}{dt} = \sum_{j=1}^{n} \left\{ \frac{\partial L}{\partial \dot{q}_j} \ddot{q}_j + \frac{d}{dt} \left(\frac{\partial L}{\partial \dot{q}_j} \right) \dot{q}_j \right\} + \frac{\partial L}{\partial t} = \frac{d}{dt} \left(\sum_{j=1}^{n} \frac{\partial L}{\partial \dot{q}_j} \dot{q}_j \right) + \frac{\partial L}{\partial t}, \tag{4.41}$$

만약 라그란지안 L이 시간 t의 양함수가 아니라면, 위 식으로부터 다음 결과를 얻는다.

$$\begin{aligned} \frac{d}{dt} \left(\sum_{j=1}^{n} \frac{\partial L}{\partial \dot{q}_j} \dot{q}_j \right) - \frac{dL}{dt} = 0 &\Rightarrow \frac{d}{dt} \left(\sum_{j=1}^{n} \frac{\partial L}{\partial \dot{q}_j} \dot{q}_j - L \right) = 0, \\ \therefore \sum_{j=1}^{n} \frac{\partial L}{\partial \dot{q}_j} \dot{q}_j - L &= const.. \end{aligned} \tag{4.42}$$

라그란지안 L을 다음과 같이 쓸 수 있다고 하자.

$$L = L_0(\underline{q}, t) + L_1(\underline{q}, \dot{\underline{q}}, t) + L_2(\underline{q}, \dot{\underline{q}}, t). \tag{4.43}$$

여기서 $\underline{q} = (q_1, q_2, \cdots, q_n)$, $\dot{\underline{q}} = (\dot{q}_1, \dot{q}_2, \cdots, \dot{q}_n)$이며, L_k, $k = 0, 1, 2$는 $\dot{\underline{q}}$에 대해 **차수**

k의 동차 함수(homogeneous function of degree k)이다. 즉 L_k는 임의의 실수 α에 대해 다음 식을 만족한다.

$$L_k\left(\alpha \dot{\underline{q}}\right) = \alpha^k L_k\left(\dot{\underline{q}}\right). \tag{4.44}$$

한편 **오일러 정리**(Euler theorem)에 따르면, $\underline{x} = \left(x_1, x_2, \cdots, x_n\right)$에 대해 차수 k의 동차 함수 $f\left(\underline{x}\right)$는 다음 관계를 만족하므로([연습문제 3] 참조),

$$\sum_{j=1}^{n} \frac{\partial f}{\partial x_j} x_j = kf\left(\underline{x}\right), \tag{4.45}$$

식 (4.43)을 식 (4.42)에 대입하고 오일러 정리를 이용하면 다음을 얻는다.

$$L_1 + 2L_2 - L = L_2 - L_0 = const.. \tag{4.46}$$

나아가 만약 포텐셜 함수 V가 일반 좌표 q_j, $j = 1, 2, \cdots, n$만의 함수로 주어진다면, $L_0 = -V$가 성립한다. 또 식 (4.39)의 2차 함수는 차수 2의 동차 함수이므로 $T = L_2$를 얻으며, 이들을 식 (4.46)에 대입하여 다음을 얻는데,

$$L_2 - L_0 = T + V = E = const., \tag{4.47}$$

여기서 E는 계의 역학적 에너지이며, 따라서 위에서 언급한 조건들을 만족하는 계의 역학적 에너지는 보존됨을 얻는다. 식 (4.47)은 식 (4.42)로부터 얻었는데, 식 (4.42)는 라그란지안의 시간에 대한 변화율에 대해 라그랑쥐 방정식을 이용하고, 그 결과를 한 번 적분하여 얻었으므로, 운동의 제1 적분이라고 볼 수 있다. 다시 말하면 보존량으로서의 역학적 에너지를 운동의 제1 적분으로 얻었음에 유의한다.

4.4 구속조건이 비적분형으로 주어진 계에 대한 확장

지금까지는 구속조건이 적분형으로 주어진 경우에 대해서만 논의하였는데, 이 절에서는 비적분형으로 주어진 계에 대해 생각하기로 한다. 그와 같은 경우에는 **라그랑쥐의 미정 승수법**(Lagrange's method of undetermined multipliers)을 사용할 수 있으므로 먼저 이에 대해 고려한다.

미정 승수법의 적용을 보이기 위해 다음과 같은 문제를 생각하자. 만약 교차하는 두 평면들이 주어졌다고 할 때, 즉 예를 들어 두 평면이 다음과 같이 주어지고,

$$x + y + z = 1\,, \tag{4.48}$$

$$z = xy + 5\,, \tag{4.49}$$

이들의 교차 곡선 상에 있으면서 원점에 가장 가까운 점을 구해야 한다고 하자.

따라서 문제는 다음과 같이 주어지는 어떤 점으로부터 원점까지의 거리의 제곱 s 를 최소화하는데,

$$s = x^2 + y^2 + z^2\,, \tag{4.50}$$

단 그 점은 다음과 같은 교차 곡선 상에 있어야 한다는 구속조건을 만족시켜야 하는 것으로 바꾸어 생각할 수 있다.

$$\phi_1 = x + y + z - 1 = 0\,, \tag{4.51}$$

$$\phi_2 = z - xy - 5 = 0\,. \tag{4.52}$$

구하고자 하는 점의 위치는 x, y, z 의 세 좌표에 의해 주어지는데, 두 개의 구속조건이 주어졌으므로, 독립적인 좌표는 하나밖에 없다. 또한 원점으로부터의 거리를 최소화하는 점은 다음 식을 만족해야 하는데,

$$ds = \frac{\partial s}{\partial x}dx + \frac{\partial s}{\partial y}dy + \frac{\partial s}{\partial z}dz = 0\,, \tag{4.53}$$

만약 dx, dy, dz 가 서로 독립이라면 다음 식이 만족되어야 한다.

$$\frac{\partial s}{\partial x} = \frac{\partial s}{\partial y} = \frac{\partial s}{\partial z} = 0\,. \tag{4.54}$$

하지만 주어진 두 구속조건에 의해 dx, dy, dz 가 모두 독립인 것으로 볼 수 없으므로, 식 (4.54)가 일반적으로 성립한다고 볼 수 없다.

따라서 위의 문제를 풀기 위해 다음과 같은 함수를 생각하는데,

$$f = s + \lambda_1 \phi_1 + \lambda_2 \phi_2 \,, \tag{4.55}$$

여기서 λ_1, λ_2는 **라그랑쥐의 승수**(Lagrangian multipliers)라고 불린다. 식 (4.51), (4.52)에 의해 ϕ_1, ϕ_2는 영이므로, 식 (4.53) 대신에 다음이 만족되어야 하는 것으로 볼 수 있다.

$$df = \frac{\partial f}{\partial x}dx + \frac{\partial f}{\partial y}dy + \frac{\partial f}{\partial z}dz = 0\,. \tag{4.56}$$

여기서 λ_1, λ_2를 $\frac{\partial f}{\partial y} = \frac{\partial f}{\partial z} = 0$ 만족되도록 정할 수 있다고 가정하면, 위 식이 성립하기 위해서는 $\frac{\partial f}{\partial x} = 0$ 이 만족되어야 한다.

따라서 이들 조건에 식 (4.55)를 대입하여 다음을 얻는다.

$$\frac{\partial f}{\partial x} = 2x + \lambda_1 - \lambda_2 y = 0, \tag{4.57}$$

$$\frac{\partial f}{\partial y} = 2y + \lambda_1 - \lambda_2 x = 0, \tag{4.58}$$

$$\frac{\partial f}{\partial z} = 2z + \lambda_1 + \lambda_2 = 0. \tag{4.59}$$

첫째 식과 둘째 식에서 λ_1을 소거하여 다음을 얻고,

$$2x - 2y - \lambda_2(y - x) = 0\,, \tag{4.60}$$

첫째 식과 셋째 식에서 λ_1을 소거하여 다음을 얻으므로,

$$2x - 2z - \lambda_2(y + 1) = 0\,, \tag{4.61}$$

식 (4.60), (4.61)에서 λ_2를 소거하여 다음을 얻는다.

$$2(x-y)(y+1) - 2(x-z)(y-x) = 0\,, \quad \therefore (x-y)(x+y-z+1) = 0\,. \tag{4.62}$$

결국 $x=y$ 또는 $x+y-z+1=0$이 성립해야 하는데, $x=y$를 식 (4.51), (4.52)의 구속조건에 대입하면 $z=1-2x$, $z=x^2+5$를 얻으며, 이들로부터 다음을 얻는다.

$$x^2+5=1-2x \Rightarrow x^2+2x+4=(x+1)^2+3=0. \tag{4.63}$$

그러나 마지막 식 좌변은 항상 영보다 커서 위 식은 성립할 수 없으므로 $x=y$는 해가 될 수 없다.

이제 세 개의 식, 식 (4.48), (4.49)와 다음 식을 만족하는 x, y, z를 구하면 원하는 해를 구할 수 있다.

$$x+y-z+1=0. \tag{4.64}$$

식 (4.48)과 위 식으로부터 x, y를 소거하여 $z=1$을 얻으므로, 이 결과를 식 (4.48)과 식 (4.49)에 대입하여 다음을 얻는다.

$$x+y=0, \tag{4.65}$$

$$xy=-4. \tag{4.66}$$

이 두 식에서 y를 소거하여 다음을 얻고,

$$x^2-4=0, \quad \therefore x=\pm 2, \tag{4.67}$$

따라서 $(2,-2,1)$과 $(-2,2,1)$의 두 점을 해로 얻는다.

위의 해를 얻는데, 식 (4.55)에서 도입한 λ_1, λ_2는 결정할 필요가 없었음에 유의하며, 이와 같은 이유로 위에 보인 방법을 미정 승수법이라고 부른다.

N_n 개의 구속조건이 **비적분형**(nonholonomic)으로 주어진 경우, 그들이 다음과 같은 형태로 주어졌다고 가정하자.

$$\sum_{j=1}^{n} a_{kj}\,dq_j + a_{k0}\,dt=0, \quad k=1,2,\cdots,N_n. \tag{4.68}$$

단 여기서 a_{kj}, $k=1,2,\cdots,N_n$, $j=0,1,2,\cdots,n$은 주어진 상수이다. 적분형 구속조건이 주어진 경우에 대해서는 q_j, $j=1,2,\cdots,n$이 서로 독립임을 가정할 수 있었으나, 여기서는 그와 같은 가정을 할 수 없음에 유의한다.

질점계의 운동에 해밀턴 원리를 적용하면, 작용 적분의 변분이 정류가 되어야 한다는 조건으로부터 다음을 얻는데,

$$\delta J = \int_{t_1}^{t_2} \sum_{j=1}^{n} \left\{ \frac{\partial L}{\partial q_j} - \frac{d}{dt}\left(\frac{\partial L}{\partial \dot{q}_j} \right) \right\} \delta q_j \, dt = 0, \tag{4.69}$$

이제 가상 변위 δq_j가 다음과 같은 조건을 만족한다고 가정한다.

$$\sum_{j=1}^{n} a_{kj} \delta q_j = 0 \, , \; k = 1, 2, \cdots, N_n \, . \tag{4.70}$$

여기서 식 (4.68)과 식 (4.70)을 비교하면, 가상 변위는 구속조건을 만족하지 않을 수도 있음에 유의한다.

λ_k, $k = 1, 2, \cdots, N_n$을 라그랑쥐 승수라고 할 때, 다음도 성립하므로,

$$\sum_{k=1}^{N_n} \lambda_k \sum_{j=1}^{n} a_{kj} \delta q_j = 0 \, , \tag{4.71}$$

라그랑쥐의 미정 승수법을 이용하여 다음을 얻는다.

$$\int_{t_1}^{t_2} \sum_{j=1}^{n} \left\{ \frac{\partial L}{\partial q_j} - \frac{d}{dt}\left(\frac{\partial L}{\partial \dot{q}_j} \right) + \sum_{k=1}^{N_n} \lambda_k a_{kj} \right\} \delta q_j \, dt = 0. \tag{4.72}$$

여기서 λ_k, $k = 1, 2, \cdots, N_n$를 우변 피적분 함수의 [ ] 안의 양이 영이 되도록 결정하면, 나머지 δq_j는 독립이라고 볼 수 있으므로, 결국 다음을 얻는다.

$$\frac{d}{dt}\left(\frac{\partial L}{\partial \dot{q}_j} \right) - \frac{\partial L}{\partial q_j} = \sum_{k=1}^{N_n} \lambda_k a_{kj} \, , \; j = 1, 2, \cdots, n \, . \tag{4.73}$$

이들과 식 (4.68)로 주어진 N_n 개의 구속조건을 합하여 $n + N_n$ 개의 방정식을 얻으며, 이들로부터 q_j, $j = 1, 2, \cdots, n$과, λ_k, $k = 1, 2, \cdots, N_n$을 구할 수 있으므로, 주어진 문제는 **닫힌**(closed) 문제라고 할 수 있다.

이하에서는 위에서 언급한 해를 얻는 과정을 예제를 통해 보이기로 한다. 그림 4.3에 보인 바와 같이 미끄러짐 없이 **사면**(slope)을 굴러서 내려오고 있는 질량 m, 반경 a인 굴렁쇠(hoop)에 대해 생각하자.

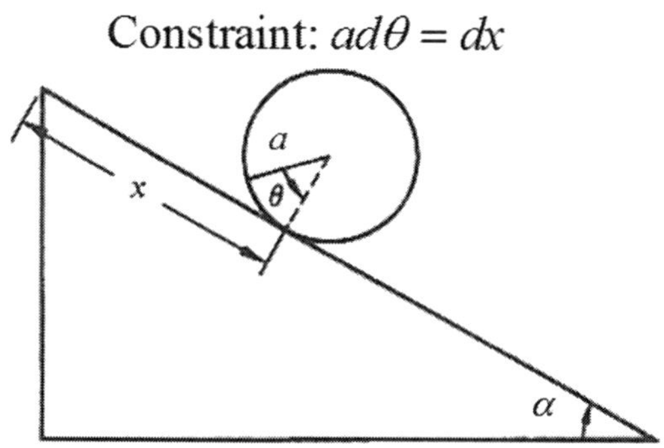

그림 4.3 사면을 굴러 내려오는 굴렁쇠

일반 좌표는 $q_1 = x$, $q_2 = \theta$로 잡고, $n = 2$이라고 하면, 다음과 같은 비적분형 구속 조건을 만족해야 하므로,

$$dx - a\,d\theta = 0\,, \tag{4.74}$$

$N_n = 1$이며, 위 식을 식 (4.68)과 비교하여 $a_{11} = 1$, $a_{12} = -a$임을 얻는다.

이들을 식 (4.73)에 대입하여 다음과 같은 운동 방정식을 얻는다.

$$\frac{d}{dt}\left(\frac{\partial L}{\partial \dot{q}_j}\right) - \frac{\partial L}{\partial q_j} = \lambda a_{1j}\,,\ j = 1, 2\,. \tag{4.75}$$

운동 에너지 T는 다음과 같이 주어지고,

$$T = \frac{m}{2}\dot{x}^2 + \frac{m}{2}a^2\dot{\theta}^2, \tag{4.76}$$

포텐셜 에너지 V는 다음과 같이 쓸 수 있는데,

$$V = mg(l - x)\sin\alpha, \tag{4.77}$$

여기서 l은 사면의 길이, α는 경사각이다.

따라서 라그란지안 L을 다음과 같이 얻으며,

$$L = \frac{m}{2}\dot{x}^2 + \frac{m}{2}a^2\dot{\theta}^2 - mg(l - x)\sin\alpha\,, \tag{4.78}$$

이 식을 식 (4.75)에 대입하여 다음을 얻고,

$$\frac{d}{dt}\left(\frac{\partial L}{\partial \dot{x}}\right) - \frac{\partial L}{\partial x} = m\ddot{x} - mg\sin\alpha = \lambda\,, \tag{4.79}$$

$$\frac{d}{dt}\left(\frac{\partial L}{\partial \dot{\theta}}\right) - \frac{\partial L}{\partial \theta} = ma^2\ddot{\theta} = -\lambda a\,, \tag{4.80}$$

식 (4.74)로부터 다음을 얻는다.

$$\dot{x} - a\dot{\theta} = 0\,. \tag{4.81}$$

식 (4.81)의 양변을 시간에 대해 한 번 미분하고, 그 결과를 식 (4.79)에 대입하여 $\ddot{x}$을 소거하면 다음을 얻는다.

$$ma\ddot{\theta} = mg\sin\alpha + \lambda\,. \tag{4.82}$$

이 식과 식 (4.80)으로부터 다음을 얻으므로,

$$\lambda = -\frac{mg}{2}\sin\alpha\,, \tag{4.83}$$

이 결과를 식 (4.79), (4.80)에 대입하여 다음을 얻는다.

$$\ddot{x} = \frac{g}{2}\sin\alpha\,,\ \ddot{\theta} = \frac{g}{2a}\sin\alpha\,. \tag{4.84}$$

이 식에 따르면 굴러내려 오는 굴렁쇠의 x 방향 가속도는 미끄러져 내려오는 굴렁쇠의 가속도의 절반이다. 또한 각가속도는 구속조건에 의해 얻을 수 있었고, 라그랑쥐의 승수 λ는 x 방향 운동에 대한 구속조건에 기인하는 구속력으로 일종의 '마찰력'으로 볼 수 있다.

연습문제

1. 다음과 같이 주어진 적분을 정류로 하는 벡터 함수 $\underline{x}(t)$를 구하는 문제를 생각하기로 하고,

$$J=\int_{t_1}^{t_2} f\left(\underline{x},\dot{\underline{x}},t\right)dt, \tag{4.E1}$$

식 (4.2) 대신에 다음을 고려하여,

$$\underline{\xi}(t,\alpha)=\underline{\xi}(t,0)+\alpha\,\underline{\eta}(t), \tag{4.E2}$$

오일러 방정식을 식 (4.11)과 같이 얻을 수 있음을 보이시오. 단 여기서 $\underline{x}(t_1)=\underline{c}_1$, $\underline{x}(t_2)=\underline{c}_2$, $t_2>t_1$를 만족해야 하며, $\underline{c}_1$, $\underline{c}_2$는 주어진 상수 벡터이고, 또한 $\underline{\xi}(t_1,0)=\underline{c}_1$, $\underline{\xi}(t_2,0)=\underline{c}_2$, $\underline{\eta}(t_1)=\underline{\eta}(t_2)=\underline{0}$이며, $\underline{\eta}$는 구간 $[t_1,t_2]$에서 두 번 연속 미분 가능한 벡터 함수이다.

2. 각속도 ω라고 할 때, $x=a(\omega t-\sin\omega t)$, $y=-a(1-\cos\omega t)$에 의해 싸이클로이드에 대한 미분 방정식, 식 (4.31)이 만족됨을 보이시오.

3. $f(\underline{x})$가 $\underline{x}$에 대해 차수 k의 동차 함수, 즉 임의의 실수 α에 대해 $f(\alpha\underline{x})=\alpha^k f(\underline{x})$가 성립하는 함수라고 할 때, 식 (4.45)가 만족됨을 보이시오.

4. 그림 4.E1에 보인 바와 같이 한 질점이 xy 평면 상에서 움직이는데 이때 질점의 속도 $\underline{u}$는 y만의 함수라고 하자. 질점이 점 A부터 점 B까지 움직이는데 이때 움직이는데 소요되는 시간이 최소인 경로는 다음 식으로 주어짐을 보이시오.

$$\frac{\sin\theta}{|\underline{u}|}=c=const.. \tag{4.E3}$$

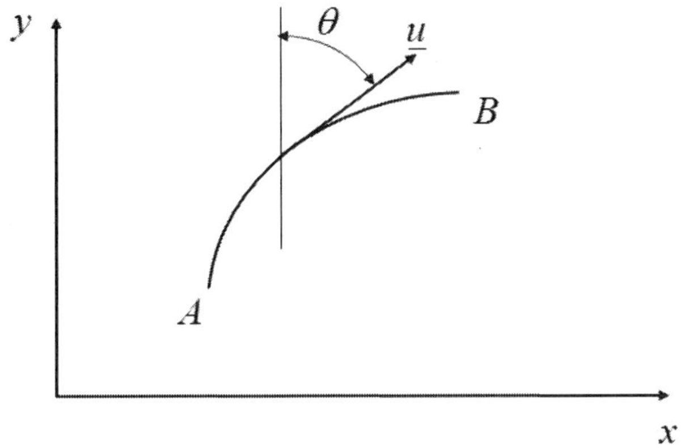

그림 4.E1

여기서 θ는 $\underline{u}$와 y축 사이의 각이다.

식 (4.E3)은 광학에서 매질의 **굴절 지수**(refraction index)가 y만의 함수일 경우, 빛의 경로를 결정하는 식과 같으며, **Snel의 법칙**(Snel's law)이라고 알려져 있는 결과임에 유의한다.

5. 자유 낙하하는 질점에 대해 $x(t) = \frac{1}{2}gt^2$이 성립한다고 하고, 식 (4.35)에 주어진 작용 적분을 $t_1 = 0$, $t_2 = 1$에 대해 구하시오. 또한 $x(t) = at$, $x(t) = bt^3$이라고 가정하고, 위와 같은 시간 구간에 대해 작용 적분을 계산하여 얻은 결과에 대해 해밀턴 원리의 관점에서 비교, 논의하시오. 여기서 g는 중력 가속도, a, b는 주어진 상수이다.

6. 식 (4.73)의 응용과 관련하여 생각한 물체가 사면을 굴러 내려오는 문제에서 굴렁쇠를 구(sphere)로 바꾸어 생각할 경우, 다음이 성립함을 보이시오.

$$\ddot{x} = \frac{5g}{7}\sin\alpha\,,\ \ddot{\theta} = \frac{5g}{7a}\sin\alpha\,. \tag{4.E4}$$

단 구의 회전 운동 에너지는 $\frac{m}{5}a^2\dot{\theta}^2$으로 주어짐을 이용하시오. 이 결과를 식 (4.84)와 비교하여 구의 가속도 $\ddot{x}$가 더 큰 이유에 대해 설명하시오.

7. 한 질점이 xy 평면 상에서 어떠한 외력도 받지 않으면서 움직이는데 다음 식으로 주어지는 곡선 상에 있어야 한다.

$$x^2 + y^2 = 2axt. \tag{4.E5}$$

여기서 a는 주어진 상수이다. 이때 $x(t)$, $y(t)$는 다음과 같이 주어짐을 보이시오.

$$x(t) = at\left\{1 + \cos\left(A + \frac{B}{t}\right)\right\},\ y(t) = at\sin\left(A + \frac{B}{t}\right). \tag{4.E6}$$

여기서 A, B는 초기조건에 따라 결정될 상수이다.

5장

미소동요

4장까지의 논의에 의해 질점계에 대해 라그란지안을 얻고, 라그랑쥐 방정식을 사용하면 생각하는 계에 대한 운동 방정식을 비교적 쉽게 얻을 수 있다. 이 장에서는 자유도 n인 계가 **상태 공간**(configuration space) 내에서 **안정 평형점**(stable equilibrium point)을 가지고 있다고 할 때, 그 점을 중심으로 발생하는 계의 **미소동요**(small oscillations)에 대해 생각하기로 한다.

1절에서는 전형적인 문제를 예로 들어 생각하여 문제 전반에 대한 이해를 높이고, 2절에서는 선형대수에서 얻은 **주기저 정리**(theorem of principal basis)의 적용에 의해 어떠한 결과들이 얻어지는 지를 살펴보기로 한다. 3절에서는 **선형 대칭 3원자 분자**(linear symmetric triatomic molecule)의 자유 진동에 대해 생각함으로써 앞에서 얻은 결과들을 어떻게 적용할 수 있는지 보이기로 한다.

5.1 전형적 문제

먼저 생각하는 계가 보존력을 받고 있으며, 포텐셜 에너지 V가 일반 좌표 q만의 함수라고 가정하면, 그림 5.1에 보인 바와 같이 평형 상태 $q = q_0$에 있는 j번째 물체에 작용하는 힘 Q_{j0}은 다음과 같이 쓸 수 있다.

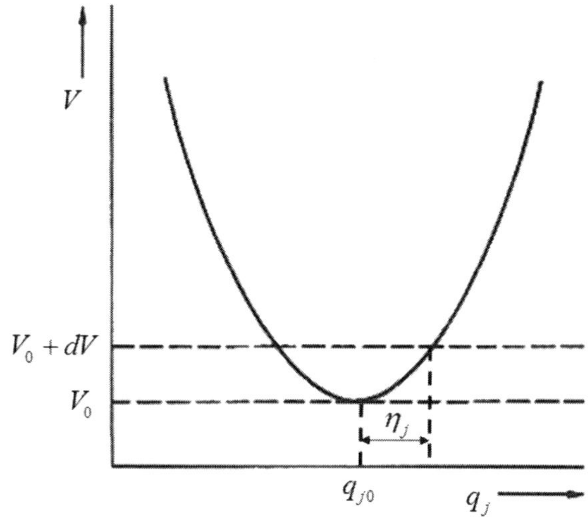

그림 5.1 안정 평형점 주위의 포텐셜 에너지

$$Q_{j0} = -\left.\frac{\partial V}{\partial q_j}\right|_{q\,=\,q_0} = 0\,. \tag{5.1}$$

여기서 하첨자의 0은 안정 평형점에서의 값임을 뜻한다.

그림 5.1에서 q_{j0}가 안정 평형점이라고 불리는 이유는 물체의 위치가 q_{j0}로부터 멀어지면 왼쪽 또는 오른쪽이든지 간에 V의 값이 증가하므로, 물체에 작용하는 힘은 물체를 q_{j0}로 돌아가게 하려는 힘, 즉 **복원력**(restoring force)이 되기 때문이다.

또한 4장, 식 (4.38)에서와 같이 N 개의 질점으로 이루어진 계에 대해 n 개의 일반 좌표가 존재할 경우, 질점의 위치를 나타내는 $\underline{x}_i$, $i = 1, 2, \cdots, N$과 일반 좌표 q_j, $j = 1, 2, \cdots, n$ 사이의 변환이 시간 t의 양함수가 아니라면 다음과 같이 쓸 수 있다.

$$\underline{x}_i = \underline{x}_i(q_1, q_2, \cdots, q_n)\,,\ \ i = 1, 2, \cdots, N. \tag{4.38}$$

여기서 $n = 3N - N_h$이고, N_h는 적분형 구속조건의 수이다.

위와 같은 가정이 만족되면 식 (4.39)에 보인 바와 같이 운동 에너지 T는 일반 속도 $\dot{q}$에 대한 차수 2인 동차 함수로 다음과 같이 주어진다.

$$T=\frac{1}{2}\sum_{j=1}^{n}\sum_{k=1}^{n}\left(\sum_{i=1}^{N}m_i\frac{\partial \underline{x}_i}{\partial q_j}\cdot\frac{\partial \underline{x}_i}{\partial q_k}\right)\dot{q}_j\dot{q}_k. \tag{5.2}$$

여기서 ( ) 안의 양을 다음과 같이 정의하기로 하면,

$$m_{jk}\equiv\sum_{i=1}^{N}m_i\frac{\partial \underline{x}_i}{\partial q_j}\cdot\frac{\partial \underline{x}_i}{\partial q_k},\ j=1,2,\cdots,n,\ k=1,2,\cdots,n, \tag{5.3}$$

식 (5.2)는 다음과 같이 다시 쓸 수 있다.

$$T=T_2=\frac{1}{2}\sum_{j=1}^{n}\sum_{k=1}^{n}m_{jk}\dot{q}_j\dot{q}_k. \tag{5.4}$$

이제 일반 좌표를 안정 평형점을 중심으로 생각하기 위해 다음과 같이 다시 쓰기로 하자.

$$q_j=q_{j0}+\eta_j,\ j=1,2,\cdots,n. \tag{5.5}$$

식 (5.3)의 m_{jk}를 안정 평형점 $\underline{q}_0$에 대해 **테일러 급수**(Taylor series) 전개하여 다음을 얻는데,

$$m_{jk}\simeq m_{jk0}+\sum_{l=1}^{n}\left(\frac{\partial m_{jk}}{\partial q_l}\right)_{\underline{q}_0}\eta_l, \tag{5.6}$$

최저차 근사를 취하여 $m_{jk}\simeq m_{jk0}\equiv T_{jk}$로 정의하면, 운동 에너지 T를 다음과 같이 근사할 수 있다.

$$T=T_2\simeq\frac{1}{2}\sum_{j=1}^{n}\sum_{k=1}^{n}T_{jk}\dot{q}_j\dot{q}_k. \tag{5.7}$$

한편, 포텐셜 에너지 V도 안정 평형점 $\underline{q}_0$에 대해 테일러 급수 전개하면 다음을 얻는다.

$$V(\underline{q})=V(\underline{q}_0)+\frac{1}{2}\sum_{j=1}^{n}\sum_{k=1}^{n}\left(\frac{\partial^2 V}{\partial q_j\partial q_k}\right)_{\underline{q}_0}\eta_j\eta_k+O(|\underline{\eta}|^3). \tag{5.8}$$

여기서 ( ) 안의 양을 다음과 같이 정의하기로 하는데,

$$V_{jk} \equiv \left.\frac{\partial^2 V}{\partial q_j \partial q_k}\right|_{q_0}, \quad j=1,2,\cdots,n, \quad k=1,2,\cdots,n, \tag{5.9}$$

식 (5.8) 우변 첫째 항은 상수이므로 운동 방정식에 영향을 끼치지 않아 무시할 수 있고, $q = q_0$를 원점으로 잡기로 하면 $q_j = \eta_j$, $j=1,2,\cdots,n$ 이므로 식 (5.8)로부터 다음과 같이 근사식을 얻는다.

$$V(q) \simeq \frac{1}{2}\sum_{j=1}^{n}\sum_{k=1}^{n} V_{jk}\, q_j q_k\,. \tag{5.10}$$

따라서 생각하는 계에 대한 라그란지안 L은 식 (5.7), (5.10)으로부터 근사적으로 다음과 같이 얻을 수 있으며,

$$L = T - V = \frac{1}{2}\sum_{j=1}^{n}\sum_{k=1}^{n}\left(T_{jk}\,\dot{q}_j\dot{q}_k - V_{jk}\,q_j q_k\right), \tag{5.11}$$

아래에 다시 보인 식 (3.21), 라그랑쥐 방정식을 사용하여,

$$\frac{d}{dt}\left(\frac{\partial L}{\partial \dot{q}_j}\right) - \frac{\partial L}{\partial q_j} = 0, \quad j=1,2,\cdots,n, \tag{3.21}$$

안정 평형점 주위의 미소동요에 대한 운동 방정식을 다음과 같이 얻는다.

$$\sum_{k=1}^{n}\left(T_{jk}\,\ddot{\eta}_k + V_{jk}\,\eta_k\right) = 0, \quad j=1,2,\cdots,n. \tag{5.12}$$

이하의 논의에서 평형점 주위의 동요라는 점을 강조하기 위해 변수를 다시 η_j, $j=1,2,\cdots,n$ 으로 바꾸어 썼다.

우선 일반 좌표의 개념을 도입하여 라그란지안을 이용하는 방법에 의해 고려 중인 계에 대한 자세한 정보가 없는 상황에서도 식 (5.12)에 보인 운동 방정식을 유도하였고, 또 일반적인 논의를 한층 더 진행할 수 있다는 점에 유의하기 바란다.

식 (5.12)의 T_{jk}와 V_{jk}는 식 (5.3), (5.9)로 주어진 정의에 의해 **대칭**(symmetric)인 점에 유의한다. 또 식 (5.7)의 T는 식 (4.39)의 정의, 즉 운동 에너지는 각 질점의 속도

의 제곱의 합이라고 한 정의로부터 항상 영보다 커야 하며, q_0가 안정 평형점, 즉 국부 최소값에 상응하는 점이므로 식 (5.8)로부터 식 (5.10)으로 주어진 V도 항상 영보다 큰 점에 유의한다.

식 (5.12)는 행렬을 사용하여 나타내면 다음과 같이 다시 쓸 수 있는데,

$$\underline{T}\ddot{\underline{\eta}} + \underline{V}\underline{\eta} = \underline{0}, \tag{5.13}$$

여기서 $\underline{T}$, $\underline{V}$는 각각 T_{jk}, V_{jk}를 그 **요소**(elements)로 하는 $n \times n$ 행렬로 각각 **관성 행렬**(inertia matrix), **강성 행렬**(stiffness matrix)로 부르며, $\underline{\eta}$는 η_k를 그 요소로 하는 n-**열벡터**(column vector)이다. 이 식을 자유도 1인 질량-스프링 계의 운동 방정식과 비교하면 우변이 영벡터이므로 **기진력**(exciting force)이 작용하지 않는 **자유 진동**(free vibration)에 상응함을 알 수 있다.

운동 에너지 T가 항상 영보다 크므로, 다음 절에서 보일 바와 같이 T와 관련하여 정의되는 관성 행렬 $\underline{T}$의 고유값은 모두 영보다 큰 실수이며, 따라서 그 역행렬 $\underline{T}^{-1}$이 존재하고, 또 $\sqrt{\underline{T}^{-1}}$도 존재한다([연습문제 1] 참조). $\sqrt{\underline{T}^{-1}}$는 $\underline{T}^{-1}$이 **대각 행렬**(diagonal matrix), 즉 주대각선 상에만 영이 아닌 요소를 가지는 행렬이며, 또 그 요소들이 양의 실수인 경우에는 각각의 요소에 $\sqrt{\ }$을 취한 것으로 정의된다. $\underline{T}^{-1}$가 대각 행렬이 아닐 경우에는 일단 $\underline{T}^{-1}$가 대각 행렬이 되는 **기저**(basis)를 사용하여 나타내고, 그렇게 얻은 대각 행렬의 각 요소에 $\sqrt{\ }$을 취한 다음 그 대각 행렬을 다시 원래의 기저를 사용하여 나타냄으로써 얻을 수 있다. $\underline{T}$는 대칭이고 모든 고유값이 영보다 크므로, $\underline{T}^{-1}$도 대칭이고 그 고유값이 영보다 크다. 따라서 대각 행렬로 변환되었을 때 주대각선 상의 요소들은 모두 양의 실수이므로 $\sqrt{\ }$을 취하는데 문제가 없다. 이 부분에 대한 내용은 선형대수의 **주기저 정리**(theorem of principal basis) 및 **2차 방형**(quadratic form)과 관련되어 있으며, 다음 절에서 간략하게 이에 대해 소개하겠지만 전반적인 내용을 이해하기 위해서는 이승준(2010)[7]을 참조하기 바란다.

식 (5.13)에 다음과 같은 치환을 도입하면,

$$\underline{\eta} = \sqrt{\underline{T}^{-1}}\,\underline{\xi}, \tag{5.14}$$

다음을 얻고,

$$\underline{T}\sqrt{\underline{T}^{-1}}\,\ddot{\underline{\xi}} + \underline{V}\sqrt{\underline{T}^{-1}}\,\underline{\xi} = \underline{0}, \tag{5.15}$$

이 식의 양변에 $\sqrt{\underline{T}^{-1}}$ 를 **앞에서 곱해주어**(pre-multiply) 다음을 얻는다.

$$\sqrt{\underline{T}^{-1}}\,\underline{T}\sqrt{\underline{T}^{-1}}\,\ddot{\underline{\xi}} + \sqrt{\underline{T}^{-1}}\,\underline{V}\sqrt{\underline{T}^{-1}}\,\underline{\xi} = \underline{0},$$
$$\therefore\ \ddot{\underline{\xi}} + \underline{A}\,\underline{\xi} = \underline{0},\ \underline{A} \equiv \sqrt{\underline{T}^{-1}}\,\underline{V}\sqrt{\underline{T}^{-1}}. \tag{5.16}$$

[연습문제 2]에서 보인 바와 같이 $\sqrt{\underline{T}^{-1}}\,\underline{T}\sqrt{\underline{T}^{-1}} = \underline{1}$ 이며, 여기서 $\underline{1}$ 은 단위 행렬이고, 또 위 식의 $\underline{A}$ 는 대칭 행렬임에 유의한다.

5.2 주기저 정리의 적용

이 절에서는 먼저 선형대수에서 다루는 **2차 방형**(quadratic form)과 주기저 정리에 대해 간략하게 소개한다. x_j, $j = 1, 2, \cdots, n$ 은 **실수**(real number)라고 할 때, n**-열벡터**(column vector) $\underline{x}$ 를 다음과 같이 정의하는데,

$$\underline{x} \equiv \begin{pmatrix} x_1 \\ x_2 \\ \vdots \\ x_n \end{pmatrix} \equiv (x_1, x_2, \cdots, x_n)^T, \tag{5.17}$$

여기서 상첨자 T는 **전치**(transpose)를 뜻한다. 이하에서는 모든 n-열벡터(또는 간단히 벡터)로 이루어진 n차원 **실수 유클리드 공간**(real Euclidean space) A_n 에 대해 생각하기로 한다.

실수 유클리드 공간은 스칼라곱이 정의된 **선형 벡터 공간**(linear vector space)을 뜻하며, A_n 에 속한 임의의 두 벡터 $\underline{x}$, $\underline{y}$ 에 대한 **스칼라곱**(scalar product)은 다음과 같이 정의한다.

$$(\underline{x}, \underline{y}) = x_1 y_1 + x_2 y_2 + \cdots + x_n y_n. \tag{5.18}$$

한 벡터의 **크기**(magnitude)는 자신과의 스칼라곱으로 얻어진 영보다 작지 않은 실수의 제곱근으로 정의하며, 두 벡터의 스칼라곱이 영이면 두 벡터는 **직교**(orthogonal)한다고 한다.

$\hat{e}_j$를 j 번째 성분만 1이고, 다른 성분은 모두 0인 열벡터라고 하면 $\hat{e}_j$, $j=1,2,\cdots,n$을 **자연 기저**(natural basis)라고 하며, $\{\hat{e}\}$로 나타내기로 한다. **크로네커의 델타**(Kronecker's delta) δ_{jk}를 $j=k$이면 1이고, 아니면 0이라고 할 때, 자연 기저를 이루고 있는 벡터들에 대해서 다음 관계가 성립한다.

$$(\hat{e}_j, \hat{e}_k) = \delta_{jk}, \ j=1,2,\cdots,n, \ k=1,2,\cdots,n. \tag{5.19}$$

다시 말하면 자연 기저에 속한 모든 벡터는 서로 직교하며, 각 벡터의 크기는 1이다.

임의의 기저 $\{\underline{d}\}$를 사용하면 식 (5.17)로 주어진 벡터 $\underline{x}$는 다음과 같이 쓸 수 있다.

$$\underline{x} = \sum_{j=1}^{n} x_j{}' \underline{d}_j. \tag{5.20}$$

여기서 $x_j{}'$, $j=1,2,\cdots,n$은 벡터 $\underline{x}$의 $\underline{d}_j$ 방향 **성분**(components)이라고 부르고, $x_j{}'$를 n-열벡터로 나타낸 $\underline{x}' = (x_1{}', x_2{}', \cdots, x_n{}')^T$는 벡터 $\underline{x}$에 대해 기저 $\{\underline{d}\}$를 사용할 때 얻는 **표현**(representation)이라고 한다.

한편, 자연 기저 $\{\hat{e}\}$를 사용하면 식 (5.17)로 주어진 벡터 $\underline{x}$는 다음과 같이 쓸 수 있으므로,

$$\underline{x} = \sum_{j=1}^{n} x_j \hat{e}_j, \tag{5.21}$$

n-열벡터 $\underline{x} = (x_1, x_2, \cdots, x_n)^T$는 자연 기저 $\{\hat{e}\}$를 사용할 때 얻는 표현이기도 하다. 따라서 n-열벡터 $\underline{x}$와 $\underline{x}'$은 하나의 벡터 $\underline{x}$를 다른 기저를 사용하여 나타낼 때 얻는 표현들이며 이들은 다음과 같은 벡터에 대한 **기저변환 공식**(change-of-basis formula)에 의해 관련된다[연습문제 3].

$$\underline{x} = \underline{R}\,\underline{x}', \ \text{또는} \ \underline{x}' = \underline{R}^{-1}\underline{x}. \tag{5.22}$$

여기서 $\underline{R}$은 $n \times n$의 비특이 행렬로 기저변환 행렬이라고 부르며, 그 성분 r_{ij}는 다음을 만족한다.

$$\underline{d}_j = \sum_{i=1}^{n} r_{ij}\hat{e}_i, \; j = 1, 2, \cdots, n. \tag{5.23}$$

다시 말하면 $\underline{R}$은 벡터 $\underline{d}_j$의 자연 기저에 대한 성분들이 j 번째 열을 구성하는 행렬이다.

텐서(tensor) $\overline{A}$는 A_n에 속한 임의의 벡터 $\underline{x}$를 **입력**(input)하였을 때, A_n에 속하는 벡터 $\underline{y}$를 **출력**(output)으로 하는 **선형 변환**(linear transform)으로 정의할 수 있으며, 이를 다음과 같이 나타내기로 한다.

$$\overline{A}\,\underline{x} = \underline{y}. \tag{5.24}$$

자연 기저 $\{\hat{e}\}$를 사용하여 식 (5.24)의 좌변을 다시 쓰면 다음과 같다.

$$\overline{A}\sum_{j=1}^{n} x_j \hat{e}_j = \sum_{j=1}^{n} x_j \overline{A}\,\hat{e}_j. \tag{5.25}$$

이 식 우변의 $\overline{A}\hat{e}_j$는 자연 기저를 사용하여 다음과 같이 나타낼 수 있으므로,

$$\overline{A}\hat{e}_j = \underline{\alpha}_j = \sum_{i=1}^{n} a_{ij}\hat{e}_i, \; j = 1, 2, \cdots, n, \tag{5.26}$$

결국 식 (5.24)는 다음과 같이 다시 쓸 수 있다.

$$\sum_{j=1}^{n} x_j \sum_{i=1}^{n} a_{ij}\hat{e}_i = \sum_{i=1}^{n}\left(\sum_{j=1}^{n} a_{ij}x_j\right)\hat{e}_i = \sum_{i=1}^{n} y_i\hat{e}_i, \;\; \therefore \underline{A}\,\underline{x} = \underline{y}. \tag{5.27}$$

여기서 $\underline{A}$는 $n \times n$ 행렬로 자연 기저를 사용할 때 얻는 $\overline{A}$의 표현이라고 하며, a_{ij}, $i = 1, 2, \cdots, n$, $j = 1, 2, \cdots, n$은 그 성분이라고 한다.

임의의 기저 $\{\underline{d}\}$를 사용하면 식 (5.24)의 좌변은 다음과 같이 쓸 수 있으며,

$$\overline{A}\sum_{k=1}^{n} x_k{}'\underline{d}_k = \sum_{k=1}^{n} x_k{}'\overline{A}\,\underline{d}_k = \sum_{k=1}^{n} x_k{}'\sum_{j=1}^{n} r_{jk}\overline{A}\,\hat{e}_j = \sum_{k=1}^{n}\sum_{j=1}^{n} r_{jk}x_k{}'\sum_{i=1}^{n} a_{ij}\hat{e}_i, \tag{5.28}$$

둘째 등호를 얻는 데는 식 (5.23)을, 셋째 등호를 얻는 데는 식 (5.26)을 각각 사용하였고, 또 $\underline{y} = \sum_{j=1}^{n} y_j' \underline{d}_j = \sum_{j=1}^{n} y_j' \sum_{i=1}^{n} r_{ij} \hat{e}_i$로 쓸 수 있으므로, 이들을 이용하여 식 (5.24)를 다음과 같이 다시 쓸 수 있다.

$$\sum_{i=1}^{n}\left(\sum_{j=1}^{n}\sum_{k=1}^{n} a_{ij} r_{jk} x_k'\right)\hat{e}_i = \sum_{i=1}^{n}\left(\sum_{j=1}^{n} r_{ij} y_j'\right)\hat{e}_i, \quad \therefore \underline{A}\,\underline{R}\,\underline{x}' = \underline{R}\,\underline{y}'. \tag{5.29}$$

$\underline{R}$은 비특이 행렬이므로 역행렬 $\underline{R}^{-1}$가 존재하며, 위 식의 양변에 $\underline{R}^{-1}$를 앞에서 곱해주면 다음을 얻는데,

$$\underline{R}^{-1}\underline{A}\,\underline{R}\,\underline{x}' = \underline{y}', \tag{5.30}$$

이 식 좌변의 $\underline{R}^{-1}\underline{A}\,\underline{R}$는 $n \times n$ 행렬로 텐서 $\overline{A}$를 기저 $\{\underline{d}\}$를 사용할 때 얻는 표현이라고 할 수 있으므로 이를 $\underline{A}'$이라고 표기하기로 하면 다음과 같이 텐서에 대한 기저 변환 공식을 얻는다.

$$\underline{A}' = \underline{R}^{-1}\underline{A}\,\underline{R}, \text{ 또는 } \underline{A} = \underline{R}\,\underline{A}'\,\underline{R}^{-1}. \tag{5.31}$$

텐서 $\overline{A}$가 A_n에 속한 임의의 두 벡터 $\underline{x}$, $\underline{y}$와 관련하여 다음을 만족하면,

$$\left(\overline{A}\,\underline{x}, \underline{y}\right) = \left(\underline{x}, \overline{A}\,\underline{y}\right), \tag{5.32}$$

$\overline{A}$는 대칭 텐서라고 한다. 자연 기저를 사용하여 식 (5.32)의 좌변을 다시 쓰면 다음을 얻는다.

$$\begin{aligned}\left(\underline{A}\sum_{j=1}^{n} x_j \hat{e}_j, \sum_{k=1}^{n} y_k \hat{e}_k\right) &= \sum_{j=1}^{n}\sum_{k=1}^{n} x_j y_k \left(\underline{A}\,\hat{e}_j, \hat{e}_k\right) = \sum_{j=1}^{n}\sum_{k=1}^{n}\sum_{i=1}^{n} x_j y_k \left(a_{ij}\hat{e}_i, \hat{e}_k\right) \\ &= \sum_{i=1}^{n}\sum_{j=1}^{n}\sum_{k=1}^{n} a_{ij} x_j y_k \delta_{ik} = \sum_{i=1}^{n}\sum_{j=1}^{n} a_{ij} x_j y_i.\end{aligned} \tag{5.33}$$

그 우변에 대해서는 다음을 얻으므로,

$$\left(\sum_{k=1} x_k \hat{e}_k, \underline{A} \sum_{j=1}^{n} y_j \hat{e}_j\right) = \sum_{j=1}^{n} \sum_{k=1}^{n} x_k y_j \left(\hat{e}_k, \underline{A}\, \hat{e}_j\right) = \sum_{j=1}^{n} \sum_{k=1}^{n} \sum_{i=1}^{n} x_k y_j \left(\hat{e}_k, a_{ij} \hat{e}_i\right)$$

$$= \sum_{i=1}^{n} \sum_{j=1}^{n} \sum_{k=1}^{n} a_{ij} x_k y_j \delta_{ki} = \sum_{i=1}^{n} \sum_{j=1}^{n} a_{ij} x_i y_j , \tag{5.34}$$

따라서 다음을 얻는다.

$$a_{ij} = a_{ji}, \ i = 1, 2, \cdots, n, \ j = 1, 2, \cdots, n. \tag{5.35}$$

따라서 $\underline{A}$는 대칭 행렬임을 얻는다.

선형대수에서 배우는 정리 중, 가장 중요한 정리 중의 하나라고 할 수 있는 주기저 정리는 다음과 같이 주어질 수 있다.

A_n 상에 정의된 대칭 텐서 $\overline{A}$가 주어졌다고 할 때, $\overline{A}$와 관련하여 **특성 다항식**(characteristic polynomial) $f(\lambda)$는 다음과 같이 정의된다.

$$f(\lambda) \equiv |\underline{A} - \lambda \underline{1}|. \tag{5.36}$$

여기서 우변의 $|\ |$는 행렬값을 뜻하고, $\underline{A}$는 텐서 $\overline{A}$를 자연 기저를 사용하여 표현한 대칭 행렬이다.

1) 특성 다항식의 **근**(root) 또는 **제로**(zero) λ_j는 모두 실수이며 n 개 존재하고, λ_j, $j = 1, 2, \cdots, n$, 즉 각각의 고유값에 상응하는, **서로 직교**(mutually orthogonal)하는 n 개의 고유벡터를 구할 수 있다. 여기서 고유값과 고유벡터는 텐서에 고유한 양으로 기저의 선택과 무관하게 결정됨에 유의한다.

2) 위에서 구한 n 개의 고유벡터를 기저로 사용하여 $\overline{A}$를 그 주대각선 상에 고유값 λ_j를 요소로 가지는 다음과 같은 대각 행렬 $\underline{\Lambda}$로 나타낼 수 있으며,

$$\underline{\Lambda} = \begin{pmatrix} \lambda_1 & 0 & \cdots & 0 \\ 0 & \lambda_2 & \cdots & 0 \\ & & \cdots & \\ 0 & 0 & \cdots & \lambda_n \end{pmatrix}, \tag{5.37}$$

이와 같은 기저를 **주기저**(principal basis)라고 한다. 식 (5.23)에 따르면 각 열이 고유벡터로 구성된 $n \times n$의 비특이 행렬 $\underline{R}$을 사용하여 주기저에 대한 $\overline{A}$의 표현을 얻을 수

있으며, 식 (5.31)의 첫째 식에 의해 다음을 얻는다.

$$\underline{\Lambda} = \underline{R}^{-1} \underline{A}\, \underline{R}. \tag{5.38}$$

대칭 텐서 $\overline{A}$, $\overline{A}$를 자연 기저 $\{\hat{e}\}$를 사용하여 표현한 대칭 행렬 $\underline{A}$에 대해 정의되는 **2차 방형** $u(\underline{x})$는 A_n에 속한 임의의 n-열벡터 $\underline{x}$를 독립 변수로 하여 다음과 같이 정의된다.

$$u(\underline{x}) \equiv (\underline{x}, \overline{A}\underline{x}), \text{ 또는 } u(\underline{x}) \equiv (\underline{x}, \underline{A}\underline{x}). \tag{5.39}$$

자연 기저를 사용하여 위 식을 다시 쓰면 다음을 얻으며,

$$u(\underline{x}) = \left(\sum_{i=1}^{n} x_i \hat{e}_i, \sum_{j=1}^{n} x_j \overline{A}\hat{e}_j\right) = \sum_{i=1}^{n}\sum_{j=1}^{n} x_i x_j \left(\underline{e}_i, \sum_{k=1}^{n} a_{kj}\hat{e}_k\right)$$

$$= \sum_{i=1}^{n}\sum_{j=1}^{n}\sum_{k=1}^{n} x_i x_j a_{kj} (\hat{e}_i, \hat{e}_k) = \sum_{i=1}^{n}\sum_{j=1}^{n} a_{ij} x_i x_j. \tag{5.40}$$

여기서 둘째 등호를 얻는 데는 식 (5.26)을, 마지막 등호를 얻는 데는 식 (5.19)를 각각 사용하였다.

만약 대칭 텐서 $\overline{A}$를 주기저를 사용하여 표현하면 식 (5.37)에 보인 바와 같이 $a_{ij} = \lambda_i \delta_{ij}$를 얻으므로, 이를 위 식에 대입하면 다음을 얻는다.

$$u(\underline{x}) = \sum_{j=1}^{n} \lambda_j (x_j')^2. \tag{5.41}$$

여기서 x_j', $j = 1, 2, \cdots, n$은 주기저를 사용할 때 얻는 $\underline{x}$의 성분이다.

만약 대칭 텐서 $\overline{A}$의 고유값 λ_j가 모두 영보다 크다면, 위의 식으로부터 $u(\underline{x})$는 모든 $\underline{x}$에 대해 영보다 큰 값을 가지며, 이와 같은 경우 $\overline{A}$ 또는 $\underline{A}$에 대한 2차 방형 u는 **양확정**(positive definite)이라고 부른다.

식 (5.7), (5.10)으로 근사된 운동 에너지 T와 포텐셜 에너지 V는 $\underline{x}$ 대신 각각 일반 속도 $\dot{\underline{q}}$ 및 일반 좌표 $\underline{q}$를 n-열벡터로 생각할 때, 식 (5.39)에서 정의한 2차 방형의 절반으로 주어지며, 식 (5.12) 아래의 논의에서 기술한 바와 운동 에너지 T와 포텐셜 에너지 V는 항상 영보다 크므로, 둘 다 양확정임을 알 수 있다.

이제 앞 절에서 얻은 식 (5.16)의 첫째 식을 다시 쓰면 다음과 같은데,

$$\ddot{\underline{\xi}} + \underline{A}\,\underline{\xi} = \underline{0}\,, \tag{5.42}$$

여기서 $\underline{A}$는 대칭 행렬이므로, 3.3절, 식 (3.74)에서 다루었던 문제와 본질적으로 같은 문제이며, 동일한 방법을 사용하여 해를 구할 수 있고, 위의 주기저 정리를 적용할 수 있다.

먼저 식 (5.42)에 $\underline{\xi} = \underline{a}\cos\omega t$를 대입하면 다음을 얻는데,

$$-\omega^2 \underline{a} + \underline{A}\,\underline{a} = \underline{0}\,,\ \ \therefore \left(\underline{A} - \omega^2 \underline{1}\right)\underline{a} = \underline{0}\,, \tag{5.43}$$

이 식 우변이 영 벡터이므로, $\underline{a}$에 대한 해가 존재하기 위해서는 계수 행렬의 행렬값이 영이 되어야 하며, 따라서 다음을 얻는다.

$$\left|\underline{A} - \omega^2 \underline{1}\right| = 0\,. \tag{5.44}$$

여기서 좌변의 | |는 행렬값을 뜻한다.

식 (5.44) 좌변은 식 (5.36)에서 정의한 $\underline{A}$에 대한 특성 다항식이며, 따라서 식 (5.44)는 대칭 행렬 $\underline{A}$의 고유값, $\lambda = \omega^2$을 구하는 문제이고, 위의 주기저 정리로부터, 식 (5.44)는 n 개의 실근을 가짐을 알 수 있다. 나아가 만약 $\underline{A}$에 대한 2차 방형이 양확정이면, 그 근들은 영보다 커야 한다. 식 (5.8)로부터 $\underline{V}$에 대한 2차 방형의 절반인 V도 양확정임을 알 수 있으며, 또 식 (5.16)으로 정의된 $\underline{A}$에 대한 2차 방형도 양확정이다. 그러므로 식 (5.44)는 고유진동수 ω에 대해 n 개의 양의 실근 ω_j, $j = 1, 2, \cdots, n$을 주며, 이들에 상응하는, 서로 직교하는 고유벡터 $\underline{e}_j$, $j = 1, 2, \cdots, n$는 다음 식으로부터 구할 수 있다.

$$\left(\underline{A} - \omega_j^2 \underline{1}\right)\underline{e}_j = \underline{0}\,,\ \ \omega_j = \sqrt{\lambda_j}\,,\ \ j = 1, 2, \cdots, n\,. \tag{5.45}$$

이 식으로부터 얻는 고유벡터의 크기는 임의이지만, ξ_j, $j = 1, 2, \cdots, n$의 각 성분 중 어느 하나를 결정하면, 나머지 성분은 모두 결정되고, 이렇게 얻어진 고유벡터는 운동의 고유모드를 결정한다.

위에서 구한 ω_j, $j = 1, 2, \cdots, n$에 상응하는 각각의 고유벡터는 식 (5.43)을 만족하는

데, 한편 $\underline{\xi} = \underline{a}\sin\omega t$에 대해서도 위에서와 같은 절차를 거쳐 동일한 결과를 얻을 수 있으므로, 식 (5.42)의 일반해를 다음과 같이 얻는다.

$$\underline{\xi} = \sum_{j=1}^{n}(\alpha_j \cos\omega_j t + \beta_j \sin\omega_j t)\,\underline{e}_j. \tag{5.46}$$

따라서 식 (5.14)에 위의 결과를 대입하여 $\underline{\eta}$에 대해 다음을 얻는다.

$$\underline{\eta} = \sum_{j=1}^{n}(\alpha_j \cos\omega_j t + \beta_j \sin\omega_j t)\sqrt{\underline{T}^{-1}}\,\underline{e}_j. \tag{5.47}$$

여기서 α_j, β_j, $j = 1, 2, \cdots, n$은 초기조건을 만족하도록 정해야 할 상수이다.

앞의 3.3절 예제 5)와 관련하여 보였던 하나하나의 과정을 위에서 설명한 일반적인 경우와 비교하여 확인해보기를 권하며, 3.3절에서 얻었던 결과들이 일반적인 결과의 한 예로 볼 수 있다는 점에 유의하기 바란다.

식 (5.46) 우변에 사용된 $\underline{e}_j$, $j = 1, 2, \cdots, n$는 대칭 행렬인 $\underline{A}$의 고유벡터이므로 서로 직교하지만, 식 (5.47) 우변에 사용된 $\sqrt{\underline{T}^{-1}}\,\underline{e}_j$, $j = 1, 2, \cdots, n$은 일반적으로 서로 직교하지 않음에 유의한다.

저자에 따라서는, 예를 들면 Meirovitch(1967)[9]는 직교성의 정의를 바꾸어 식 (5.47)에서 사용된 $\sqrt{\underline{T}^{-1}}\,\underline{e}_j$, $j = 1, 2, \cdots, n$가 서로 직교한다고 기술하고 있다. 그는 $\sqrt{\underline{T}^{-1}}\,\underline{e}_j \equiv \underline{h}_j$, $j = 1, 2, \cdots, n$라고 하면, 다음 관계를 직교 조건으로 정의하였다.

$$\underline{h}_j^T \underline{T}\underline{h}_k = \delta_{jk},\ j = 1, 2, \cdots, n,\ k = 1, 2, \cdots, n. \tag{5.48}$$

여기서 $\underline{h}_j^T$는 n차원 **행벡터**(row vector)이고, δ_{jk}는 크로네커의 델타이다. 예를 들어 $\underline{T}$가 대각 행렬인 경우, 식 (5.16)과 관련하여 고려한 관계, $\sqrt{\underline{T}^{-1}}\,\underline{T}\sqrt{\underline{T}^{-1}} = \underline{1}$을 사용하면 식 (5.48)은 바로 $\underline{e}_j$, $j = 1, 2, \cdots, n$가 서로 직교라는 결과를 주는 것을 확인할 수 있다.

5.3 선형 대칭 3원자 분자의 자유 진동

그림 5.2에 선형 대칭 3원자 분자의 모형을 보였는데, 평형 상태에서 인접한 원자들 사이의 거리는 b라고 한다.

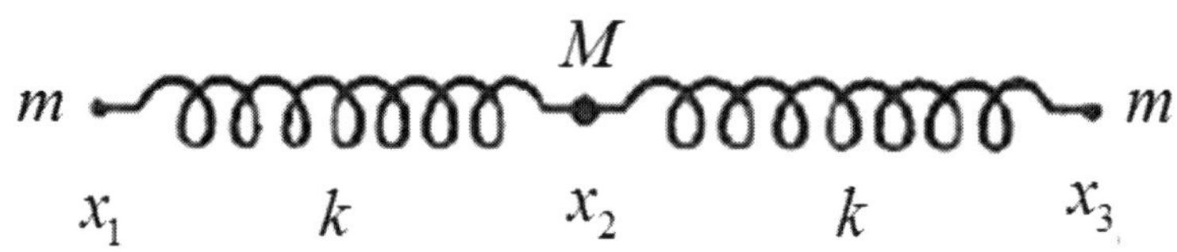

그림 5.2 선형 대칭 3원자 분자의 모형

세 질점이 동일 직선 상에서 움직인다면, 자유도 $n=3$인 문제이며, 각 원자의 위치 x_j, $j=1,2,3$를 일반 좌표로 잡고, 또 각 원자의 평형 위치 x_{j0}로부터의 변위를 η_j라고 하면 다음을 얻는다.

$$\eta_j = x_j - x_{j0}\,,\ j = 1, 2, 3\,. \tag{5.49}$$

운동 에너지 T는 다음과 같고,

$$T = \frac{m}{2}\left(\dot{\eta}_1^2 + \dot{\eta}_3^2\right) + \frac{M}{2}\dot{\eta}_2^2, \tag{5.50}$$

포텐셜 에너지 V는 스프링의 변형 에너지로부터 다음과 같이 얻는다.

$$V = \frac{k}{2}(x_2 - x_1 - b)^2 + \frac{k}{2}(x_3 - x_2 - b)^2 = \frac{k}{2}(\eta_2 - \eta_1)^2 + \frac{k}{2}(\eta_3 - \eta_2)^2\,,$$

$$\therefore\ V = \frac{k}{2}\left(\eta_1^2 + 2\eta_2^2 + \eta_3^2 - 2\eta_1\eta_2 - 2\eta_2\eta_3\right). \tag{5.51}$$

따라서 식 (5.7), (5.10)과 비교하여 관성 행렬 $\underline{T}$와 강성 행렬 $\underline{V}$를 각각 다음과 같이 얻는다.

$$\underline{T} = \begin{pmatrix} m & 0 & 0 \\ 0 & M & 0 \\ 0 & 0 & m \end{pmatrix}, \tag{5.52}$$

$$\underline{V} = \begin{pmatrix} k & -k & 0 \\ -k & 2k & -k \\ 0 & -k & k \end{pmatrix}. \tag{5.53}$$

$\underline{T}$는 대칭이며 양확정이고, $\underline{V}$는 대칭임을 확인할 수 있는데, $\underline{V}$의 첫째 행과 셋째 행의 합은 둘째 행에 -1을 곱한 것과 같으므로, $\underline{V}$는 **특이 행렬**(singular matrix), 즉 그 행렬값이 영인 행렬임을 알 수 있다. 이는 그림 5.2에 보인 모형의 세 원자가 마치 강체처럼 운동할 수 있는 가능성을 가진 것에 기인한다.

식 (5.14)의 치환과 관련하여 $\underline{T}^{-1}$을 구해야 하는데, $\underline{T}$는 대각 행렬이므로 쉽게 다음을 얻는다.

$$\underline{T}^{-1} = \begin{pmatrix} m^{-1} & 0 & 0 \\ 0 & M^{-1} & 0 \\ 0 & 0 & m^{-1} \end{pmatrix}. \tag{5.54}$$

주대각선 상의 요소는 모두 양의 실수이므로 $\sqrt{\underline{T}^{-1}}$를 다음과 같이 얻고,

$$\sqrt{\underline{T}^{-1}} = \begin{pmatrix} \sqrt{m^{-1}} & 0 & 0 \\ 0 & \sqrt{M^{-1}} & 0 \\ 0 & 0 & \sqrt{m^{-1}} \end{pmatrix}, \tag{5.55}$$

따라서 식 (5.16)으로 정의된 행렬 $\underline{A}$를 다음과 같이 얻는다.

$$\begin{aligned} \underline{A} &= \sqrt{\underline{T}^{-1}}\,\underline{V}\sqrt{\underline{T}^{-1}} \\ &= \begin{pmatrix} \sqrt{m^{-1}} & 0 & 0 \\ 0 & \sqrt{M^{-1}} & 0 \\ 0 & 0 & \sqrt{m^{-1}} \end{pmatrix} \begin{pmatrix} k & -k & 0 \\ -k & 2k & -k \\ 0 & -k & k \end{pmatrix} \begin{pmatrix} \sqrt{m^{-1}} & 0 & 0 \\ 0 & \sqrt{M^{-1}} & 0 \\ 0 & 0 & \sqrt{m^{-1}} \end{pmatrix} \\ &= \begin{pmatrix} \sqrt{m^{-1}} & 0 & 0 \\ 0 & \sqrt{M^{-1}} & 0 \\ 0 & 0 & \sqrt{m^{-1}} \end{pmatrix} \begin{pmatrix} k\sqrt{m^{-1}} & -k\sqrt{M^{-1}} & 0 \\ -k\sqrt{m^{-1}} & 2k\sqrt{M^{-1}} & -k\sqrt{m^{-1}} \\ 0 & -k\sqrt{M^{-1}} & k\sqrt{m^{-1}} \end{pmatrix} \\ &= \begin{pmatrix} km^{-1} & -k\sqrt{m^{-1}}\sqrt{M^{-1}} & 0 \\ -k\sqrt{m^{-1}}\sqrt{M^{-1}} & 2kM^{-1} & -k\sqrt{m^{-1}}\sqrt{M^{-1}} \\ 0 & -k\sqrt{m^{-1}}\sqrt{M^{-1}} & km^{-1} \end{pmatrix}. \end{aligned} \tag{5.56}$$

위 결과로부터 $\underline{A}$는 대칭 행렬임을 확인할 수 있으며, $\kappa = km^{-1}$, $\mu = kM^{-1}$이라고 하면, 식 (5.56)을 다음과 같이 다시 쓸 수 있고,

$$\underline{A} = \begin{pmatrix} \kappa & -\sqrt{\kappa\mu} & 0 \\ -\sqrt{\kappa\mu} & 2\mu & -\sqrt{\kappa\mu} \\ 0 & -\sqrt{\kappa\mu} & \kappa \end{pmatrix}, \tag{5.57}$$

따라서 $\underline{A}$에 대한 고유값 문제는 식 (5.36), (5.44)로부터 다음과 같이 얻는다.

$$f(\lambda) = \begin{vmatrix} \kappa-\lambda & -\sqrt{\kappa\mu} & 0 \\ -\sqrt{\kappa\mu} & 2\mu-\lambda & -\sqrt{\kappa\mu} \\ 0 & -\sqrt{\kappa\mu} & \kappa-\lambda \end{vmatrix} = 0, \quad \lambda = \omega^2. \tag{5.58}$$

위 식을 전개하여 다음을 얻으며,

$$\begin{aligned} f(\lambda) &= (\kappa-\lambda)\{(2\mu-\lambda)(\kappa-\lambda)-\kappa\mu\}-\kappa\mu(\kappa-\lambda) \\ &= (\kappa-\lambda)\{(2\mu-\lambda)(\kappa-\lambda)-2\kappa\mu\} \\ &= (\kappa-\lambda)\{\lambda^2-(\kappa+2\mu)\lambda\} = \lambda(\kappa-\lambda)\{\lambda-(\kappa+2\mu)\} = 0, \end{aligned} \tag{5.59}$$

그러므로 고유값 $\lambda_1 < \lambda_2 < \lambda_3$을 다음과 같이 얻는다.

$$\lambda_1 = 0, \quad \lambda_2 = \kappa, \quad \lambda_3 = \kappa + 2\mu. \tag{5.60}$$

$\lambda_1 = 0$은 $\underline{A}$, 다시 말하면 $\underline{V}$가 특이 행렬임을 뜻하는데, 주기저 정리는 V가 **비음확정**(non-negative definite), 즉 V가 영의 값을 가지는 경우에도 성립한다. 그러므로 이 문제에 대해서도 5.2절의 내용 중 '영보다 큰'으로 기술된 부분을 '음이 아닌'으로 대체하면 그대로 성립한다.

식 (5.60)으로 주어지는 고유값에 상응하는 고유벡터는 식 (5.45)로부터 얻을 수 있으며, $\lambda_1 = 0$에 대해서는 다음을 얻으므로,

$$\kappa\xi_1 - \sqrt{\kappa\mu}\,\xi_2 = 0, \quad -\sqrt{\kappa\mu}\,\xi_2 + \kappa\xi_3 = 0, \tag{5.61}$$

고유벡터 $\underline{e}_1$은 $\xi_2 = 1$로 취하여 다음과 같이 얻는다.

$$\underline{e}_1 = \begin{pmatrix} \sqrt{\rho} \\ 1 \\ \sqrt{\rho} \end{pmatrix}, \ \rho = \frac{m}{M}. \tag{5.62}$$

여기서 ρ는 질량의 비로 무차원 량임에 유의한다. 한편, 식 (5.47)과 관련하여 필요한 $\sqrt{\underline{T}^{-1}}\,\underline{e}_1$을 다음과 같이 얻는다.

$$\sqrt{\underline{T}^{-1}}\,\underline{e}_1 = \sqrt{M^{-1}}\begin{pmatrix} 1 \\ 1 \\ 1 \end{pmatrix}. \tag{5.63}$$

이 식에 따르면 $\lambda_1 = 0$에 상응하는 운동 모드는 세 원자가 같은 변위로 움직이는, 다시 말하면 강체처럼 움직이는 모드임을 확인할 수 있다(그림 5.3 참조).

$\lambda_2 = \kappa$에 대해서는 다음을 얻으므로,

$$-\sqrt{\kappa\mu}\,\xi_2 = 0\,,\ -\sqrt{\kappa\mu}\,\xi_1 + (2\mu - \kappa)\xi_2 - \sqrt{\kappa\mu}\,\xi_3 = 0\,, \tag{5.64}$$

고유벡터 $\underline{e}_2$, $\sqrt{\underline{T}^{-1}}\,\underline{e}_2$를 $\xi_1 = 1$로 취하여 다음과 같이 얻는다.

$$\underline{e}_2 = \begin{pmatrix} 1 \\ 0 \\ -1 \end{pmatrix}, \ \sqrt{\underline{T}^{-1}}\,\underline{e}_2 = \sqrt{m^{-1}}\begin{pmatrix} 1 \\ 0 \\ -1 \end{pmatrix}. \tag{5.65}$$

따라서 $\lambda_2 = \kappa$에 상응하는 운동 모드는 고유진동수 $\omega_2 = \sqrt{\kappa}$이고, 가운데 원자는 정지해 있고, 좌우의 원자들이 부호가 반대로 운동하는 진동 모드임을 알 수 있다(그림 5.3 참조).

$\lambda_3 = \kappa + 2\mu$에 대해서는 다음을 얻으므로,

$$-2\mu\xi_1 - \sqrt{\kappa\mu}\,\xi_2 = 0\,,\ -\sqrt{\kappa\mu}\,\xi_2 - 2\mu\,\xi_3 = 0\,, \tag{5.66}$$

고유벡터 $\underline{e}_3$, $\sqrt{\underline{T}^{-1}}\,\underline{e}_3$는 $\xi_1 = -1$로 취하여 다음과 같이 얻는다.

$$\underline{e}_3 = \begin{pmatrix} -1 \\ 2\sqrt{\rho} \\ -1 \end{pmatrix}, \ \sqrt{\underline{T}^{-1}}\,\underline{e}_3 = \sqrt{m^{-1}}\begin{pmatrix} -1 \\ 2\rho \\ -1 \end{pmatrix}. \tag{5.67}$$

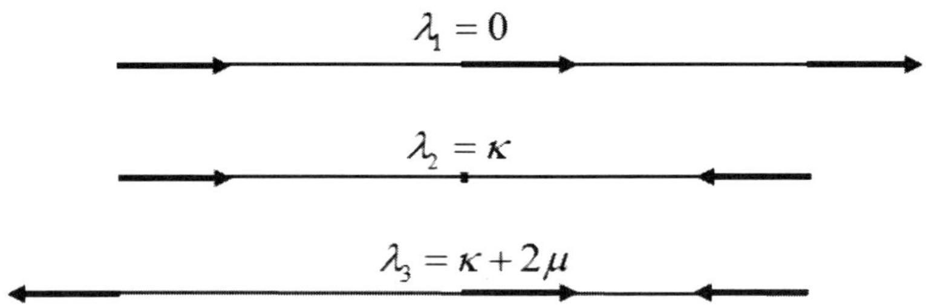

그림 5.3 선형 대칭 3원자 분자에 대한 운동 모드

따라서 $\lambda_3 = \kappa + 2\mu$에 상응하는 운동 모드는 고유진동수 $\omega_3 = \sqrt{\kappa + 2\mu}$ 이고, 좌우 두 원자의 운동 변위는 같고, 가운데 원자가 그들의 운동 방향과 반대 방향으로 2ρ 배의 크기로 운동하는 진동 모드임을 알 수 있다(그림 5.3 참조).

식 (5.47)을 이용하여 $\underline{\eta}$에 대한 일반해는 다음과 같이 얻으며,

$$\underline{\eta} = \alpha_1 \begin{pmatrix} 1 \\ 1 \\ 1 \end{pmatrix} + \left(\alpha_2 \cos\sqrt{\kappa}\, t + \beta_2 \sin\sqrt{\kappa}\, t\right) \begin{pmatrix} 1 \\ 0 \\ -1 \end{pmatrix} + \left(\alpha_3 \cos\sqrt{\kappa + 2\mu}\, t + \beta_3 \sin\sqrt{\kappa + 2\mu}\, t\right) \begin{pmatrix} -1 \\ 2\rho \\ -1 \end{pmatrix}, \tag{5.68}$$

여기서 α_j, $j = 1, 2, 3$, β_2, β_3은 초기조건을 만족하도록 정해야 할 상수이다.

위의 결과, 식 (5.62), (5.65), (5.67)로부터 고유벡터인 $\underline{e}_j$, $j = 1, 2, 3$은 서로 직교함과, 하지만 $\sqrt{\underline{T}^{-1}}\, \underline{e}_j$, $j = 1, 2, 3$은 서로 직교하지 않음을 확인할 수 있다. 또한 고유벡터를 사용하여 기저변환 행렬 $\underline{R}$을 구하고, 식 (5.38)을 확인하는 작업은 [연습문제 4]로 남긴다.

위에서는 감쇠가 없는 계를 다루었으나, 감쇠가 있는 경우, 즉 일반적인 문제에 대해서는 식 (5.13) 대신에 다음과 같은 문제를 얻을 것이며,

$$\underline{T}\ddot{\underline{\eta}} + \underline{D}\dot{\underline{\eta}} + \underline{V}\underline{\eta} = \underline{0}, \tag{5.69}$$

여기서 $\underline{D}$는 감쇠 행렬이라고 부르는데, 일반적으로 대칭 행렬이라고 볼 수 없다. 따라서 만약 식 (5.13)에 대해서와 같이 식 (5.14)와 같은 치환을 도입하여 식 (5.69)를 다시 쓰면 식 (5.42) 대신 다음을 얻는다.

$$\ddot{\underline{\xi}} + \sqrt{\underline{T}^{-1}}\,\underline{D}\sqrt{\underline{T}^{-1}}\,\dot{\underline{\xi}} + \underline{A}\,\underline{\xi} = \ddot{\underline{\xi}} + \underline{B}\dot{\underline{\xi}} + \underline{A}\,\underline{\xi} = \underline{0}\,,\quad \underline{B} = \sqrt{\underline{T}^{-1}}\,\underline{D}\sqrt{\underline{T}^{-1}}\,. \tag{5.70}$$

여기서 만약 $\underline{A}$와 $\underline{B}$가 **교환가능**(commutable)하면, 즉 다음이 성립하면,

$$\underline{A}\,\underline{B} = \underline{B}\,\underline{A}\,, \tag{5.71}$$

선형대수로부터 $\underline{A}$와 $\underline{B}$를 동시에 **대각화**(diagonalize)하는 기저가 존재함을 알고 있으므로, 감쇠가 존재하지 않는 경우에 대해서와 마찬가지로 고유모드를 구할 수 있다. 하지만 일반적으로는 $\underline{A}$와 $\underline{B}$가 교환가능하지 않으므로, 교환가능함을 가정, 근사적으로 문제를 다루며, 이를 **편의 가설**(convenience hypothesis)이라고 부른다[13].

13) 이 부분에 대해서는 Knowles(1998)[10]을 참조하기 바란다.

연습문제

1. 임의의 주어진 대칭 텐서 $\overline{A}$, 또는 $\overline{A}$에 대해 자연 기저를 사용하여 얻는 대칭 행렬 $\underline{A}$에 대해 주기저를 사용하면, $\underline{\Lambda}^{-1}$은 다음과 같이 얻을 수 있으므로,

$$\underline{\Lambda}^{-1} = \begin{pmatrix} \lambda_1^{-1} & 0 & \cdots & 0 \\ 0 & \lambda_2^{-1} & \cdots & 0 \\ & & \cdots & \\ 0 & 0 & \cdots & \lambda_n^{-1} \end{pmatrix}, \tag{5.E1}$$

$\overline{A}$에 대한 2차 방형이 양확정이면 $\sqrt{\underline{\Lambda}^{-1}}$는 다음과 같은 대각 행렬이 됨을 보이시오.

$$\sqrt{\underline{\Lambda}^{-1}} = \begin{pmatrix} \sqrt{\lambda_1^{-1}} & 0 & \cdots & 0 \\ 0 & \sqrt{\lambda_2^{-1}} & \cdots & 0 \\ & & \cdots & \\ 0 & 0 & \cdots & \sqrt{\lambda_n^{-1}} \end{pmatrix}. \tag{5.E2}$$

2. [문제 1]에서 본 바와 같이 임의의 주어진 대칭 텐서 $\overline{A}$에 대한 2차 방형이 양확정일 때, 주기저를 사용하면 $\sqrt{\underline{\Lambda}^{-1}}$은 식 (5.E2)로 주어지므로, $\sqrt{\underline{\Lambda}^{-1}}\,\underline{\Lambda}\,\sqrt{\underline{\Lambda}^{-1}} = \underline{1}$을 얻음을 보이시오.

3. 식 (5.23)을 식 (5.20)에 대입하고, 얻어진 결과를 식 (5.21)과 비교하여 식 (5.22)을 얻을 수 있음을 보이시오.

4. 5.3절에서 고려한 문제에 대해 기저변환 행렬 $\underline{R}$을 구하고, 식 (5.38)을 확인하시오.

5. 그림 5.E1에 보인 스프링-질량 계에 대한 운동 방정식을 얻고, 고유진동수와 정규모드를 구하시오. 단 $k_1 = 2k$, $k_2 = k_3 = k$, $m_1 = 4m$, $m_2 = 2m$, $m_3 = m$으로 취하고, 질량과 바닥 사이의 마찰은 무시한다.

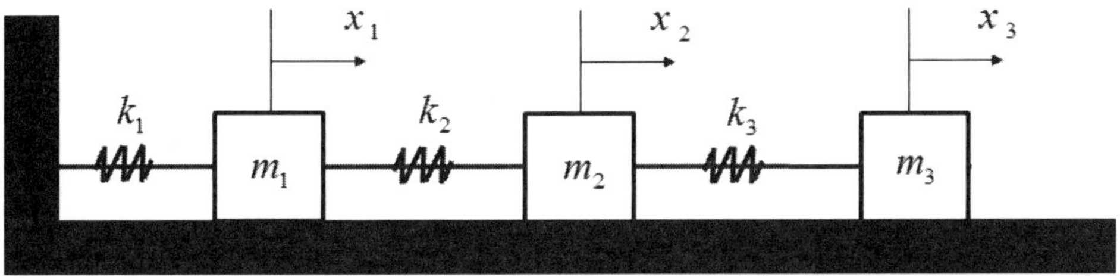

6장
해밀터니안과 기준 방정식

4장의 논의로부터 라그란지안 L을 피적분 함수로 하는 작용 적분 J를 정의할 때, 이 작용 적분의 변분 $\delta J = 0$이어야 한다는 원리, 즉 해밀턴 원리로부터 고려 중인 계의 운동 방정식인 라그랑쥐 방정식을 얻을 수 있음을 보았다. 단 라그랑쥐 방정식은 일반 좌표 $q(t)$에 대한 2계 상미분 방정식으로 물론 뉴턴-오일러 역학에서 얻는 운동 방정식과 같은 형태를 가진다.

1절에서는 **르장드르 변환**(Legendre transform)을 고려하여 상태 공간을 구성하는 변수와 작용 적분의 피적분 함수 자체를 바꿈으로써 운동 방정식을 1계 상미분 방정식으로 얻을 수 있는 방법에 대해 알아본다. 또 새롭게 정의되는 피적분 함수인 **해밀터니안**(Hamiltonian)과 그 결과로 얻어지는 일반 좌표 $\underset{\sim}{q}(t)$, 일반 운동량 $\underset{\sim}{p}(t)$에 대한 1계 상미분 방정식인 **기준 방정식**(canonical equations)에 대해 살펴본다. 2절에서는 해밀터니안과 관련하여 얻을 수 있는 운동의 보존량에 대해 생각하고, 3절에서는 기준 방정식을 그 결과로 하는 변분 원리에 대해 고찰하기로 한다.

6.1 해밀터니안과 기준 방정식

이하에서는 구속조건은 **적분형**(holonomic)으로 주어졌고, 또 계에 작용하는 외력은 하나의 포텐셜 함수 V에 의해 주어지는 즉 **단원성**(monogenic)이라고 가정한다.

그와 같은 경우, $\underline{q} = (q_1, q_2, \cdots, q_n)$, $\dot{\underline{q}} = (\dot{q}_1, \dot{q}_2, \cdots, \dot{q}_n)$이라고 할 때, 라그란지안 $L(\underline{q}, \dot{\underline{q}}, t)$을 얻으면, 아래에 다시 보인 식 (3.21), 라그랑쥐 방정식을 사용하여 고려 중인 계에 대해 운동 방정식을 얻을 수 있다.

$$\frac{d}{dt}\left(\frac{\partial L}{\partial \dot{q}_j}\right) - \frac{\partial L}{\partial q_j} = 0\,, \; j = 1, 2, \cdots, n\,. \tag{3.21}$$

위의 방정식들은 일반적으로 $q_j(t)$, $j = 1, 2, \cdots, n$에 대한 2계 상미분 방정식이다.

한편, 예를 들어 $n = 1$인 계에 대해 $q_1 = x(t)$를 구하는 것과 마찬가지로, 속도 $u = \dot{x}$에 대해 $u(x)$를 구하는 것도 주어진 문제에 대한 해를 구하는 것으로 볼 수 있다. x, u를 각각 수평축과 수직축으로 보아 얻는 **위상평면**(phase plane)을 이용하는 해석은 이와 같은 사실을 단적으로 보여준다. 이 때, 전자의 경우에는 운동 방정식이 $x(t)$에 대한 2계 미분 방정식이지만, 후자의 경우에는 $u(x)$에 대한 1계 미분 방정식을 풀면 되므로, 상대적으로 쉬운 문제를 다룬다고 할 수 있다.

식 (4.36)으로 정의된 일반 운동량 p_j와 관련하여, 만약 $j = J$인 q_J가 식 (4.37)과 관련하여 정의된 싸이클릭 좌표라고 하면 다음이 성립하므로,

$$\frac{\partial L}{\partial \dot{q}_J} = p_J = const.\,, \tag{6.1}$$

일반 운동량 p_J는 보존됨을 얻는다.

이상의 논의로부터 $\underline{p} \equiv (p_1, p_2, \cdots, p_n)$ [14]이라고 정의할 때, 다음과 같은 질문을 할 수 있다.

"$\underline{q}$, $\underline{p}$, t의 함수로 라그란지안과 유사하게 사용되어 운동 방정식을 1계 미분 방정식으로 주는 함수를 정의할 수 있는가?"

여기서 라그란지안은 $\underline{q}$, $\dot{\underline{q}}$, t의 함수인 점에 유의하며, 위와 같은 함수를 정의할 수 있는 경우, $\underline{q}$, $\underline{p}$는 **기준 변수**(canonical variables)라고 부른다.

위 질문에 대한 답부터 제시하면, 그 답은 '할 수 있다' 이고, 이 때 정의되는 함수는 **해밀터니안**(Hamiltonian) $H(\underline{q}, \underline{p}, t)$, 또 얻어지는 운동 방정식은 **기준 방정식**(canonical

---

14) 2.1절에서 정의한 3차원 벡터인 선운동량과 혼동하지 않기 바란다.

equations, Hamilton(1835){10})이라고 부른다[15].

이들을 얻는 과정을 보이기 위해 먼저 **르장드르 변환**(Legendre transform)을 생각한다. 함수 $f(x)$가 주어졌다고 할 때, $f(x)$의 미분으로부터 다음을 얻으며,

$$df = \frac{\partial f}{\partial x} dx \equiv u\, dx\,, \tag{6.2}$$

여기서 $u(x) \equiv \frac{\partial f}{\partial x}$이다. 이제 새로운 함수 $g(u)$를 다음과 같이 정의하는데,

$$g(u) \equiv - f + x u\,, \tag{6.3}$$

물론 이 식 우변의 x는 $x(u)$를 구할 수 있음을 전제로 하여 사용되었다.

따라서 식 (6.3)을 보다 정확하게 쓰면 다음과 같으며,

$$g(u) = - f(x(u)) + x(u)\, u\,, \tag{6.4}$$

이 식으로부터 다음을 얻으므로,

$$dg = - df + udx + xdu = - udx + udx + xdu = xdu\,, \tag{6.5}$$

식 (6.5)로부터 다음 관계를 얻는다.

$$x = \frac{\partial g}{\partial u}\,. \tag{6.6}$$

위의 과정을 살펴보면 x의 함수인 $f(x)$를 u의 함수인 $g(u)$로 변환하였는데, 이때 $u = \frac{\partial f}{\partial x}$, $x = \frac{\partial g}{\partial u}$의 관계가 서로 대응하여 성립한다. 또 $u(x)$는 $\frac{\partial f}{\partial x}$로 정의된 것과 마찬가지로, $x(u)$는 $\frac{\partial g}{\partial u}$로부터 얻을 수 있음에 유의한다.

일반 운동량 $\underline{p}$를 정의한 4.3절 식 (4.36)을 다음과 같이 다시 쓸 수 있다.

$$\underline{p} \equiv \frac{\partial L}{\partial \dot{\underline{q}}}\,, \tag{6.7}$$

15) canonical equations란 명칭은 Jacobi에 기인한다.

이로부터 $f \Leftrightarrow L$, $x \Leftrightarrow \dot{\underline{q}}$, $u \Leftrightarrow \underline{p}$, $g \Leftrightarrow H$의 대응성을 고려하여 **해밀터니안**(Hamiltonian) $H(\underline{q},\underline{p},t)$를 다음과 같이 정의한다.

$$H(\underline{q},\underline{p},t) \equiv -L(\underline{q},\dot{\underline{q}},t) + (\dot{\underline{q}},\underline{p}). \tag{6.8}$$

이 식 우변 마지막 항은 두 n차원 벡터, $\dot{\underline{q}}$와 $\underline{p}$의 **스칼라곱**(scalar product)을 뜻한다.

식 (6.8)로부터 다음을 얻으며,

$$\begin{aligned} dH &= -dL + (d\dot{\underline{q}},\underline{p}) + (\dot{\underline{q}}, d\underline{p}) \\ &= -\sum_{j=1}^{n}\left(\frac{\partial L}{\partial q_j}dq_j + \frac{\partial L}{\partial \dot{q}_j}d\dot{q}_j\right) - \frac{\partial L}{\partial t}dt + (d\dot{\underline{q}},\underline{p}) + (\dot{\underline{q}}, d\underline{p}) \\ &= -\sum_{j=1}^{n}\left(\frac{\partial L}{\partial q_j}dq_j - \dot{q}_j dp_j\right) - \frac{\partial L}{\partial t}dt, \end{aligned} \tag{6.9}$$

여기서 마지막 등호를 얻기 위해서는 $\dfrac{\partial L}{\partial \dot{q}_j} = p_j$, $j = 1, 2, \cdots, n$을 사용하였다. 또 dH는 다음과 같이 쓸 수 있으므로,

$$dH = \sum_{j=1}^{n}\left(\frac{\partial H}{\partial q_j}dq_j + \frac{\partial H}{\partial p_j}dp_j\right) + \frac{\partial H}{\partial t}dt, \tag{6.10}$$

이 식 우변과 식 (6.9)의 마지막 우변을 비교하여 다음 결과를 얻는다.

$$\frac{\partial H}{\partial q_j} = -\frac{\partial L}{\partial q_j} = -\dot{p}_j,\quad \frac{\partial H}{\partial p_j} = \dot{q}_j,\quad \frac{\partial H}{\partial t} = -\frac{\partial L}{\partial t},\quad j = 1, 2, \cdots, n. \tag{6.11}$$

여기서 첫째 식의 둘째 등호를 얻기 위해서는 식 (3.21)의 라그랑쥐 방정식을 이용하였다.

식 (6.11)을 다시 쓰면 다음과 같은데,

$$\frac{\partial H}{\partial p_j} = \dot{q}_j,\quad \frac{\partial H}{\partial q_j} = -\dot{p}_j,\quad j = 1, 2, \cdots, n, \tag{6.12}$$

이들은 q_j, p_j에 대한 $2n$ 개의 1계 미분 방정식으로, 해밀턴의 **기준 방정식**(canonical equations)이라고 불리며, 위 식은 다음과 같은 형태로 쓸 수도 있다.

$$\frac{\partial H}{\partial \underline{p}} = \dot{\underline{q}}\,, \quad \frac{\partial H}{\partial \underline{q}} = -\dot{\underline{p}}\,. \tag{6.13}$$

식 (6.6) 아래에서 르장드르 변환과 관련하여 지적한 바와 같이 $u = \dfrac{\partial f}{\partial x}$, $x = \dfrac{\partial g}{\partial u}$ 가 서로 대응, 성립하는데, $f \Leftrightarrow L$, $x \Leftrightarrow \dot{\underline{q}}$, $u \Leftrightarrow \underline{p}$, $g \Leftrightarrow H$의 대응을 고려하면 이는 $\underline{p} = \dfrac{\partial L}{\partial \dot{\underline{q}}}$, $\dot{\underline{q}} = \dfrac{\partial H}{\partial \underline{p}}$ 를 뜻하므로, 식 (6.13)의 첫째 식은 일반 운동량의 정의에 상당하는 식이다. 또 둘째 식은 식 (6.11) 아래에서 밝힌 바와 같이 라그랑쥐 방정식을 이용하여 얻어졌으므로, 라그란지안을 사용하는 경우에는 운동 방정식에 상당한다. 해밀터니안을 사용할 때의 장점은 일반 좌표와 일반 운동량이 동등한 형태로 방정식에 나타나고 있으며, 모두 1계 상미분 방정식이라는 점에 유의한다.

6.2 해밀터니안과 보존량

해밀터니안 $H(\underline{q},\underline{p},t)$을 사용하여 운동 방정식을 얻는다고 하더라도, 라그란지안 $L(\underline{q},\dot{\underline{q}},t)$을 사용하여 운동 방정식을 얻는 것과 본질적으로 달라지는 것은 없지만, 운동의 보존량과 관련하여 몇 가지 흥미로운 관점을 제공한다.

먼저 라그란지안을 아래에 다시 보인 식 (4.43)에서와 같이 동차 방정식의 합으로 쓸 수 있는 경우, 즉 라그란지안이 $\dot{\underline{q}}$에 대해 **동차**(homogeneous)인 경우

$$L = L_0(\underline{q},t) + L_1(\underline{q},\dot{\underline{q}},t) + L_2(\underline{q},\dot{\underline{q}},t), \tag{4.43}$$

식 (4.45)에 보인 오일러 정리에 의해 다음을 얻으므로,

$$\sum_{j=1}^{n} \frac{\partial L}{\partial \dot{q}_j}\dot{q}_j = L_1 + 2L_2\,, \tag{6.14}$$

해밀터니안에 대해 다음을 얻는다.

$$H = -(L_0 + L_1 + L_2) + \sum_{j=1}^{n} \frac{\partial L}{\partial \dot{q}_j} \dot{q}_j = -L_0 + L_2. \tag{6.15}$$

그런데 외력이 단원성이라고 가정하였으므로 $L_0 = -V$이고, 또 식 (4.38)에 보인 바와 같이 $\underline{x}_i$, $i = 1, 2, \cdots, N$가 시간 t의 양함수가 아니어서 $\underline{x}_i(q_1, q_2, \cdots, q_n)$, $i = 1, 2, \cdots, N$로 주어진다면 식 (4.46)과 관련하여 논의한 바와 같이 $L_2 = T$이므로 식 (6.15)에 이들 결과를 대입하여 결국 다음을 얻는다.

$$H = V + T = E. \tag{6.16}$$

여기서 E는 계의 **역학적 에너지**(mechanical energy)이며, 위에서 도입했던 가정들, 즉 라그란지안이 동차이고, 외력이 단원성이며, $\underline{x}_i$, $i = 1, 2, \cdots, N$이 t의 양함수가 아니라는 가정은 해밀터니안이 고려 중인 계의 역학적 에너지이기 위한 조건임을 알 수 있다.

한편, 라그란지안이 $\dot{\underline{q}}$의 **2차**(quadratic) 함수로 주어지며, 다음이 성립한다고 하자.

$$L = L_0(\underline{q}, t) + (\underline{a}, \dot{\underline{q}}) + \frac{1}{2}(\underline{A}\dot{\underline{q}}, \dot{\underline{q}}). \tag{6.17}$$

여기서 $\underline{a}$, $\underline{A}$는 각각 주어진 n차원 벡터, 행렬(또는 텐서)로 $\underline{q}$, t의 함수이며, 만약 $\underline{A}$에 대한 2차 방형이 양확정임을 가정하면 $\underline{A}^{-1}$가 존재한다. 일반 운동량의 정의인 식 (4.36)은 식 (6.7)과 같이 쓸 수 있으며, 식 (6.7)에 식 (6.17)을 대입하여 다음을 얻고,

$$\underline{p} = \underline{a} + \underline{A}\dot{\underline{q}}, \tag{6.18}$$

이 식을 $\dot{\underline{q}}$에 대해 정리하여 다음 결과를 얻는다.

$$\dot{\underline{q}} = \underline{A}^{-1}(\underline{p} - \underline{a}). \tag{6.19}$$

따라서 식 (6.8)로 정의되는 해밀터니안은 식 (6.17), (6.18), (6.19)로부터 다음과 같이 얻을 수 있다.

$$H(\underline{q}, \underline{p}, t) = -L_0(\underline{q}, t) - (\underline{a}, \dot{\underline{q}}) - \frac{1}{2}(\underline{A}\dot{\underline{q}}, \dot{\underline{q}}) + (\dot{\underline{q}}, \underline{a} + \underline{A}\dot{\underline{q}}) = -L_0(\underline{q}, t) + \frac{1}{2}(\underline{A}\dot{\underline{q}}, \dot{\underline{q}}),$$

$$\therefore H(\underline{q}, \underline{p}, t) = -L_0(\underline{q}, t) + \frac{1}{2}(\underline{p} - \underline{a}, \underline{A}^{-1}(\underline{p} - \underline{a})). \tag{6.20}$$

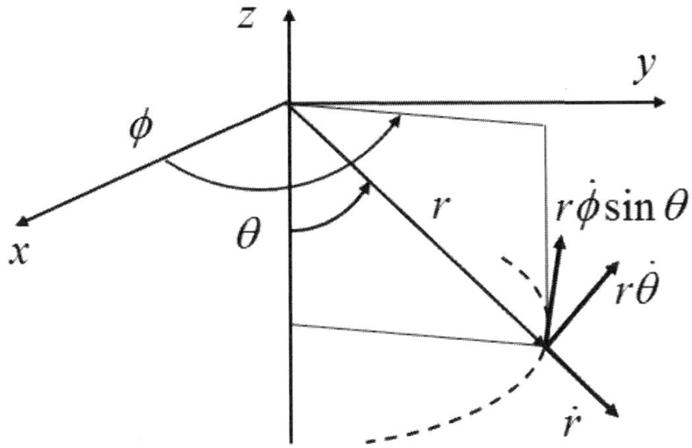

그림 6.1 구좌표계 (r,ϕ,θ)

예를 들어 그림 6.1에 보인 바와 같은 **구좌표계**(spherical coordinate system) (r,ϕ,θ)를 일반 좌표계 (q_1,q_2,q_3)로 택하면, 식 (4.38)에 보인 $\underline{x}_i$, $i=1,2,\cdots,N$와 일반 좌표 q_j, $j=1,2,\cdots,n$ 사이의 변환이 시간 t의 양함수가 아니므로 식 (4.43)으로 주어지는 라그란지안에 대해 다음이 성립한다.

$$L_0(\underline{q},t)=-V,\ L_1=0,\ L_2(\underline{q},\dot{\underline{q}},t)=T. \tag{6.21}$$

따라서 해밀터니안은 식 (6.16)에 보인 바와 같이 고려 중인 계의 역학적 에너지이다. 질량 m인 한 질점에 대해 고려하기로 하면 운동 에너지 T는 다음과 같이 주어진다.

$$T=\frac{m}{2}\left(\dot{r}^2+r^2\dot{\phi}^2\sin^2\theta+r^2\dot{\theta}^2\right). \tag{6.22}$$

이 식과 식 (6.17) 우변 셋째 항의 비교로부터 다음을 얻으므로,

$$\underline{A}=m\begin{pmatrix}1 & 0 & 0\\ 0 & r^2\sin^2\theta & 0\\ 0 & 0 & r^2\end{pmatrix}, \tag{6.23}$$

따라서 $\underline{A}^{-1}$를 다음과 같이 얻는다.

$$\underline{A}^{-1} = m^{-1}\begin{pmatrix} 1 & 0 & 0 \\ 0 & (r\sin\theta)^{-2} & 0 \\ 0 & 0 & r^{-2} \end{pmatrix}. \tag{6.24}$$

식 (6.21)로부터 $L_1 = 0$ 이므로 $\underline{a} = \underline{0}$를 얻으며, 그러므로 식 (6.20)을 사용하여 해밀터니안을 다음과 같이 얻는다.

$$H(\underline{q},\underline{p},t) = V(\underline{q},t) + \frac{1}{2}\left(\underline{p},\underline{A}^{-1}\underline{p}\right) = V + \frac{1}{2m}\left(p_1^2 + \frac{p_2^2}{r^2\sin^2\theta} + \frac{p_3^2}{r^2}\right). \tag{6.25}$$

여기서 일반 운동량은 식 (6.7)로부터 다음과 같이 주어진다.

$$\underline{p} = (p_1,p_2,p_3) = \frac{\partial T}{\partial \dot{\underline{q}}} = m\left(\dot{r}, r^2\dot{\phi}\sin^2\theta, r^2\dot{\theta}\right). \tag{6.26}$$

한편, q_J가 싸이클릭 좌표라고 하면, 그 정의로부터 $\dfrac{\partial L}{\partial q_J} = 0$ 이므로, 해밀터니안의 정의, 식 (6.8)로부터 다음을 얻는다.

$$\frac{\partial H}{\partial q_J} = 0\,. \tag{6.27}$$

따라서 기준 방정식, 식 (6.12)로부터 다음을 얻으므로,

$$\frac{\partial H}{\partial q_J} = -\dot{p}_J = 0, \tag{6.28}$$

즉 싸이클릭 좌표 q_J에 상응하는 일반 운동량 p_J는 보존된다.

예를 들어 **구진자**(spherical pendulum)를 고려하는 경우, 진자의 길이를 l이라고 하면, 식 (6.25)에서 $r = l$로 취할 수 있고, 포텐셜 에너지 V는 다음과 같으므로,

$$V = mgl(1-\cos\theta), \tag{6.29}$$

이들을 식 (6.25)에 대입하여 해밀터니안을 다음과 같이 얻는다.

$$H(\underline{q},\underline{p},t) = mgl(1-\cos\theta) + \frac{1}{2m}\left(\frac{p_2^2}{l^2\sin^2\theta} + \frac{p_3^2}{l^2}\right). \tag{6.30}$$

이 식에 따르면 ϕ가 싸이클릭 좌표이며, 따라서 ϕ에 상응하는 일반 운동량 p_2는 보존된다.

나아가 해밀터니안 H가 시간 t의 양함수가 아니면 다음이 성립하는데,

$$\frac{dH}{dt} = \sum_{j=1}^{n}\left(\frac{\partial H}{\partial q_j}\dot{q}_j + \frac{\partial H}{\partial p_j}\dot{p}_j\right) = \sum_{j=1}^{n}\left(-\dot{p}_j\dot{q}_j + \dot{q}_j\dot{p}_j\right) = 0, \tag{6.29}$$

여기서 둘째 등호를 얻기 위해서는 식 (6.12)의 기준 방정식을 사용하였으며, 따라서 해밀터니안이 보존량임을 얻는다. 이와 같은 성질은 실제 문제에 있어서 일반 좌표계를 선택할 때 좋은 지표가 될 수 있다.

예를 들어 균일한 속도 u_0로 움직이는 지지대 위에 놓인 스프링-질량 계의 운동을 고려할 경우(그림 6.2 참조), x는 공간-고정 좌표계이고, ξ는 지지대-고정 좌표계라고 하자. 만약 일반 좌표계 $q=x$로 취하면 라그란지안을 다음과 같이 얻을 수 있다.

$$L(x,\dot{x},t) = T - V = \frac{m}{2}\dot{x}^2 - \frac{k}{2}(x-u_0t)^2. \tag{6.30}$$

따라서 일반 운동량 $p = \frac{\partial L}{\partial \dot{x}} = m\dot{x}$을 얻고, 또 $x=q$로 시간 t의 양함수가 아니므로 해밀터니안은 역학적 에너지와 같아서 다음을 얻는데,

$$H(x,p,t) = T + V = \frac{p^2}{2m} + \frac{k}{2}(x-u_0t)^2, \tag{6.31}$$

마지막 등호 우변은 시간 t의 양함수이므로, 위 식으로 주어지는 해밀터니안은 보존되지 않는다.

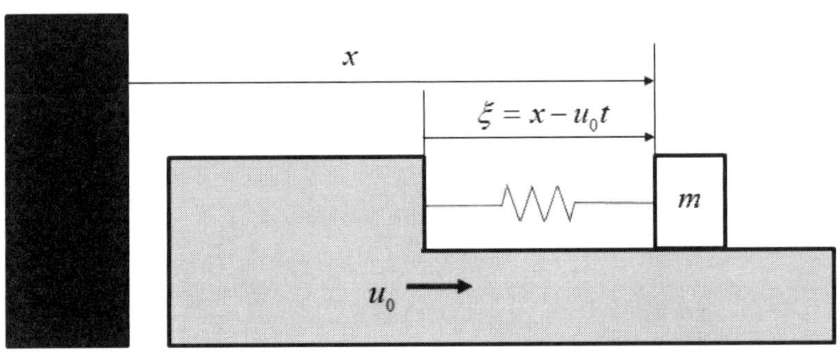

그림 6.2 균일한 속도 u_0로 움직이는 지지대 위의 스프링-질량 계

그러나 만약 일반 좌표계 $q=\xi=x-u_0t$로 취하면, $x=\xi+u_0t$가 되어 시간 t의 양함수이므로, 해밀터니안이 역학적 에너지와 같지 않다. 라그란지안의 정의로부터 다음을 얻는다.

$$L(\xi,\dot{\xi},t)\equiv T-V=\frac{m}{2}(\dot{\xi}+u_0)^2-\frac{k}{2}\xi^2. \tag{6.32}$$

따라서 일반 운동량 $p=\dfrac{\partial L}{\partial\dot{\xi}}=m(\dot{\xi}+u_0)$를 얻고, 이 식을 $\dot{\xi}$에 대해 정리하여 다음을 얻으므로,

$$\dot{\xi}=\frac{p}{m}-u_0, \tag{6.33}$$

이 결과들을 이용하여 해밀터니안을 다음과 같이 얻는다.

$$H(\xi,p,t)=-L+\dot{\xi}p=\frac{p^2}{2m}+\frac{k}{2}\xi^2-u_0p. \tag{6.34}$$

여기서 마지막 등호 우변은 시간 t의 양함수가 아니므로, 위 식으로 주어지는 해밀터니안은 보존량임을 알 수 있다. 따라서 운동과 관련된 보존량을 얻는 데는 $q=\xi$로 택하는 것이 유리할 것이다.

6.3 수정 해밀턴 원리

4.3절에서 기술하였던 해밀턴 원리에 따르면, 아래에 다시 보인 식 (4.35)로 정의되는 작용 적분 J에 대해,

$$J\equiv\int_{t_1}^{t_2}L\,dt,\ L=T-V, \tag{4.35}$$

고려 중인 계의 운동은 $\delta J=0$이 되도록 발생한다.

변분 원리인 해밀턴 원리로부터 라그랑쥐 방정식을 얻었던 점을 고려하면, 식 (6.12)에

서 얻은 기준 방정식을 얻을 수 있는 변분 원리는 무엇인가에 대해 질문할 수 있다. 이하에서는 이에 대해 생각해 보기로 한다.

먼저 식 (4.35)의 라그란지안 L을 식 (6.8)로 정의한 해밀터니안 H를 사용하여 다시 쓰면 다음을 얻으며,

$$L(\underline{q}, \dot{\underline{q}}, t) = -H(\underline{q}, \underline{p}, t) + (\dot{\underline{q}}, \underline{p}) \equiv G(\underline{q}, \underline{p}, \dot{\underline{q}}, t), \tag{6.35}$$

G를 사용하여 해밀턴 원리를 다시 쓰면 다음을 얻는다.

$$\delta \int_{t_1}^{t_2} \{-H(\underline{q}, \underline{p}, t) + (\dot{\underline{q}}, \underline{p})\} dt = \delta \int_{t_1}^{t_2} G dt = 0. \tag{6.36}$$

위 식에 대해 4.1절에서 보인 오일러 방정식을 구하면 다음을 얻는다.

$$\frac{d}{dt}\left(\frac{\partial G}{\partial \dot{q}_j}\right) - \frac{\partial G}{\partial q_j} = 0, \; j = 1, 2, \cdots, n, \tag{6.37}$$

$$\frac{d}{dt}\left(\frac{\partial G}{\partial \dot{p}_j}\right) - \frac{\partial G}{\partial p_j} = 0, \; j = 1, 2, \cdots, n. \tag{6.38}$$

식 (6.37)과 관련하여 식 (6.35)로부터 다음을 얻으며,

$$\frac{\partial G}{\partial \dot{q}_j} = p_j, \; \frac{\partial G}{\partial q_j} = -\frac{\partial H}{\partial q_j}, \; j = 1, 2, \cdots, n, \tag{6.39}$$

이들을 식 (6.37)에 대입하여 다음 결과를 얻는다.

$$\frac{\partial H}{\partial q_j} = -\dot{p}_j, \; j = 1, 2, \cdots, n. \tag{6.40}$$

또한 식 (6.38)과 관련하여서는 식 (6.35)로부터 다음을 얻으므로,

$$\frac{\partial G}{\partial \dot{p}_j} = 0, \; \frac{\partial G}{\partial p_j} = -\frac{\partial H}{\partial p_j} + \dot{q}_j, \; j = 1, 2, \cdots, n, \tag{6.41}$$

이들을 식 (6.38)에 대입하여 다음 결과를 얻는다.

$$\frac{\partial H}{\partial p_j} = \dot{q}_j,\ j = 1, 2, \cdots, n. \tag{6.42}$$

위의 식 (6.40)과 식 (6.42)는 식 (6.12)에서 얻었던 해밀턴의 기준 방정식이므로, 식 (6.35)로 정의된 $G(\underline{q}, \underline{p}, \dot{\underline{q}}, t)$를 피적분 함수로 하는 적분 K를 다음과 같이 정의하자.

$$K \equiv \int_{t_1}^{t_2} G dt,\ G(\underline{q}, \underline{p}, \dot{\underline{q}}, t) \equiv -H(\underline{q}, \underline{p}, t) + (\dot{\underline{q}}, \underline{p}). \tag{6.43}$$

그러면 고려 중인 계의 운동은 $\delta K = 0$이 되도록 발생한다고 할 수 있으며, 이와 같은 변분 원리는 **수정 해밀턴 원리**(modified Hamilton's principle)라고 불린다.

라그란지안을 사용하고, 해밀턴 원리를 적용하여 얻어진 라그랑쥐 방정식을 이용하여 고려 중인 계의 운동을 구하는 방법론은 **라그랑쥐 역학**(Lagrangian mechanics)이라고 할 수 있다. 또 해밀터니안을 사용하고, 수정 해밀턴 원리를 적용하여 얻어진 기준 방정식을 사용하여 고려 중인 계의 운동을 구하는 방법론은 **해밀턴 역학**(Hamiltonian mechanics)의 기본을 구성한다고 할 수 있다. 해밀턴 역학에서는 일반 좌표와 일반 운동량이 보다 대등한 자격으로 사용되었으며, 결과적으로 얻어진 식 (6.12), 즉 기준 방정식도 음의 부호를 제외하면 일반 좌표와 일반 운동량이 운동을 기술하는데 동등하게 사용되고 있음에 다시 한 번 유의한다.

해밀터니안을 사용하여 1계 미분 방정식을 얻었지만, 최종적으로는 이들을 풀어서 해를 구하는 문제가 남아 있다. 이와 관련된 Jacobi의 좌표 변환, 또 나아가 20세기 초반 인류의 세계관에 엄청난 변화를 초래한 **현대물리**(modern physics)로의 진화는 Lanczos(1970)[11] 등의 다른 교재로 미루기로 하고, 여기서는 **고전물리**(classical physics)의 테두리 내에서 19세기 말까지의 전개를 소개하는 것에 그치기로 하며, 다음 장부터는 선박해양공학을 공부하는 학생들에게 보다 실용적인 응용 분야인 비선형동요 문제를 다루기로 한다.

연습문제

1. 구진자와 관련하여 다음 문제에 답하시오.
   1) 라그란지안을 구하고 식 (3.21)의 라그랑쥐 방정식을 이용하여 ϕ에 대한 운동 방정식을 구하시오.
   2) 식 (6.30)으로 주어진 해밀터니안을 이용하여 기준 방정식을 구하고 1)의 답과 연관하여 논의하시오.

2. 일반화된 힘을 포텐셜 에너지로 나타낼 수 없을 경우, 해밀턴의 기준 방정식, 식 (6.12)의 둘째 식은 다음 식으로 대체되어야 함을 보이시오.

$$\frac{\partial H}{\partial q_j} = -\dot{p}_j + Q_j,\ \ j = 1, 2, \cdots, n. \tag{6.E1}$$

3. 만약 고려 중인 계가 다음과 같이 N_n 개의 비적분형 구속조건을 만족해야 할 경우,

$$\sum_{j=1}^{n} a_{kj}\dot{q}_j + a_{k0} = 0,\ \ k = 1, 2, \cdots, N_n, \tag{6.E2}$$

해밀턴의 기준 방정식, 식 (6.12)의 둘째 식은 다음 식으로 대체되어야 함을 보이시오.

$$\frac{\partial H}{\partial q_j} = -\dot{p}_j + \sum_{k=1}^{N_n} \lambda_k a_{kj},\ \ j = 1, 2, \cdots, n. \tag{6.E3}$$

단 여기서 a_{kj}, $k = 1, 2, \cdots, N_n$, $j = 0, 1, \cdots, n$은 q_i, $i = 1, 2, \cdots, n$의 함수로 주어졌고, 또 λ_k, $k = 1, 2, \cdots, N_n$은 라그랑쥐의 승수이다.

2부

비선형동요

1부에서는 고려 중인 계의 운동을 기술하는 운동 방정식을 얻는 다양한 해석적 방법에 대해 기술하였다. 2부에서는 그와 같은 방정식이 얻어졌을 때, 먼저 실제로 방정식의 해를 구하지 않고도 해의 **장시간 거동**(large time behavior) 또는 **안정성**(stability)과 같은 해의 특성에 대해 얼마나 알 수 있는가에 대해 생각해보기로 한다. 이와 같은 방식으로 주어진 문제에 대해 접근하는 것을 보통 **정성적 해석**(qualitative analysis)이라고 부른다.

비선형동요(nonlinear oscillations)를 다루기 위해서는 선형동요의 기본적 특성에 대해 알아야 하므로 이하에서는 먼저 선형동요에 대해 간략하게 정리하기로 한다.

논의를 간단히 진행하기 위해, 감쇠력이 작용하지 않는 스프링-질량 계에 강제력 $F\cos\omega t$가 작용하고 있다고 가정하면, 물체의 변위 $u(t)$는 다음과 같은 2계 상미분 방정식을 만족해야 한다.

$$\ddot{u}+\omega_0^2 u = F\cos\omega t\,. \tag{7.1}$$

여기서 물체의 질량은 1이고, ω_0^2은 스프링 상수, F, ω는 각각 영보다 큰 주어진 상수라고 한다. 강제력이 작용하지 않는 경우, 즉 우변이 영인 경우의 물체의 변위는 **자유 동요**(free oscillation), 강제력이 작용할 때의 변위, 또는 **응답**(response)은 **강제 동요**(forced oscillation)라고 부른다.

식 (7.1)로 주어진 계는 **조화 진동자**(harmonic oscillator)라고 부르는데, 초기조건이 $u(0)=u_0$, $\dot{u}(0)=0$일 때, 그 해는 다음과 같이 주어진다[연습문제 1].

$$u(t)=\left(u_0+\frac{F}{\omega^2-\omega_0^2}\right)\cos\omega_0 t-\frac{F}{\omega^2-\omega_0^2}\cos\omega t\,. \tag{7.2}$$

만약 식 (7.1)의 좌변이 감쇠력, 즉 $\dot{u}$에 비례하는 항을 포함하고 있었다면 식 (7.2)의 해는 sin 항을 포함해야 하므로 보다 복잡한 형태를 가질 것이다. 식 (7.2)는 대입에 의해 식 (7.1)과 고려 중인 초기조건을 만족하는 것을 쉽게 확인할 수 있다.

자유 동요인 경우는 식 (7.1)의 우변에 포함된 $F=0$로 볼 수 있는데, 이때의 변위는 식 (7.2)로부터 다음과 같이 얻는다.

$$u(t)=u_0\cos\omega_0 t\,. \tag{7.3}$$

이 식 우변은 계에 고유한 진동수인 ω_0, 즉 고유진동수를 가진다.

식 (7.2)에 따르면 조화 진동자의 강제력 $F\cos\omega t$에 대한 응답, $u(t)$는 따라서 우변 첫째 항, 고유진동수를 가지는 자유 동요 성분과, 둘째 항, 강제력과 같은 진동수를 가지는 강제 동요 성분의 합으로 주어진다. 그러므로 응답, $u(t)$는 관련된 매개변수들의 값에 따라 다음과 같은 네 경우에만 **주기해**(periodic solution)를 가진다.

1) **조화 응답**(harmonic response)

식 (7.2) 우변의 첫째 항은 다음과 같은 경우 영이 되는데,

$$u_0 = \frac{F}{\omega_0^2 - \omega^2}, \tag{7.4}$$

이 식이 성립할 때, 응답은 강제 동요 성분만 가지며, 조화 응답이라고 부른다. 단 이때 $\omega \neq \omega_0$이 성립해야 하며, 만약 $\omega = \omega_0$이 성립하면, 즉 **공진**(resonance)의 경우에는 식 (7.1)의 해는 다음과 같다[16][연습문제 2].

$$u(t) = u_0 \cos\omega t + \frac{F}{2\omega_1} t \sin\omega t. \tag{7.5}$$

따라서 공진 시에는 주기해를 가지지 않으며, 식 (7.5) 우변 둘째 항의 진폭은 시간 t에 비례하여 증가한다.

2) **과조화 응답**(superharmonic response)

식 (7.4)가 성립하지 않고, n이 자연수라고 할 때, $\omega_0 = n\omega$가 성립하면, 식 (7.2)의 우변은 여전히 강제력의 진동수 ω를 가지는 주기함수이며, ω의 정수 배에 해당하는 자유 동요 성분이 공존한다. 이 경우의 응답은 과조화 응답이라고 불린다.

3) **아조화 응답**(subharmonic response)

식 (7.4)가 성립하지 않고, m이 자연수라고 할 때, $\omega_0 = \dfrac{\omega}{m}$이 성립하면, 식 (7.2)의 우

16) 이 부분에 대해서는 이승준(2014)[12]를 참조하기 바란다.

변은 여전히 진동수가 고유진동수 ω_0 인 주기함수이며, ω 의 정수 분의 1 배에 해당하는 자유 동요 성분이 공존한다. 이 경우의 응답은 아조화 응답이라고 불린다.

4) **복합조화 응답**(combined harmonic response)

식 (7.4)가 성립하지 않고, m, n 이 자연수라고 할 때, $\omega_0 = \dfrac{n\omega}{m}$ 가 성립하면, 식 (7.2)의 우변은 여전히 주기함수이며, ω 의 $\dfrac{n}{m}$ 배에 해당하는 자유 동요 성분이 공존한다. 이 경우의 응답은 복합조화 응답이라고 불린다.

비선형동요에 대해서도 강제력의 진동수와 비교하여 정수 배, 정수 분의 1배, 또는 정수 분의 정수 배 등의 진동수를 가지는 주기해가 공존하는 경우, 위에서 사용한 과조화, 아조화, 복합조화 등의 용어를 약간 확장, 광의적인 의미로 해석하여 그대로 사용하기로 한다.

7장
비선형동요: 평형점

이 장에서는 먼저 1절에서 네 개의 간단한 예제들을 생각함으로써 2계 또는 1계 상미분 방정식으로 주어지는 운동 방정식의 해가 가지는 특성에 대해 알아본다. 2절에서는 운동 방정식이 2계 상미분 방정식으로 주어졌지만, 시간 t를 **명시적**(explicit)으로 포함하지 않는 경우, 즉 **자율**(autonomous) 방정식인 경우에 대해 **평형점**(equilibrium point) 부근의 해의 특성에 대해 네 개의 예제를 통해 고찰한다. 다음으로 3절에서는 **선형 자율 방정식**(linear autonomous equation)의 해를 통해서 이들 평형점 또는 임계점의 성질에 대해 논의하기로 한다.

7.1 간단한 예제들에 대한 정성적 고찰

이 절에서는 시간 t의 함수인 $u(t)$와 관련하여 네 개의 예제에 대해 각각의 문제와 관련된 정성적인 질문들에 대해 생각하기로 한다.

1) $u(t)$가 다음과 같은 2계 상미분 방정식을 만족한다고 하자.

$$\ddot{u} + \omega_0^2 u = 0. \tag{7.6}$$

여기서 $\omega_0 > 0$는 주어진 상수라고 하면, 위 식의 일반해는 다음과 같이 주어진다.

$$u(t) = A\cos\omega_0 t + B\sin\omega_0 t. \tag{7.7}$$

여기서 A, B는 주어진 초기조건을 만족하도록 결정되어야 하는 상수이다. 따라서 식 (7.6)의 모든 해는 주기가 $\dfrac{2\pi}{\omega_0}$인 주기해이다.

한편, 식 (7.6)의 ω_0^2을 $-\omega_0^2$으로 대체하여 얻어진 방정식의 해는 $e^{\omega_0 t}$ 또는 $e^{-\omega_0 t}$의 해를 가지므로, 어떠한 해도 **비주기해**(non-periodic solution)이다. 따라서 만약 ω_0^2을 $f(t)$ 또는 $f(u,t)$로 대체하여 얻어진 방정식과 관련하여, 그 해를 직접 구하지 않고도 해가 주기해인지 또는 비주기해인지를 알 수 있는가, 만약 알 수 있다면 어떤 방법으로 알 수 있는가 하는 질문을 제기할 수 있다.

2) $c>0$는 주어진 상수라고 할 때, $u(t)$가 다음과 같은 1계 상미분 방정식과 초기조건을 만족한다고 하자.

$$\dot{u} = cu , \tag{7.8}$$

$$u(0) = u_0 . \tag{7.9}$$

식 (7.8)은 미지 함수의 변화율이 그 함수의 크기에 비례함을 뜻하며, 그와 같은 성질을 만족하는 해는 **단조적으로**(monotonically) 증가하여 $t \to \infty$일 때, 무한히 커지는, 즉 **무계**(unbounded)인 다음과 같은 함수로 주어진다.

$$u(t) = u_0 e^{ct} . \tag{7.10}$$

만약 $u(t)$가 식 (7.8) 대신 다음과 같은 1계 상미분 방정식과 식 (7.9)로 주어진 초기조건을 만족한다고 하자.

$$\dot{u} = cu^2 , \tag{7.11}$$

이 경우에는 미지 함수의 변화율이 그 함수의 크기의 제곱에 비례함을 뜻하는데, 그와 같은 성질을 만족하는 해는 단조적으로 증가하여 $t \to (u_0 c)^{-1}$일 때, 무계인 다음과 같은 함수로 주어진다[연습문제 3].

$$u(t) = \frac{u_0}{1 - u_0 ct} . \tag{7.12}$$

위의 두 예로부터 다음과 같은 질문을 생각할 수 있다.

가) 모든 시간 $t>0$에 대해 연속인 해가 존재하는지에 대해 방정식의 형태로부터 미리 알 수 있는가?

나) 유한한 시간 t에서 해가 무계가 되는지에 대해 방정식의 형태로부터 미리 알 수 있는가?

3) $z=x+iy$를 **복소변수**(complex variable)라고 할 때, 복소함수 $u(z)$에 대한 다음과 같은 선형 2계 미분 방정식의 해를 고려함으로써 유용한 정보를 얻을 수 있다.

$$\frac{d^2u}{dz^2}+f(z)\frac{du}{dz}+g(z)u=0. \tag{7.13}$$

여기서 f와 g는 주어진 함수이다.

복소함수론으로부터 다음과 같은 세 가지 경우에 대한 해는 잘 알려져 있다.

가) f와 g가 $z=0$에서 **정칙**(analytic) 함수이면, 식 (7.13)의 해는 $z=0$에서 모두 정칙이며, 이때 $z=0$는 **보통점**(ordinary point)이라고 부른다.

나) b, c가 주어진 복소 상수라고 할 때, $f=\dfrac{b}{z}$, $g=\dfrac{c}{z^2}$이면, 식 (7.13)은 다음과 같이 쓸 수 있다.

$$\frac{d^2u}{dz^2}+\frac{b}{z}\frac{du}{dz}+\frac{c}{z^2}u=0. \tag{7.14}$$

이 식은 **오일러 방정식**(Euler equation)이라고 불리며, 그 일반해는 다음과 같다[연습문제 4].

$$u(z)=A\,z^{m_1}+Bz^{m_2},\ m_{1,2}=\frac{1}{2}\left\{1-b\pm\sqrt{(b-1)^2-4c}\right\}. \tag{7.15}$$

단 여기서 **판별식**(discriminant) $D=(b-1)^2-4c\neq 0$을 가정한다. $D=0$인 경우에는 다음과 같은 해를 가진다.

$$u(z) = (A + B\ln z)z^{m_1},\ m_1 = \frac{1-b}{2}. \tag{7.16}$$

위에서 A, B는 정해지지 않은 복소 상수이다.

따라서 식 (7.15), (7.16)으로 주어지는 해는 일반적으로 $z=0$을 **분지점**(branch point)으로 가진다.

다) $f = \frac{b}{z}F(z)$, $g = \frac{c}{z^2}G(z)$, $F(0) = G(0) = 1$이고 $F(z)$, $G(z)$가 $z=0$에서 **정칙**(analytic) 함수이면, $z=0$는 **균정 특이점**(regular singular point)이라고 불리며, 식 (7.13)은 다음과 같이 쓸 수 있다.

$$\frac{d^2u}{dz^2} + b\frac{F(z)}{z}\frac{du}{dz} + c\frac{G(z)}{z^2}u = 0. \tag{7.17}$$

이 식의 해는 Frobenius의 **정리**를 사용하여 $u(z) = \sum_{n=0}^{\infty} c_n z^{\alpha+n}$의 형태로 주어지는 **급수해**(series solution)로 얻을 수 있다. 식 (7.15)의 둘째 식은 급수해에 포함된 α를 결정하는 **지수 방정식**(indicial equation)의 근을 제공하는 식이 되며, 보다 자세한 사항에 대해서는 이승준(2014)[13]을 참조하기 바란다.

4) $0 < \varepsilon \ll 1$이 성립하고, 실수 함수 $u(t)$, $t > 0$가 다음과 같은 1계 상미분 방정식과 초기조건을 만족한다고 하자.

$$\varepsilon\dot{u} + u(t) = 1, \tag{7.18}$$

$$u(0) = u_0. \tag{7.9}$$

$\varepsilon \ll 1$임을 고려하여 식 (7.18) 좌변의 첫째 항을 무시하면 $u_0 = 1$인 경우에만 위 식은 해를 가진다. 한편, 초기조건, 식 (7.9)를 만족하는 식 (7.18)의 해는 다음과 같이 주어진다[연습문제 5].

$$u(t) = (u_0 - 1)e^{-t/\varepsilon} + 1. \tag{7.19}$$

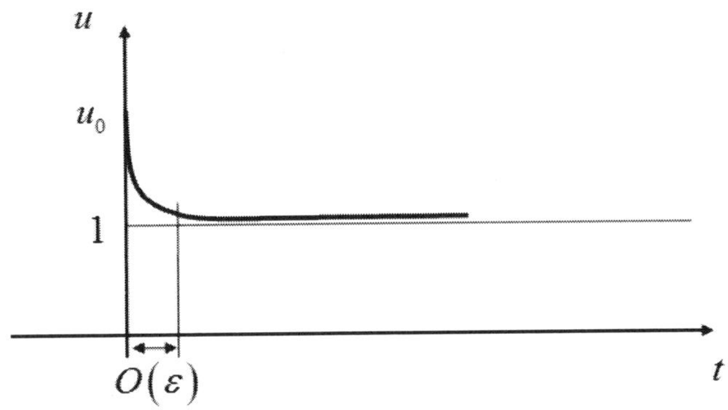

그림 7.1 $\varepsilon\dot{u}+u(t)=1$, $0<\varepsilon\ll 1$, $u(0)=u_0$의 해 $u(t)$

그림 7.1에 보인 바와 같이 $u(t)$는 $t=O(\varepsilon)$인 영역에서만 초기치인 u_0로부터 1까지 급격하게 변화하고, 그 밖의 영역에서는 거의 1과 같은 값을 가진다. 따라서 위에서 $\varepsilon\dot{u}$를 무시하고 얻었던 근사해가 전혀 터무니없는 해는 아니었음을 알 수 있다. 이와 같이 구하고자 하는 해가 제한된 영역에서만 급격한 변화를 보이는 현상을 보통 '**경계층**(boundary layer) **현상**'이라고 부르는데, 이런 현상은 미분 방정식의 최고차항에 매우 작은 값이 곱해져 있을 때 나타나는 것으로 알려져 있다.

경계층 현상이 예측되는 경우, 해의 값이 급격하게 변화하는 영역이 어디에 존재하는지, 또 경계층으로부터 멀리 떨어진 곳에서 함수는 어떤 값을 가지는지에 대한 질문을 제기할 수 있다.

7.2 2계 자율 미분 방정식의 기하학; 평형점 이론

실수 함수 $u(t)$에 대해 다음과 같은 2계 자율 미분 방정식이 주어졌다고 하자.

$$\ddot{u}=f(u,\dot{u}). \tag{7.20}$$

이 식의 우변이 시간 t를 명시적으로 포함하지 않으므로, $v=\dot{u}$이라고 하고, 위 문제의 해를 (u,v) 평면, 즉 **위상평면**(phase plane)을 사용하여 고려할 수 있다.

이 절에서는 식 (7.20)의 특수한 예로 볼 수 있는 네 개의 예제에 대해 생각함으로써 식 (7.20)과 같은 형태의 문제를 위상평면의 개념을 사용하여 어떻게 다룰 수 있는지에 대해 고려하기로 한다.

1) $\omega_0 > 0$가 주어진 상수라고 할 때, 식 (7.6)을 식 (7.20)의 형태로 다시 쓴 다음 문제에 대해 생각하자.

$$\ddot{u} = -\omega_0^2 u\,. \tag{7.21}$$

위 식의 양변에 $\dot{u}$을 곱한 뒤 정리하면 다음을 얻으며,

$$\dot{u}\ddot{u} + \omega_0^2 u\dot{u} = \frac{d}{dt}\left(\frac{1}{2}\dot{u}^2 + \frac{\omega_0^2}{2}u^2\right) = 0\,, \tag{7.22}$$

이 식을 적분하여 다음을 얻는다.

$$\dot{u}^2 + \omega_0^2 u^2 = c = const.\,. \tag{7.23}$$

위에서 언급한 바와 같이 $v = \dot{u}$라고 하고, 위의 식을 (u, v) 평면에서 생각하기로 하면, 위 식은 다음과 같이 쓸 수 있다.

$$v^2 + \omega_0^2 u^2 = c\,,\quad \therefore v(u) = \pm\sqrt{c - \omega_0^2 u^2}\,. \tag{7.24}$$

식 (7.6)에 대한 모든 해는 그림 7.2에 보인 바와 같이 위상평면 상에서 **타원**(ellipse)의 방정식을 만족해야 한다. 식 (7.6)의 일반해, $u(t)$는 식 (7.7)로 주어지는데, 위의 식 (7.24)로 주어지는 $v(u)$, 또한 식 (7.6)의 해로 볼 수 있으며, 그 해는 위상평면에서 타원으로 나타남에 유의한다.

시간 t가 증가함에 따라 $v > 0\,(v < 0)$이면 u는 증가(감소)해야 하므로, 타원 상의 화살표는 시간이 지남에 따라 해가 어떻게 변화하는지 보여주고 있다. 식 (7.24)에 따른 곡선, 즉 타원은 폐곡선이므로, 명백히 일정한 **주기**(period) T를 가지는 주기해에 상응한다.

식 (7.6) 또는 (7.21)의 일반해는 식 (7.7)로 주어지므로 $T = \dfrac{2\pi}{\omega_0}$의 주기를 가진다.

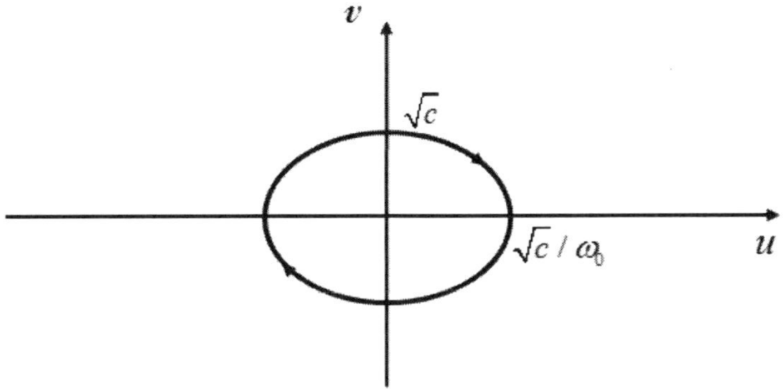

그림 7.2 $\ddot{u} = -\omega_0^2 u$, $\omega_0 > 0$의 궤적

위상평면에서 해에 상응하는 곡선, 즉 **궤적**(trajectory)이 폐곡선인 경우의 주기 T를 구하는 일반적인 방법을 보이기 위해 다음을 생각한다. 먼저 $\oint_C$가 한 주기에 대한 적분을 나타낸다고 하면, 다음 관계를 얻을 수 있다.

$$T = \oint_C dt = \oint_C \frac{du}{\frac{du}{dt}} = \oint_C \frac{du}{v(u)}. \tag{7.25}$$

이 식에 식 (7.24)의 둘째 식을 대입하면 예상했던 바와 같이 다음 결과를 얻는다[연습문제 6].

$$T = \oint_C dt = 4\int_0^{\sqrt{c}/\omega_0} \frac{du}{\sqrt{c - \omega_0^2 u^2}} = \frac{2\pi}{\omega_0}. \tag{7.26}$$

여기서 주기 T는 초기조건에 의해 결정되는 상수 c와 무관하다. 이와 같이 주기가 초기조건에 무관한 값을 가지는 식 (7.6)의 해의 성질을 **등시성**(isochronism)이라고 한다.

2) $\omega > 0$가 주어진 상수라고 할 때, 식 (7.21)과 비교하여 다음과 같이 우변의 부호가 바뀐 문제에 대해 생각하자.

$$\ddot{u} = \omega_0^2 u. \tag{7.27}$$

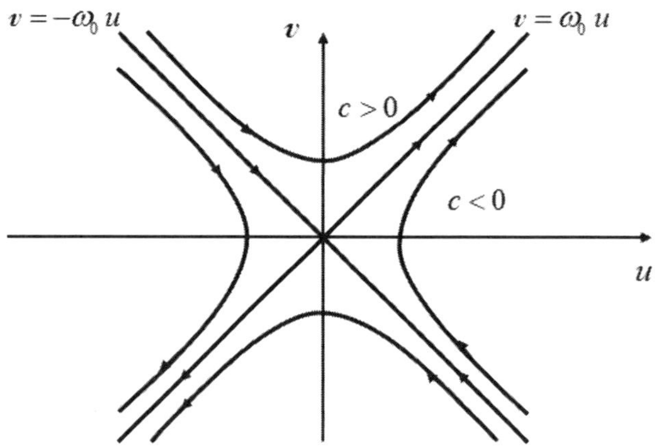

그림 7.3 $\ddot{u} = \omega_0^2 u$, $\omega > 0$의 궤적

위에서와 같은 방법을 사용하여 다음 결과를 얻으며,

$$\dot{u}^2 - \omega_0^2 u^2 = c = const., \tag{7.28}$$

$$\therefore v^2 - \omega_0^2 u^2 = c,\ v(u) = \pm\sqrt{c + \omega_0^2 u^2}, \tag{7.29}$$

그림 7.3에 보인 바와 같이 궤적은 **쌍곡선**(hyperbola)으로 주어진다.

$c = 0$에 상응하는 $v = \pm\omega_0 u$는 식 (7.29)로 주어지는 쌍곡선의 점근선이다. 초기조건이 $v = -\omega_0 u$인 직선 위에 있지 않는 경우, (u, v) 평면 상의 어떤 점에서 운동이 시작된다고 하더라도, $t \to \infty$일 때 무계인 해를 가진다.

초기조건이 $v = -\omega_0 u$인 직선 위에 있는 경우에 대해 고려하기 위해 다음을 생각하자. 식 (7.27)의 일반해는 다음과 같이 주어지는 것을 알고 있다.

$$u(t) = Ae^{\omega_0 t} + Be^{-\omega_0 t}. \tag{7.30}$$

$v = -\omega_0 u$를 만족하기 위해서는 $A = 0$이 되어야 하며, $u(t) = Be^{-\omega_0 t}$로 주어진다. 따라서 초기조건이 $v = -\omega_0 u$인 직선 위에 있는 경우, 즉 $(u, v)_{t=0} = (-\alpha, \alpha\omega_0)$로 주어진 경우, 운동을 나타내는 점이 원점에 도달하는 데는 무한히 긴 시간이 걸림에 유의한다. 여기서 $\alpha > 0$는 주어진 상수이다.

3) 위의 1), 2)에서는 감쇠가 없는 문제를 생각하여 주기해를 가지는 경우와 지수함수로 무한히 증가하는 해를 가지는 경우에 대해 생각하였는데, 다음으로 감쇠가 있는 경우에 대해 고려하기로 한다. $\varepsilon > 0$이 주어진 상수라고 할 때, 다음과 같이 주어지는 문제에 대해 생각하자.

$$\ddot{u} = -2\varepsilon\dot{u} - u. \tag{7.31}$$

위에서와 같이 양변에 $\dot{u}$을 곱한 뒤 정리하면 다음을 얻는다.

$$\dot{u}\ddot{u} + 2\varepsilon\dot{u}^2 + u\dot{u} = 0, \quad \therefore \frac{d}{dt}(u^2 + v^2) = -4\varepsilon v^2 < 0. \tag{7.32}$$

위의 둘째 식 좌변 ( ) 안의 양, $v^2 + u^2 \equiv H(t)$로 정의하면 다음을 얻는다.

$$\dot{H} = -4\varepsilon v^2 < 0. \tag{7.33}$$

그러므로 H는 시간이 지남에 따라 단조적으로 감소해야 한다. H의 정의에 따라 H는 궤적 상의 점과 원점 사이의 거리의 제곱이므로, 따라서 시간이 지남에 따라 궤적 상의 점은 단조적으로 원점에 가까워짐을 뜻한다.

식 (7.31)의 해와 관련하여 H를 위에서와 다르게, 5.2절의 2차 방형을 이용하여 정의함으로써 궤적에 대해 보다 정확한 정보를 얻는 것이 가능한지를 질문할 수 있다. H가 **양확정**(positive definite)이며 다음과 같은 형태를 가진다고 가정하고,

$$H(t) = av^2 + buv + cu^2, \tag{7.34}$$

또 $\dot{H}$을 다음과 같이 나타낼 수 있다면 H가 시간이 지남에 따라 어떻게 변화하는지 쉽게 알 수 있다.

$$\dot{H}(t) = \alpha\left(u^2 + v^2\right). \tag{7.35}$$

여기서 a, b, c는 위의 조건을 만족하도록 하는 결정되어야 하는 상수이고, 또 α는 a, b, c에 의해 결정되는 상수이다.

식 (7.34)로부터 $\dot{H}$을 구하고, $\dot{v} = \ddot{u}$에 대해 식 (7.31)을 대입한 뒤 정리하면 다음을 얻는다.

$$\dot{H}(t) = (-4\varepsilon a + b)v^2 + (2c - 2a - 2\varepsilon b)uv - bu^2. \tag{7.36}$$

이를 식 (7.35)와 비교하면 b, c에 대해 다음 결과를 얻으며,

$$c = a + \varepsilon b,\ -4\varepsilon a + b = -b,\ \therefore b = 2\varepsilon a,\ c = a(1 + 2\varepsilon^2), \tag{7.37}$$

이를 식 (7.34), (7.35)에 대입하여 다음을 얻는다.

$$H(t) = a(v^2 + 2\varepsilon uv + \delta u^2),\ \delta = 1 + 2\varepsilon^2, \tag{7.38}$$

$$\dot{H}(t) = -2\varepsilon a(u^2 + v^2). \tag{7.39}$$

또한 행렬을 사용하여 H를 나타내면 다음과 같다.

$$H(\xi) = (\xi, \underline{P}\xi),\ \xi = \begin{pmatrix} u \\ v \end{pmatrix},\ \underline{P} = a\begin{pmatrix} \delta & \varepsilon \\ \varepsilon & 1 \end{pmatrix}. \tag{7.40}$$

여기서 $(\bullet, \bullet)$은 두 벡터의 스칼라곱을 뜻하며, ξ는 2-열벡터, $\underline{P}$는 2×2, 대칭 행렬을 나타낸다. $\underline{P}$에 대한 2차 방형인 $H(\xi)$가 양확정이기 위해서는 식 (5.36)으로 주어지는 특성 다항식의 근, 즉 고유값 μ가 모두 양이어야 한다. 특성 다항식은 다음과 같이 얻으므로,

$$f(\mu) = |\underline{P} - \mu\underline{1}| = (\delta a - \mu)(a - \mu) - \varepsilon^2 a^2 = \mu^2 - 2(1 + \varepsilon^2)a\mu + (1 + \varepsilon^2)a^2, \tag{7.41}$$

고유값 μ_1, μ_2는 다음과 같으며,

$$\mu_{2,1} = a\left(\gamma \pm \sqrt{\gamma^2 - \gamma}\right),\ \gamma = 1 + \varepsilon^2, \tag{7.42}$$

여기서 $\mu_2(\mu_1)$은 각각 $+(-)$의 부호를 취한다. 따라서 $\mu_2 > 0$, $\mu_1 > 0$이기 위해서는 $a > 0$이 성립해야 하며, $a = 1$로 취한다고 하더라도 일반성을 잃지 않으며, $\mu_1 < \mu_2$임에 유의한다.

결국 식 (7.38), (7.39)에 $a = 1$을 대입하여 다음 결과를 얻는다.

$$H(t) = v^2 + 2\varepsilon uv + \delta u^2,\ \delta = 1 + 2\varepsilon^2, \tag{7.43}$$

$$\dot{H}(t) = -2\varepsilon(u^2+v^2) = -2\varepsilon|\xi|^2. \tag{7.44}$$

5.2절의 주기저 정리에 따르면, $\underline{P}$를 자연 기저에 대한 표현으로 가지는 대칭 텐서 $\overline{P}$를 주기저를 사용하여 나타내면, 그 2차 방형 H는 식 (5.41)로 주어지므로 다음 결과를 얻는다.

$$\mu_1|\xi|^2 \le H \le \mu_2|\xi|^2. \tag{7.45}$$

이 식의 오른쪽 부분에 식 (7.44)로부터 얻는 결과, $|\xi|^2 = -\dfrac{\dot{H}}{2\varepsilon}$ 을 대입하면 다음을 얻는다.

$$\dot{H} + \nu H \le 0,\ \nu = \frac{2\varepsilon}{\mu_2} = \frac{2\varepsilon}{\gamma + \sqrt{\gamma^2 - \gamma}},\ \gamma = 1+\varepsilon^2. \tag{7.46}$$

위 부등식의 양변에 $e^{\nu t}$를 곱하고 시간에 대해 적분하여 다음을 얻는데,

$$He^{\nu t} \le H(0),\ \therefore H(t) \le H(0)e^{-\nu t}, \tag{7.47}$$

식 (7.45)의 왼쪽 부분에 이 결과를 대입하면 다음 결과를 얻는다.

$$|\xi|^2 \le \frac{H(t)}{\mu_1} \le \frac{H(0)}{\mu_1}e^{-\nu t}. \tag{7.48}$$

이 결과는 식 (7.33)에서 얻었던 결과와 비교하면 훨씬 구체적이며, 궤적 상의 점과 원점 사이의 거리가 시간이 지남에 따라 최소한 지수함수처럼 감소해야 함을 나타내고 있다. 위에서 기술한 H와 관련된 논의는 Lyapunov(1892){11}에 의해 제안되었으며, H는 **Lyapunov 함수**(Lyapunov function)라고 불린다.

$\varepsilon \ll 1$인 경우에 대한 식 (7.31)의 일반해는 다음과 같이 주어지는 것을 알고 있고[연습문제 7],

$$u(t) = e^{-\varepsilon t}\left(A\cos\sqrt{1-\varepsilon^2}\,t + B\sin\sqrt{1-\varepsilon^2}\,t\right), \tag{7.49}$$

여기서 A, B는 정해야 하는 상수이다. 또 이 식을 미분하여 $v(t)$를 구할 수 있으므로, 이들 결과를 이용하여 시간이 지남에 따른 위상평면 상에서의 궤적을 구할 수 있는데, 이는 그림 7.4에 보인 바와 같이 **내향나선**(inward spiral)으로 주어진다.

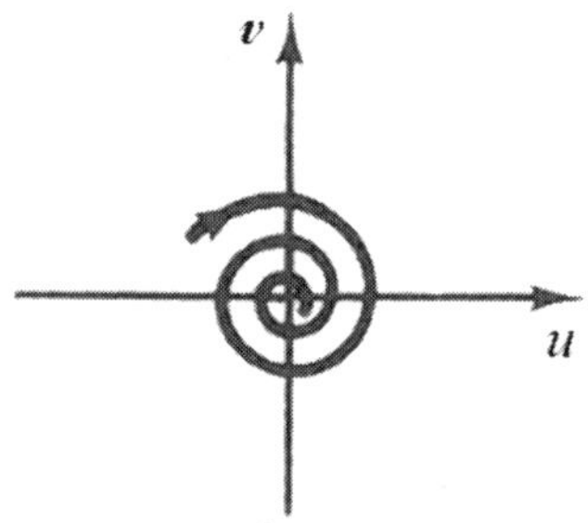

그림 7.4 $\ddot{u} = -2\varepsilon\dot{u} - u$ 의 궤적, $0 < \varepsilon \ll 1$

식 (7.48)의 경향을 그림 7.4로부터 확인할 수 있으나, Lyapunov 함수의 사용과 관련하여 한 가지 아쉬운 점은 식 (7.49)로 주어지는 해는 진폭이 지수함수처럼 감소하는 **동요**(oscillation)로 볼 수 있는데, 식 (7.48)로부터는 그와 같은 동요에 상응하는 정보는 얻을 수 없다는 점이다.

4) 위의 1), 2), 3)에서는 선형 문제를 생각하였는데, 다음으로는 간단하지만 아래와 같이 주어지는 비선형 문제에 대해 생각하기로 한다.

$$\ddot{u} = -u + u^2 . \tag{7.50}$$

위에서와 같이 양변에 $\dot{u}$ 을 곱한 뒤 정리하면 다음을 얻는데,

$$\dot{u}\ddot{u} + u\dot{u} - u^2\dot{u} = 0 , \quad \therefore \frac{d}{dt}\left(v^2 + u^2 - \frac{2}{3}u^3\right) = 0 , \tag{7.51}$$

위의 둘째 식을 적분하여 다음을 얻는다.

$$v^2 + u^2 - \frac{2}{3}u^3 = \kappa . \tag{7.52}$$

여기서 우변의 κ 는 적분 상수이다.

식 (7.50)의 우변으로부터 식 (7.20)의 우변, $f(u,v) = -u + u^2$ 로 쓸 수 있고, 이 식은 다음과 같이 바꾸어 쓸 수 있다.

$$f(u,v) = u(u-1) . \tag{7.53}$$

$u=0$과 $u=1$에서 $f=0$을 얻으며, 식 (7.53)에 상응하는 궤적과 관련하여 $(u,v)=(0,0)$, $(1,0)$의 두 점 부근에서 궤적이 어떤 모양을 가지는지를 생각하기로 한다.

식 (7.20)의 우변인 $f(u,v)$가 물체에 작용하는 힘에 상응하는 것을 고려하면, 이 두 점에서는 힘, 즉 가속도가 영이고, 또한 위에서 $v=0$으로 취하였으므로, 속도도 영인 것을 알 수 있다. 이와 같은 점에 상응하는 물체의 운동은 평형 상태에 있을 것이므로, 이 점들은 **평형점**(equilibrium point)이라고 불린다. 따라서 위의 두 점 부근에서의 궤적에 대해 고려하는 것은 평형점 주위의 물체의 운동에 대해 고려하는 것이다.

먼저 $(u,v)=(0,0)$, 즉 원점 부근에서는 식 (7.52)를 다음과 같이 근사할 수 있다.

$$v^2+u^2 \simeq \kappa . \tag{7.54}$$

이 식은 식 (7.24)의 첫째 식에서 $\omega_0=1$, $c=\kappa$인 경우에 해당하며, 위상평면에서 원점에 중심을 둔 반경 $\sqrt{\kappa}$인 원의 방정식이므로, 원점 부근에서의 궤적은 근사적으로 원으로 생각할 수 있다.

다음으로 $(u,v)=(1,0)$ 부근에서는 $u=1+\eta$, $|\eta| \ll 1$로 근사할 수 있고, 이를 식 (7.52)에 대입하고 η^2 항까지만 고려하면 다음을 얻는다.

$$v^2+(1+\eta)^2-\frac{2}{3}(1+\eta)^3 \simeq v^2+\frac{1}{3}-\eta^2 \simeq \kappa , \quad \therefore v^2-\eta^2 \simeq \kappa-\frac{1}{3}. \tag{7.55}$$

위의 마지막 식 좌변은 식 (7.29)의 첫째 식에서 $\omega_0=1$, $c=\kappa-\dfrac{1}{3}$인 경우이며, 따라서 위상평면에서의 궤적은 근사적으로 $c=0$, 즉 $\kappa=\dfrac{1}{3}$에 상응하는 $v=\pm\eta$를 점근선으로하는 쌍곡선으로 볼 수 있다.

위에서 원점과 점 (1,0) 부근의 궤적에 대해 얻은 결과를 종합하면 그림 7.5에 보인 것과 같은 결과를 얻는다. 식 (7.52)에서 $\kappa=\dfrac{1}{3}$에 상응하는 곡선은 위상평면을 궤적이 폐곡선인 영역과 열린 곡선인 영역으로 나누는 역할을 하고 있어 **분리곡선**(separatrix)이라고 불린다[연습문제 8]. 원점 주위의 궤적은 폐곡선으로 주기 운동에 상응하며, 점 $(1,0)$을 지나는 곡선에 의해 만들어진 폐영역 바깥에 위치하는 궤적은 시간이 지남에 따라 $|u|$가 무한히 증가하는 경우에 상응한다.

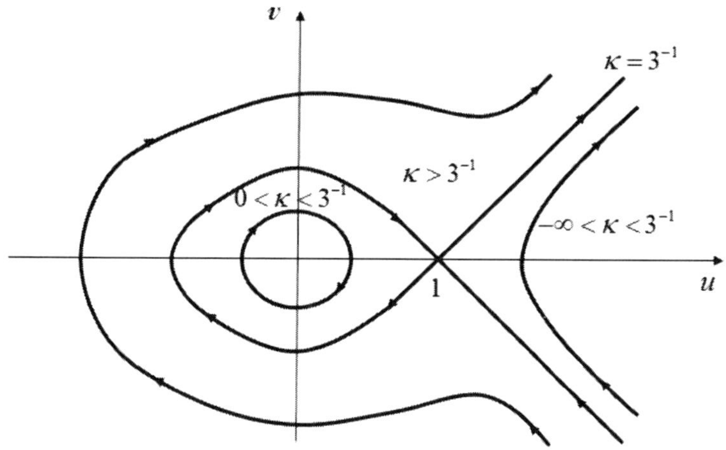

그림 7.5 $\ddot{u} = -u + u^2$의 궤적, 분리곡선

위에서 얻은 결과로부터 앞의 문제 1), 2), 3)에 대해 다시 생각해 보면, 평형점 부근에서의 근사적인 해석을 통해 식 (7.24), (7.29), (7.31)과 같은 식을 얻었다고 간주할 수도 있다. 그러므로 그에 상응하는 궤적이 식 (7.24)는 타원, 식 (7.29)는 쌍곡선, 식 (7.31)은 내향나선인 점을 고려하여, 각각의 경우에 상응하는 평형점을 1)은 **중심**(center), 2)는 **안장점**(saddle point), 3)은 **초점**(focus)이라고 부른다.

7.3 선형 자율 방정식

7.2절 4)에서 살펴본 바와 같이 비선형 문제에 대해 평형점 부근의 궤적과 관련하여 근사 해석을 수행하면 선형 문제를 얻는다. 이하에서 고려할 선형 문제의 평형점에 대한 해석 결과는 따라서 선형 문제 자체에 대해서뿐만 아니라 비선형 문제의 국부적인 특성과 관련하여서도 중요한 결과를 제공한다.

식 (7.20)으로 주어진 일반적인 문제에 대해 앞 절에서 소개한 바대로 **평형점** P는 다음 조건을 만족하는 점 $(u,v) = (u_0, 0)$으로 정의한다.

$$f(u_0, 0) = 0. \tag{7.56}$$

평형점 P 부근에 대해 $u(t) = u_0 + w(t)$, $|w| \ll 1$ 이라고 하고, $f(u,v)$를 근사하면 다음을 얻는다.

$$f(u,v) = f(u_0, 0) + \frac{\partial f}{\partial u}\bigg|_P (u - u_0) + \frac{\partial f}{\partial v}\bigg|_P v = -\beta w - \alpha \dot{w}. \tag{7.57}$$

그러므로 점 P 부근에서 만족되어야 하는 $w(t)$에 대한 2계 미분 방정식을 다음과 같이 얻는다.

$$\ddot{w} + \alpha \dot{w} + \beta w = 0, \ \alpha = -\frac{\partial f}{\partial v}\bigg|_P, \ \beta = -\frac{\partial f}{\partial u}\bigg|_P. \tag{7.58}$$

여기서 $\dot{w}$에 비례하는 항은 **감쇠력**(damping force), w에 비례하는 항은 **복원력**(restoring force)에 각각 상응함에 유의하며, 비선형 문제와 관련된 위의 논의는 Poincare(1892){12}에 의해 지적되었다.

식 (7.58)과 관련하여 α, β의 크기에 따라 다음과 같은 일곱 가지 경우에 대해 생각하기로 한다.

경우 1) $\alpha = \beta = 0$

선형 항으로 주어지는 감쇠력과 복원력이 작용하지 않는 경우이다. 식 (7.58)에 위의 조건을 대입하면 $\ddot{w} = \dot{v} = 0$을 얻으므로, 이를 한 번 적분하여 다음을 얻으며,

$$v = c = const., \tag{7.59}$$

그 궤적은 그림 7.6에 보인 바와 같다.

평형점인 원점 주위의 운동은 $t \to \infty$ 일 때 그 크기가 무한히 증가하며, 단 $v = 0$인 경우에는 시간에 따른 운동의 변화가 없다. 이 경우에는 본질적으로 비선형 문제를 다루지 않으면 평형점의 성질을 보다 정확하게 알기 힘들다.

평형점과 관련하여 그 주위의 궤적이 $t \to \infty$ 일 때 **유계**(bounded)이면 **안정**(stable), **무계**(unbounded)이면 **불안정**(unstable)하다고 하며, 따라서 고려 중인 경우의 원점에 위치한 평형점은 불안정하다.

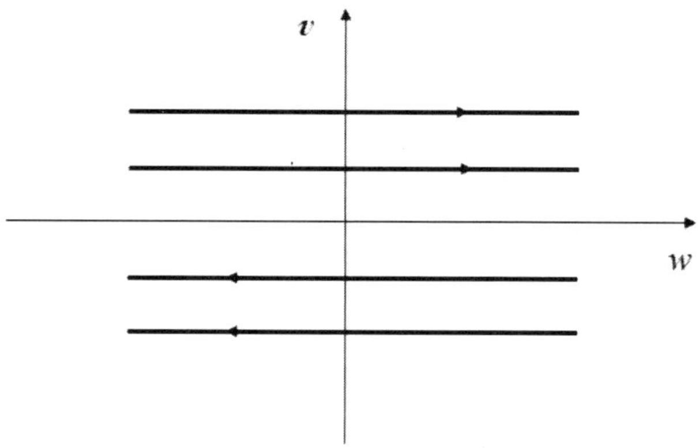

그림 7.6 $v = c = const.$

경우 2) $\alpha = 0,\ \beta \neq 0$

감쇠력은 작용하지 않고 복원력만 작용하는 경우이다. 식 (7.58)에 위의 조건을 대입하면 $\ddot{w} + \beta w = 0$을 얻는다. 따라서 $\beta > 0$이면, 즉 양의 복원력이 작용하면 7.2절 1)과, 또 $\beta < 0$이면, 즉 음의 복원력이 작용하면 7.2절 2)와 같은 경우이다. 그러므로 각각의 경우 원점은 중심과 안장점이 되며, 전자는 안정, 후자는 불안정하다.

경우 3) $\alpha \neq 0,\ \beta = 0$

복원력이 작용하지 않고 감쇠력만 작용하는 경우이다. 식 (7.58)에 위의 조건을 대입하면 $\ddot{w} + \alpha\dot{w} = 0$을 얻는다. 그 일반해 w와 $\dot{w} = v$는 다음과 같이 주어지며,

$$w(t) = A + Be^{-\alpha t},\ \dot{w}(t) = v = -\alpha Be^{-\alpha t} = \alpha(A - u), \tag{7.60}$$

$\alpha > 0$, $\alpha < 0$인 경우에 대한 각각의 궤적은 그림 7.7에 보였다.

$\alpha > 0$인 경우는 양의 감쇠력을 받는 경우에 상응하므로 $t \to \infty$일 때 운동이 영에 수렴한다. 반면에 $\alpha < 0$인 경우는 음의 감쇠력에 상응하므로 $t \to \infty$일 때 운동이 무계가 된다. 따라서 원점에 위치한 평형점이 전자는 안정, 후자는 불안정하다.

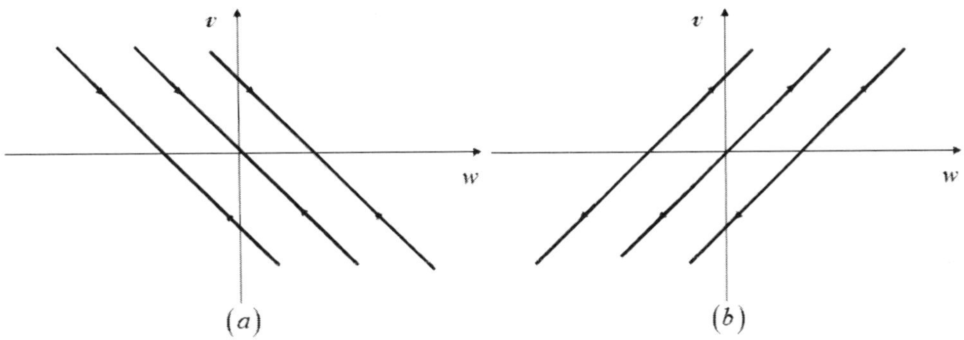

그림 7.7 $v = \alpha(A-u)$, (a) $\alpha > 0$, (b) $\alpha < 0$

경우 4) $\alpha > 0$, $\beta > 0$

양의 감쇠력과 복원력을 받는 경우이며 세 가지 상황이 발생할 수 있다.

가) $\alpha^2 < 4\beta$, **저감쇠**(underdamped)라고 불리며 원점은 초점이고,

나) $\alpha^2 > 4\beta$, **과감쇠**(overdamped)라고 불리며 원점은 **절점**(node)이며,

다) $\alpha^2 = 4\beta$, **임계감쇠**(critically damped)라고 불리며 원점은 절점이다.

나), 다)에 상응하는 궤적은 그림 7.8에 보였으며, 위에서 절점은 주변의 모든 궤적이 나선을 그리지 않으면서, 고려 중인 평형점으로 수렴하거나 또는 그 점으로부터 발산하는 평형점을 뜻한다[17].

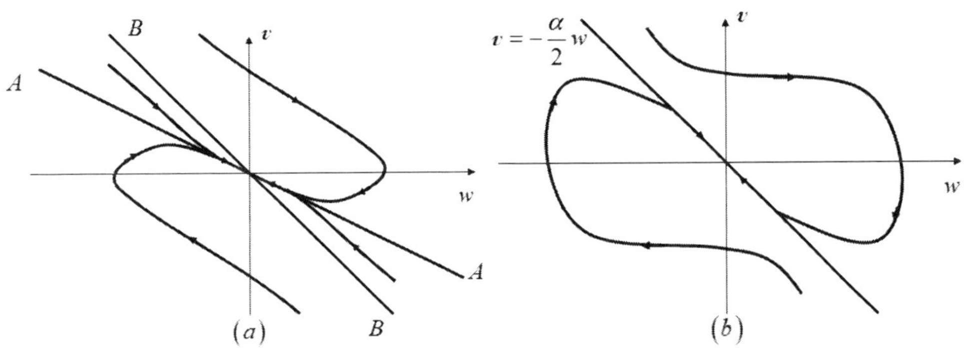

그림 7.8 (a) 과감쇠, (b) 임계감쇠에 대한 궤적

17) 이들과 관련된 보다 자세한 사항은 Struble(1962)[14]를 참조하기 바란다.

양의 감쇠력을 받는 경우이므로, 위에서 고려한 세 가지 상황 모두 평형점 주변의 궤적이 평형점으로 수렴하며, 따라서 원점에 위치한 평형점은 안정하다.

경우 5) $\alpha > 0$, $\beta < 0$

양의 감쇠력과 음의 복원력을 받는 경우이다. 식 (7.58)에 $w = e^{\lambda t}$를 대입하면 λ에 대해 다음을 얻으므로,

$$\lambda^2 + \alpha\lambda + \beta = 0, \tag{7.61}$$

이 식에 대한 판별식 D에 대해 고려하여 다음 결과를 얻는다.

$$D = \alpha^2 - 4\beta > \alpha^2, \ \therefore \lambda_1 = \frac{-\alpha + \sqrt{D}}{2} > 0. \tag{7.62}$$

따라서 w는 $t \to \infty$ 일 때 무계인 $e^{\lambda_1 t}$로 주어지는 해를 가지게 되고, 7.2절 2)와 본질적으로는 같은 결과를 주어, 원점에 위치한 평형점은 불안정 안장점이다.

경우 6) $\alpha < 0$, $\beta > 0$

음의 감쇠력과 양의 복원력을 받는 경우이다. 식 (7.58)에 $w = e^{\lambda t}$를 대입하면 λ에 대해 식 (7.61)을 얻는데, 이 경우에는 $|\alpha|$, β의 상대적 크기에 따라 판별식 D의 부호와 관련하여 세 가지 상황이 발생한다. 하지만 식 (7.62)로 주어지는 λ_1의 실수부가 어떤 상황에서도 영보다 크므로, 결국 원점에 위치한 평형점은 불안정하다.

식 (7.58)은 다음과 같이 쓸 수 있는데,

$$\dot{v} + \alpha v + \beta w = 0, \tag{7.63}$$

이 식에 (v, t) 대신 $(-v, -t)$를 대입하면 다음을 얻는다.

$$\dot{v} - \alpha v + \beta w = 0. \tag{7.64}$$

이 식을 식 (7.63)과 비교하면 α 앞의 부호만 바뀐 식이므로, 위의 4)에 대해 얻은 결과에서 (v, t) 대신 $(-v, -t)$를 대입하면 현재 고려 중인 경우에 대한 결과를 얻을 수 있다. 4)에서 고려한 각 경우에 대해 그 궤적이 모두 원점으로부터 시작하여 $t \to \infty$ 일

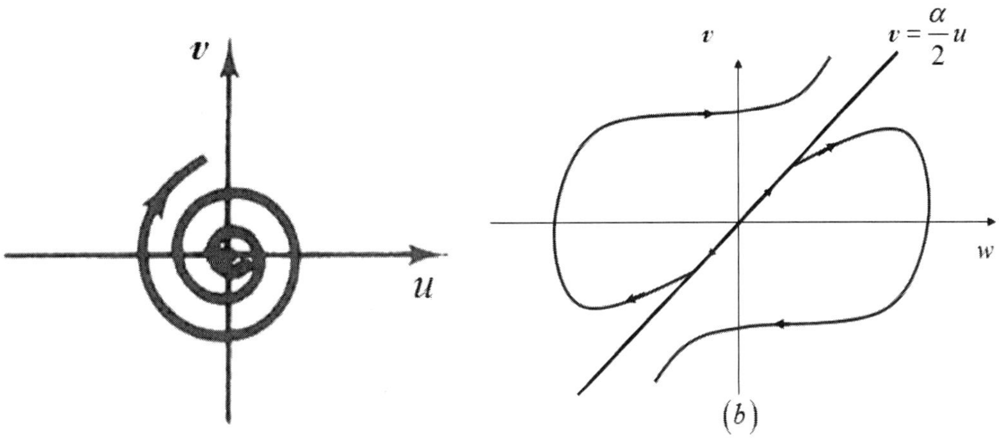

그림 7.9 (a) 외향나선, (b) 불안정 절점에 대한 궤적

때 무계가 되는 결과를 얻으며, 저감쇠의 경우에는 그 궤적이 $t \to \infty$ 일 때 **외향나선**(outward spiral)을 따라 무계가 되는데, 저감쇠와 임계감쇠에 대한 결과를 그림 7.9에 보였다.

경우 7) $\alpha < 0$, $\beta < 0$

음의 감쇠력과 복원력을 받는 경우이다. 식 (7.58)에 $w = e^{\lambda t}$를 대입하면 λ에 대해 식 (7.61)을 얻는데, 판별식 D에 대해 고려하여 식 (7.62)를 얻으므로, 5)에서와 마찬가지로 원점에 위치한 평형점은 불안정 안장점임을 얻는다.

식 (7.58)과 관련된 원점에 위치한 평형점의 성질에 대해 위에서 얻은 결과를 종합하여 그림 7.10에 보였다. 감쇠력과 복원력이 모두 양인 제 1상한에 상응하는 (α, β) 값을 가질 때만 원점에 위치한 평형점이 안정함에 유의한다.

여기서 특기할 만한 사실은 평형점 주위의 궤적이 주기 운동에 상응하는 경우는 평형점이 중심이 되는 경우밖에 없는데, 그림 7.10에 보인 바와 같이 중심은 안정 영역과 불안정 영역의 경계선에 해당하므로, 실제로 이와 같은 중심이 자연적으로 발생하는 일은 감쇠력의 존재 때문에 대단히 힘들 것으로 볼 수 있다. 따라서 자연에서 관찰되는 수많은 주기적인 현상에 대한 설명은 어떻게 할 것인지에 대한 의문이 제기된다.

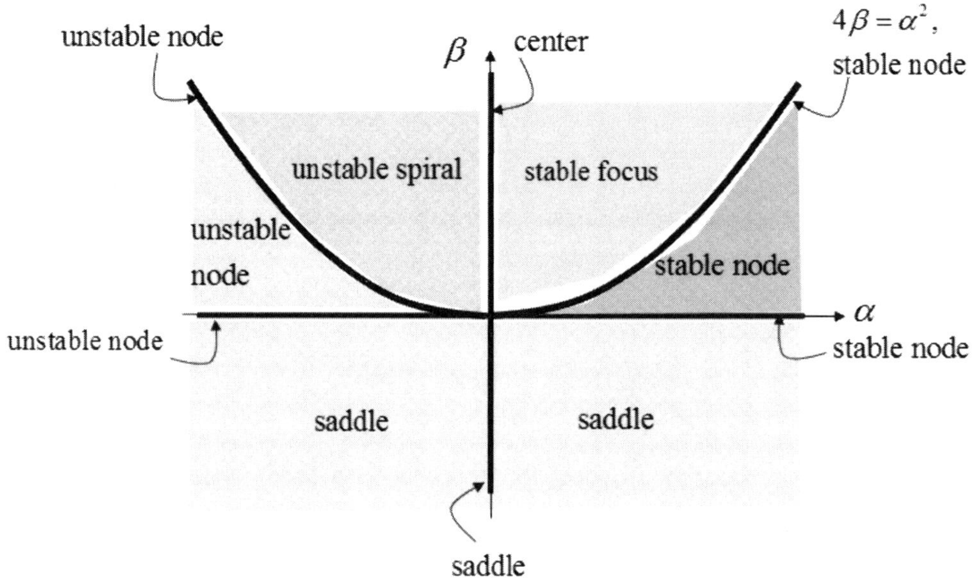

그림 7.10 (α,β) 평면에 보인 평형점의 안정, 불안정 영역

10장에서는 비선형 감쇠력을 받는 계가 주기해를 가지는 경우에 대해 고찰하는데, 위에서 고려한 선형 문제의 특성과는 전혀 다른 물리적 기제에 의해 비선형계가 **극한 싸이클**(limit cycle)이라는 주기해를 가질 수 있음을 보일 것이다.

연습문제

1. 식 (7.1)로 주어진 조화 진동자에 대해 초기조건이 $u(0) = u_0$, $\dot{u}(0) = 0$일 때, 해가 식 (7.2)와 같이 주어짐을 보이시오.

2. 식 (7.1)에서 $\omega = \omega_0$이고, 초기조건이 $u(0) = u_0$, $\dot{u}(0) = 0$일 때, 그 해는 식 (7.5)로 주어짐을 보이시오.

3. 1계 상미분 방정식, 식 (7.11)과 식 (7.9)로 주어진 초기조건을 만족할 때, 그 해가 식 (7.12)로 얻어짐을 보이시오.

4. 식 (7.14)로 주어진 오일러 방정식의 일반해가 $D = (b-1)^2 - 4c \neq 0$일 때, 식 (7.15)로 또 $D = 0$인 경우에는 식 (7.16)으로 주어짐을 보이시오.

5. 초기조건, 식 (7.9)를 만족하는 식 (7.18)의 해는 식 (7.19)와 같이 주어짐을 보이시오.

6. 식 (7.25)에 식 (7.24)의 둘째 식을 대입하여 식 (7.26)을 얻음을 보이시오.

7. $\varepsilon > 0$이 주어진 상수이고, $\varepsilon \ll 1$일 때, 식 (7.31)의 일반해는 식 (7.49)로 주어짐을 보이시오.

8. 식 (7.52)에서 $\kappa = 3^{-1}$에 상응하는 곡선, 즉 분리곡선이 다음 식으로 주어짐을 보이시오.

$$v(u) = \pm \sqrt{(2u+1)/3}\,(u-1). \tag{E7.1}$$

8장

비선형동요의 국부 및 광역 응답

이 장에서는 먼저 1절에서 $\ddot{u} = f(u)$의 형태로 주어지는 세 개의 비선형 문제들을 생각함으로써 비선형 문제를 다루는 전형적인 방법들에 대해 알아본다. 이어서 2절에서는 위에서 보인 식이 운동 방정식일 경우, 그 우변이 물리적으로는 비선형 복원력에 상응하고, 또 그 적분은 **포텐셜 에너지**(potential energy)에 상응하는 것을 고려하여 해의 특성과 관련하여 위상평면에서의 해에 상응하는 궤적의 성질에 대해 고찰한다. 3절에서는 $\ddot{u} = f(u, \dot{u})$의 형태로 주어진 문제에 대해 7장에서 다루었던 평형점의 **점근 안정성**(asymptotic stability)을 정의하고, 비선형 문제에 대해 Lyapunov 함수를 사용하여 얻는 정리에 대해 소개한다. 또 4절에서는 위의 문제를 2차원 벡터 함수에 대한 **1계 선형 자율 방정식**으로 근사하여 얻어지는 **임계점**(critical point)의 특성에 대해 논의하기로 한다

8.1 간단한 예제들

이 절에서는 미지 함수 $u(t)$에 대해 $\ddot{u} = f(u)$의 형태로 주어지는 세 개의 비선형 문제를 다루어 비선형 문제를 위상평면을 사용하여 푸는 전형적인 해법을 보이기로 한다.

1) Duffing 방정식

먼저 $x = x(\tau)$에 대한 미분 방정식이 다음과 같이 주어졌다고 하자.

$$\frac{d^2x}{d\tau^2} + \sigma^2 x + \kappa x^3 = 0. \tag{8.1}$$

여기서 $\sigma > 0$, $\kappa \neq 0$인 주어진 상수라고 한다. 이 방정식은 **Duffing 방정식**(Duffing equation, 1918{13})이라고 불리는데, 좌변의 마지막 항이 변위의 3승에 비례하는 비선형 복원력을 제공하는 비선형 스프링에 대한 스프링-질량 계의 운동 방정식으로 간주할 수 있다.

a는 아직 정하지 않은 상수라고 하고, 식 (8.1)에 $t = \sigma\tau$, $u(t) = \dfrac{x}{a}$의 변환을 도입하기로 하면 다음을 얻는다.

$$\frac{dx}{d\tau} = a\sigma\frac{du}{dt} = a\sigma\dot{u}, \quad \frac{d^2x}{d\tau^2} = a\sigma^2\frac{d^2u}{dt^2} = a\sigma^2\ddot{u}. \tag{8.2}$$

식 (8.2)를 식 (8.1)에 대입하면 다음 식을 얻으며,

$$a\sigma^2\ddot{u} + a\sigma^2 u + \kappa a^3 u^3 = 0, \tag{8.3}$$

여기서 이제 $a = \dfrac{\sigma}{\sqrt{|\kappa|}}$로 취한 뒤, 이를 위 식에 대입하고 정리하면 다음 결과를 얻는다.

$$\ddot{u} + u + \frac{\kappa}{|\kappa|}u^3 = 0. \tag{8.4}$$

여기서 $\mathrm{sign}\kappa$를 다음과 같이 정의하고,

$$\mathrm{sign}\kappa \equiv \frac{\kappa}{|\kappa|} = \begin{cases} 1, & \kappa > 0, \\ -1, & \kappa < 0, \end{cases} \tag{8.5}$$

이를 이용하여 식 (8.4)를 다시 쓰면 다음을 얻는다.

$$\ddot{u} + u + (\mathrm{sign}\kappa)u^3 = 0. \tag{8.6}$$

이하에서는 이 식을 Duffing 방정식의 전형으로 보아 이 식에 대해 고려하기로 한다.

식 (8.6)을 $\ddot{u} = f(u)$와 비교하면 $-f$에 대해 다음을 얻는데,

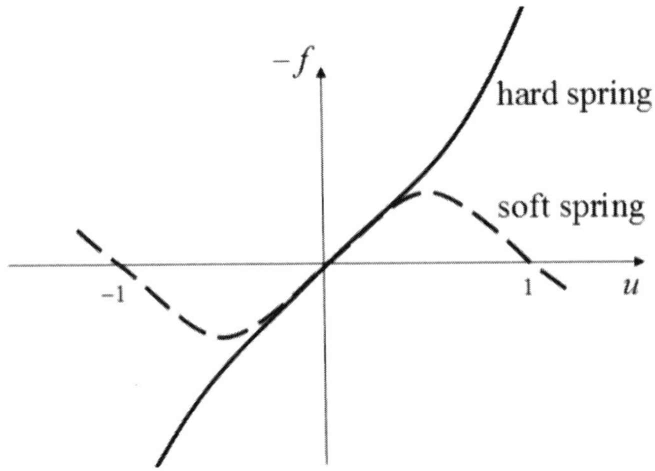

그림 8.1 굳센(hard) 스프링과 무른(soft) 스프링의 복원력

$$-f(u) = u \pm u^3, \tag{8.7}$$

여기서 우변의 부호가 + 인 경우는 **굳센**(hard) 스프링, − 인 경우는 **무른**(soft) 스프링으로 불리며, 위 함수 $-f$를 그림 8.1에 보였다.

굳센 스프링은 변위가 커질수록 복원력이 비선형적으로 증가하는 특성을 가지며, 무른 스프링은 선박의 **횡동요**(roll)와 같이 변위가 어떤 값보다 커지면 복원력이 오히려 감소하는 특성을 가는데, 아래에서는 두 경우에 대해 차례대로 생각하기로 한다.

가) **굳센 스프링**, $\kappa > 0$,

식 (8.6)의 양변에 $v = \dot{u}$를 곱하고 정리하여 t에 대해 한 번 적분하면 다음을 얻는다.

$$\frac{d}{dt}\left(v^2 + u^2 + \frac{1}{2}u^4\right) = 0, \quad \therefore v^2 + u^2 + \frac{1}{2}u^4 = c = const.. \tag{8.8}$$

한편, 식 (8.7)로부터 $f = 0$을 만족하는 평형점은 (u,v) 평면의 원점 P가 유일함을 알 수 있다. 7.3절의 논의를 따라 점 P에 대해 다음을 얻으므로,

$$\alpha = -\left.\frac{\partial f}{\partial v}\right|_P = 0,\ \ \beta = -\left.\frac{\partial f}{\partial u}\right|_P = 1 > 0, \tag{8.9}$$

경우 2)의 $\beta > 0$에 해당하여, 원점에 위치한 평형점은 중심임을 얻는다.

식 (8.8) 둘째 식의 좌변은 0보다 작을 수 없으므로, $c \geq 0$을 얻으며, 또 양변에 $\frac{1}{2}$을 더해주고 정리하면 다음을 얻는다.

$$\frac{1}{2}(u^2+1)^2 + v^2 = c + \frac{1}{2}. \tag{8.10}$$

이 식은 u축과 v축에 대칭이므로 1 상한만 고려하면 된다. $u=0$일 때 $v=\sqrt{c}$를 얻고, $v=0$일 때 $u^2 = -1+\sqrt{1+2c}$를 얻으므로, (u,v) 평면 상의 궤적은 모두 폐곡선임을 알 수 있으며, 식 (8.10)으로 주어지는 궤적을 그림 8.2에 보였다.

어떤 c 값에 대해서도, 즉 초기조건, 또는 계의 역학적 에너지의 크기에 대해서도 모든 궤적이 주기 운동에 상응함을 알 수 있으며, 식 (7.25)에서 얻은 주기 T에 대한 식을 사용하여 다음을 얻는다.

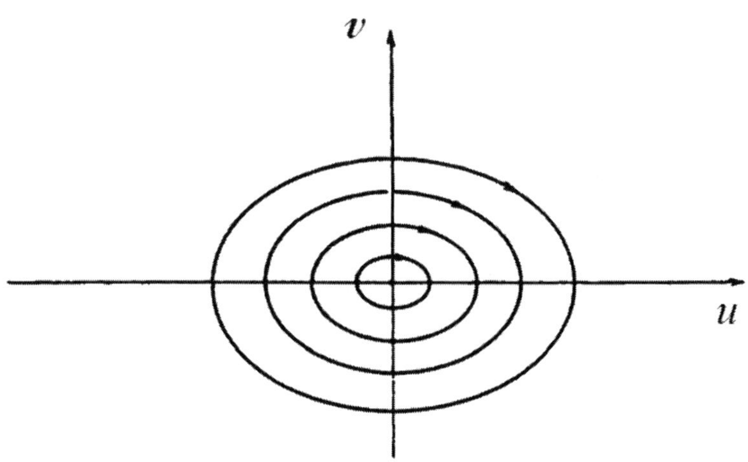

hard spring, $\kappa > 0$

그림 8.2 굳센 스프링에 대한 궤적

$$T = \oint_C dt = \oint_C \frac{du}{v} = 4\int_0^{\delta(c)} \left(c - u^2 - \frac{u^4}{2}\right)^{-1/2} du \equiv \frac{2\pi}{\omega}. \tag{8.11}$$

여기서 $\delta(c)$는 식 (8.10)에 $v=0$, $u=\delta>0$를 대입하여 얻을 수 있으므로, 식 (8.10) 아래에서 보인 대로 다음과 같이 얻는다.

$$\delta^2 = -1 + \sqrt{1+2c}, \quad \therefore \delta(c) = \sqrt{\sqrt{1+2c} - 1}. \tag{8.12}$$

식 (8.11)의 적분은 **제1종 완전 타원 적분**(complete elliptic integral of the first kind) $K(m)$에 대한 다음과 같은 적분 공식을 이용하여 구하기로 한다[18].

$$\frac{K(m)}{\sqrt{a^2+b^2}} = \int_0^b \frac{dt}{\sqrt{(t^2+a^2)(b^2-t^2)}}, \quad m = \frac{b^2}{a^2+b^2}. \tag{8.13}$$

피적분 함수에 대해 다음을 얻으며,

$$\sqrt{c - u^2 - \frac{u^4}{2}} = \frac{1}{\sqrt{2}}\sqrt{2c - 2u^2 - u^4}, \tag{8.14}$$

$b=\delta$이므로 제곱근 안의 부분에 대해 식 (8.12)를 사용하여 다음을 얻고,

$$\delta^2 - a^2 = -2, \; a^2 = \delta^2 + 2 = 1 + \sqrt{1+2c}, \; \therefore m = \frac{-1+\sqrt{1+2c}}{2\sqrt{1+2c}}, \tag{8.15}$$

이들을 이용하여 식 (8.11)로부터 주기 T를 다음과 같이 얻는다.

$$T = 4\int_0^{\delta(c)} \left(c - u^2 - \frac{u^4}{2}\right)^{-1/2} du = \frac{4K(m)}{(1+2c)^{1/4}} = \frac{2\pi}{\omega}. \tag{8.16}$$

나아가 $K(m)$은 다음과 같이 급수 근사할 수 있으므로[연습문제 1],

$$K(m) \simeq \frac{\pi}{2}\left(1 + \frac{m}{4} + \frac{9m^2}{64}\right), \tag{8.17}$$

진동수 ω에 대해 다음을 얻는다.

18) Gradshteyn & Ryzhik(1980)[15]의 3.152-3으로부터 얻는다.

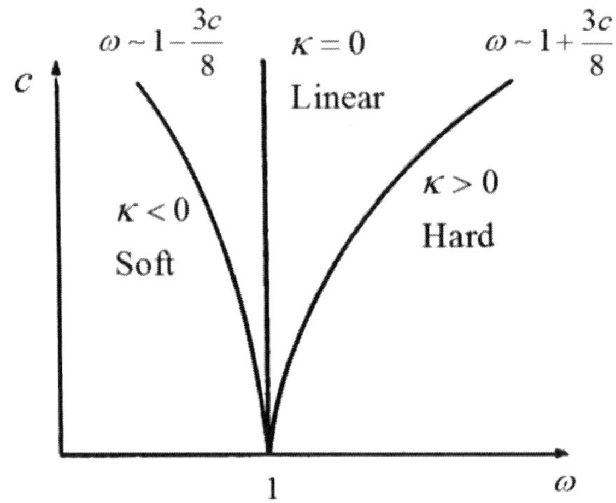

그림 8.3 Duffing 방정식에 대한 $\omega(c)$

$$\omega(c) = \frac{2\pi}{T} = \frac{\pi(1+2c)^{1/4}}{2K(m)} \simeq (1+2c)^{1/4}\left(1+\frac{m}{4}+\frac{9m^2}{64}\right)^{-1}. \tag{8.18}$$

위의 결과를 아래에서 얻을 무른 스프링에 대한 결과와 같이 그림 8.3에 보였다. 여기서 c는 초기조건으로부터 얻어지는데, 물리적으로는 계가 가지고 있는 역학적 에너지의 2배이므로, 그림에 보인 결과는 선형 스프링의 경우에는 계의 진동수가 초기조건에 무관하게 결정되지만, 비선형 스프링의 경우에는 초기조건, 또는 계의 역학적 에너지의 크기에 따라 진동수가 증가 또는 감소함을 뜻한다.

한편, $c \ll 1$인 경우에 대해서는 식 (8.15)의 마지막 식으로부터 $m \simeq \frac{c}{2}$를 얻으므로, 이를 식 (8.18)에 대입하여 다음 결과를 얻는다.

$$\omega(c) \simeq \frac{1+\frac{c}{2}}{1+\frac{c}{8}} \simeq 1+\frac{3c}{8}. \tag{8.19}$$

다시 말하면 굳센 스프링에 대해 $c \ll 1$인 경우, 그 진동수는 선형 스프링에 비해 계의 역학적 에너지에 비례하여 진동수가 증가함을 뜻한다.

$K(m)$의 자변수 m의 범위는 구간 $[0,1)$에 속하고, $K(0)=\frac{\pi}{2}$, $K(1)=\infty$로 단조 증가함수이며, $K\left(\frac{1}{2}\right)=\frac{\pi}{2}\times 1.18$의 값을 가진다. 식 (8.15)로부터 $c\rightarrow\infty$일 때, $m=\frac{1}{2}$의 값을 가지며, 이와 같은 경우, $K\left(\frac{1}{2}\right)$은 유한한 값을 가지므로, 식 (8.18)의 둘째 등호 우변에 따르면 진동수 ω에 대해 다음을 얻는다.

$$\omega \sim \frac{(2c)^{1/4}}{1.18} \simeq c^{1/4}. \tag{8.20}$$

다시 말하면 굳센 스프링의 경우, $c\rightarrow\infty$일 때 계의 진동수 ω는 근사적으로 물체가 가진 역학적 에너지의 $\frac{1}{4}$승에 비례하여 증가한다.

나) 무른 스프링, $\kappa<0$,

식 (8.6)의 양변에 $v=\dot{u}$를 곱하고 정리하여 t에 대해 한 번 적분하면 다음을 얻는다.

$$\frac{d}{dt}\left(v^2+u^2-\frac{1}{2}u^4\right)=0, \quad \therefore v^2+u^2-\frac{1}{2}u^4=c=const.. \tag{8.21}$$

한편, 식 (8.7)로부터 $f=0$는 다음과 같이 다시 쓸 수 있으므로,

$$-f(u)=u(1-u)(1+u)=0, \tag{8.22}$$

평형점은 $u_0=0$, $u_{1,2}=\pm 1$의 세 점이 되며, 7.3절의 논의를 적용하기 위해 $-\frac{\partial f}{\partial v}$, $-\frac{\partial f}{\partial u}$를 구하면 다음과 같다.

$$-\frac{\partial f}{\partial v}=0, \quad -\frac{\partial f}{\partial u}=1-3u^2. \tag{8.23}$$

그러므로 u_0는 7.3절의 경우 2), $\beta>0$에 해당하여 중심임을 얻으며, $u_{1,2}$는 경우 2), $\beta<0$에 해당하여 불안정 안장점임을 얻는다.

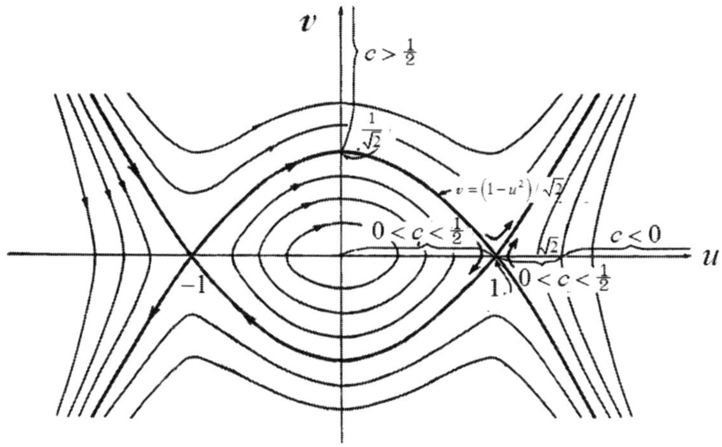

그림 8.4 무른 스프링에 대한 궤적

궤적의 전체적인 양상, 또는 **광역 응답**(global response)을 얻기 위해 먼저 평형점 $u_1 = 1$을 지나는 궤적에 대해 c 값을 구하면 식 (8.21)의 마지막 식으로부터 $c = \dfrac{1}{2}$을 얻으므로 궤적은 다음과 같이 다시 쓸 수 있다.

$$v^2 = \frac{1}{2}(u^2 - 1)^2, \quad \therefore v = \pm\frac{1-u^2}{\sqrt{2}}. \tag{8.24}$$

다시 말하면 $u_1 = 1$을 지나는 궤적은 상하 대칭인 두 포물선이며, 이 궤적은 $u_2 = -1$도 지나는 것을 알 수 있다. 그림 8.4에 위에서 얻은 결과들을 종합하여 무른 스프링에 대한 궤적을 보였다.

위에서 구한 두 포물선들로 이루어지는 폐영역 내에서는 주기 운동, 그 바깥에서는 시간이 지남에 따라 무한히 커지는 운동이 되어 두 포물선은 분리곡선이 된다. 분리곡선 안의 폐곡선에 대한 주기 T는 식 (7.25)를 이용하여 다음 식으로부터 얻을 수 있다.

$$T = 4\int_0^{\delta(c)}\left(c - u^2 + \frac{u^4}{2}\right)^{-1/2} du \equiv \frac{2\pi}{\omega}. \tag{8.25}$$

여기서 $\delta(c)$는 식 (8.21)의 마지막 식에 $v = 0$, $u = \delta > 0$를 대입하고, 정리하여 다음과 같이 얻을 수 있다.

$$2\delta^2 - \delta^4 = 2c\,,\ \ \delta^2 = 1 - \sqrt{1-2c}\,,\ \ \therefore \delta(c) = \sqrt{1-\sqrt{1-2c}}\,. \tag{8.26}$$

둘째 식 우변 제곱근 앞의 부호는 $\delta^2 < 1$임을 고려하여 얻었다.

식 (8.25)의 적분은 제1종 완전 타원 적분 $K(m)$에 대한 다음과 같은 적분 공식을 이용하여 구하기로 한다[19].

$$\frac{K(m)}{a} = \int_0^b \frac{dt}{\sqrt{(a^2-t^2)(b^2-t^2)}}\,,\ \ m = \frac{b^2}{a^2}\,,\ \ a > b\,. \tag{8.27}$$

피적분 함수에 대해 다음을 얻으며,

$$\sqrt{c - u^2 + \frac{u^4}{2}} = \frac{1}{\sqrt{2}}\sqrt{2c - 2u^2 + u^4}\,, \tag{8.28}$$

$b = \delta$이므로 제곱근 안의 부분에 대해 식 (8.26)을 사용하여 다음을 얻고,

$$\delta^2 + a^2 = 2,\ \ a^2 = 2 - \delta^2 = 1 + \sqrt{1-2c}\,,\ \ \therefore m = \frac{1-\sqrt{1-2c}}{1+\sqrt{1-2c}}\,, \tag{8.29}$$

이들을 이용하여 식 (8.25)로부터 주기 T를 다음과 같이 얻는다.

$$T = 4\int_0^{\delta(c)} \left(c - u^2 + \frac{u^4}{2}\right)^{-1/2} du = \frac{4\sqrt{2}\,K(m)}{\left(1+\sqrt{1-2c}\right)^{1/2}} = \frac{2\pi}{\omega}. \tag{8.30}$$

나아가 식 (8.30)에 식 (8.17)로 주어진 $K(m)$의 급수 근사를 사용하면 진동수 ω에 대해 다음 결과를 얻으며,

$$\omega(c) = \frac{2\pi}{T} = \frac{\pi\left(1+\sqrt{1-2c}\right)^{1/2}}{2\sqrt{2}\,K(m)} \simeq \frac{\left(1+\sqrt{1-2c}\right)^{1/2}}{\sqrt{2}}\left(1 + \frac{m}{4} + \frac{9m^2}{64}\right)^{-1}, \tag{8.31}$$

이 결과를 그림 8.3에 군센 스프링에 대한 결과와 같이 보였다.

$|c| \ll 1$인 경우에 대해서는 식 (8.29)의 마지막 식으로부터 $m \simeq \dfrac{c}{2}$를 얻으므로, 이를 식 (8.31)에 대입하여 다음 결과를 얻는다.

---

19) Gradshteyn & Ryzhik(1980)[15]의 3.152-7로부터 얻는다.

$$\omega(c) \simeq \frac{1-\dfrac{c}{4}}{1+\dfrac{c}{8}} \simeq 1-\frac{3c}{8}. \tag{8.32}$$

다시 말하면 무른 스프링에 대해 $|c| \ll 1$ 인 경우, 그 진동수는 선형 스프링에 비해 계의 역학적 에너지에 비례하여 진동수가 감소함을 뜻한다.

식 (8.21)로부터 궤적에 대한 식을 다음과 같이 다시 쓸 수 있는데,

$$v^2 = c - u^2 + \frac{1}{2}u^4, \tag{8.33}$$

이 식의 우변은 u^2 에 대한 2차 다항식으로 볼 수 있으며, 그 판별식 D는 다음과 같다.

$$D = 1 - 2c. \tag{8.34}$$

만약 $c > \frac{1}{2}$ 이면 $D < 0$ 임을 얻으며, 따라서 $v = 0$ 이 성립할 수 없으므로, 이 경우에 상응하는 궤적은 (u,v) 평면의 u 축을 가로지를 수 없고, 이 궤적들은 분리곡선의 상하 외부에 위치하는 곡선에 상응한다. 여기서 v 는 u^2 의 함수이므로 궤적은 좌우 대칭이며, 이하에서는 $u > 0$ 인 경우에 대해서만 고려하기로 한다.

만약 $c < \frac{1}{2}$ 이면 $D > 0$ 이므로 $u^2 = \xi$ 라고 하면 식 (8.33)의 우변이 영이 되는 ξ 가 다음과 같이 두 개 얻어지는데,

$$\xi_{1,2} = 1 \pm \sqrt{D}, \tag{8.35}$$

ξ_1 은 항상 영보다 크므로, ξ_2 의 부호에 따라 두 경우가 발생한다.

$\xi_2 > 0$, 즉 $0 < c < \frac{1}{2}$ 이면 식 (8.33) 좌변의 v 는 $u_1 = \sqrt{\xi_1}$ 과 $u_2 = \sqrt{\xi_2}$ 에서 0이 되는데, u_1 은 **무계**(unbounded)인 운동, u_2 는 주기 운동에 상응한다. 한편, $\xi_2 < 0$, 즉 $c < 0$ 이면 v 는 $u_1 = \sqrt{\xi_1}$ 에서만 0이 되며, u_1 은 무계인 해에 상응한다. 따라서 그림 8.4에 보인 바와 같이 주기 운동은 $0 < c < \frac{1}{2}$ 인 경우에 상응하며, 분리곡선의 오른쪽 외부에 위치하는 곡선은 $c = 0$ 에 상응하는 즉 u 축과 만나는 값이 $\sqrt{2}$ 인 곡선을 기

준으로 왼쪽의 곡선들은 $0 < c < \frac{1}{2}$, 오른쪽의 곡선들은 $c < 0$인 경우에 상응한다. 각 궤적 군에 상응하는 c의 범위는 그림 8.4에 보였다. 굳센 스프링의 경우와는 달리 무른 스프링의 경우에는 초기조건 또는 계의 에너지의 크기에 따라 운동의 양상이 본질적으로 달라지는 점에 유의한다.

2) 단진자

3.3절의 예제 4)에서 운동하는 지지대에 매달린 단진자를 고려하였는데, 여기서는 그림 8.5에 보인 바와 같이 고정된 지지대에 매달린 길이 l, 질량 m의 **단진자**(simple pendulum)를 고려하기로 한다.

g를 중력 가속도라고 하고, 진자의 운동 에너지와 포텐셜 에너지로부터 라그란지안 L을 구하면 다음을 얻고,

$$L = T - V = \frac{m}{2} l^2 \dot{u}^2 + mgl\cos u, \tag{8.36}$$

이를 식 (3.21)에 대입하여 다음과 같이 운동 방정식을 얻는다.

$$\frac{d}{dt}\frac{\partial L}{\partial \dot{u}} - \frac{\partial L}{\partial u} = ml\left(l\ddot{u} + g\sin u\right) = 0, \ \therefore \ddot{u} + \alpha^2 \sin u = 0, \ \alpha^2 = \frac{g}{l}. \tag{8.37}$$

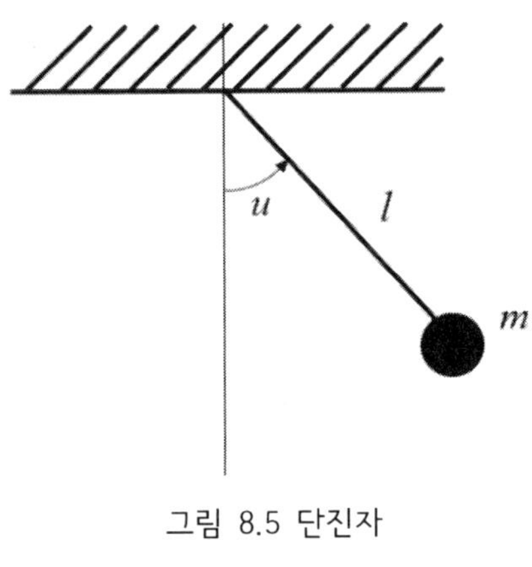

그림 8.5 단진자

위의 운동 방정식의 양변에 $v = \dot{u}$를 곱하고 정리하여 t에 대해 한 번 적분하면 다음을 얻으며,

$$\frac{d}{dt}\left(v^2 - 2\alpha^2 \cos u\right) = 0, \quad \therefore v^2 - 2\alpha^2 \cos u = c = const., \tag{8.38}$$

따라서 궤적을 다음과 같이 얻는다.

$$v^2 = c + 2\alpha^2 \cos u. \tag{8.39}$$

이 식 좌변은 영보다 작을 수 없으므로, 상수 $c \geq -2\alpha^2$의 조건을 만족해야 한다.

또 운동 방정식을 $\ddot{u} = f(u)$와 비교하면 다음을 얻으며,

$$-f(u) = \alpha^2 \sin u, \tag{8.40}$$

따라서 $f(u_0) = 0$을 만족하는 평형점은 다음과 같이 얻는다.

$$u_0 = n\pi, \quad n = 0, \pm 1, \pm 2, \cdots. \tag{8.41}$$

또 7.3절의 논의를 적용하기 위해 평형점에서의 $-\frac{\partial f}{\partial v}$, $-\frac{\partial f}{\partial u}$를 구하면 다음과 같다.

$$-\frac{\partial f}{\partial v} = 0, \quad -\frac{\partial f}{\partial u} = \alpha^2 \cos u = \begin{cases} \alpha^2, n = even, \\ -\alpha^2, n = odd. \end{cases} \tag{8.42}$$

그러므로 n이 짝수인 평형점은 7.3절의 경우 2), $\beta > 0$에 해당하여 중심임을 얻으며, 홀수인 평형점은 경우 2), $\beta < 0$에 해당하여 불안정 안장점임을 얻는다.

중심인 평형점 부근의 궤적은 폐곡선을 형성하는데, 이는 주기 운동에 상응하고, 그 주기 T는 앞에서와 같은 방법을 사용하기로 하면 식 (7.25)에 식 (8.39)를 대입하여 다음을 얻는다.

$$T = \oint_C dt = \oint_C \frac{du}{v} = 4\int_0^{\delta(c)} \frac{du}{\sqrt{c + 2\alpha^2 \cos u}} \equiv \frac{2\pi}{\omega}. \tag{8.43}$$

여기서 $\delta(c)$는 식 (8.39)에 $v = 0$, $u = \delta > 0$를 대입하고, 정리하여 다음과 같이 얻을 수 있다.

$$\cos\delta = -\frac{c}{2\alpha^2}, \quad \therefore \delta(c) = \cos^{-1}\left(-\frac{c}{2\alpha^2}\right), \quad |c| < 2\alpha^2. \tag{8.44}$$

피적분 함수의 분모에 대해 다음을 얻으며,

$$\begin{aligned}\sqrt{c+2\alpha^2\cos u} &= \sqrt{2\alpha^2}\sqrt{\cos u - \cos\delta}\\ &= \sqrt{2\alpha^2}\sqrt{\left(1-2\sin^2\frac{u}{2}\right)-\left(1-2\sin^2\frac{\delta}{2}\right)} = 2\alpha\sqrt{\sin^2\frac{\delta}{2}-\sin^2\frac{u}{2}}\\ &= 2\alpha\sin\frac{\delta}{2}\sqrt{1-\sin^2\phi} = 2\alpha\sin\frac{\delta}{2}\cos\phi,\end{aligned} \tag{8.45}$$

여기서 넷째 등호를 얻는 데는 $\sin\frac{u}{2} = \sin\frac{\delta}{2}\sin\phi$의 치환을 사용하였다.

이 치환을 식 (8.43)의 적분에도 적용하고 식 (8.45)를 이용하면 다음 결과를 얻는다.

$$T = 4\int_0^{\pi/2}\frac{\sin\frac{\delta}{2}\cos\phi d\phi}{\alpha\cos\frac{u}{2}\sin\frac{\delta}{2}\cos\phi} = \frac{4}{\alpha}\int_0^{\pi/2}\frac{d\phi}{\sqrt{1-\sin^2\frac{\delta}{2}\sin^2\phi}},$$

$$\therefore T = \frac{4}{\alpha}K(m), \quad m = \sin^2\frac{\delta}{2}. \tag{8.46}$$

여기서 $K(m)$은 식 (8.13), (8.27)에서 고려했던 제1종 완전 타원 적분이다[20]. 따라서 진동수 ω에 대해 다음을 얻으며,

$$\omega(c) = \frac{2\pi}{T} = \frac{\pi\alpha}{2K(m)} \simeq \alpha\left(1+\frac{m}{4}+\frac{9m^2}{64}\right)^{-1}, \tag{8.47}$$

여기서 마지막 근사등호는 식 (8.17)을 사용하여 얻었다.

예를 들어 초기조건, $(u,v) \simeq (0,0)$일 때, 식 (8.39)로부터 $c \simeq -2\alpha^2$을 얻고, 식 (8.44)로부터 $\delta \simeq 0$을 얻으며, 식 (8.46)의 마지막 식으로부터 $m \simeq 0$을 얻으므로, 결국 식 (8.47)로부터 $\omega \simeq \alpha$를 얻는다. 이는 계의 역학적 에너지가 작을 경우에 대한 선형 근사의 결과, 즉 7.2절 식 (7.26)과 관련하여 논의한 등시성과 일치하는 결과이다.

---

20) Gradshteyn & Ryzhik(1980)[15]의 8.111-2로부터 얻는다.

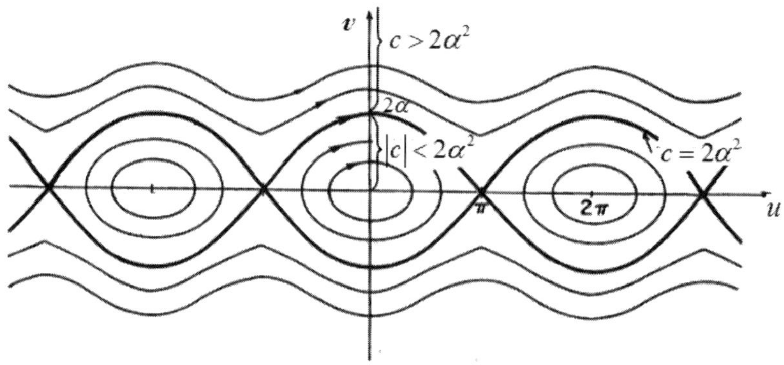

그림 8.6 단진자에 대한 궤적

고려 중인 계의 광역 응답을 얻기 위해 먼저 평형점을 지나는 궤적에 상응하는 c 값을 구하기로 한다. 홀수인 n에 대해 식 (8.39)에 $(u,v)=(n\pi,0)$을 대입하면 다음을 얻으므로,

$$c=-2\alpha^2\cos u=2\alpha^2, \tag{8.48}$$

결국 홀수인 n에 상응하는 평형점을 지나는 궤적에 대해 다음을 얻는다.

$$v^2=2\alpha^2(1+\cos u)=4\alpha^2\cos^2\frac{u}{2},\ \ \therefore v=\pm 2\alpha\cos\frac{u}{2}. \tag{8.49}$$

이 두 곡선은 진폭이 2α이고 주기가 4π인 주기함수이며, 짝수인 n에 대응하는 평형점을 포함하는 폐영역을 형성하는 분리곡선이 된다. 위에서 얻은 결과들을 종합하여 그림 8.6에 보인 것과 같은 궤적을 얻는다.

분리곡선 바깥의 궤적은 시간이 지남에 따라 무계인 함수가 되므로 불안정한 운동이고, 분리곡선 안의 궤적은 각 평형점을 중심으로 하는 폐곡선을 그리는 주기 운동에 상응한다.

3) 선형화 불능 방정식

운동 방정식이 $\ddot{u}=f(u)$의 형태로 주어졌을 때, $f(u_0)=0$를 만족하는 평형점 P에 대해 $\left.\frac{\partial f}{\partial u}\right|_P=0$를 얻는다면, 운동 방정식의 점 P 부근에 대한 선형 근사식은 $\ddot{u}=0$

이 되어 이는 7.3절의 경우 1)에 해당한다.

한편, 예를 들어 다음과 같은 운동 방정식이 주어졌다고 할 때,

$$\ddot{u} = -u^2, \tag{8.50}$$

평형점은 원점이 유일하며, 궤적은 다음과 같이 주어진다.

$$\frac{1}{2}v^2 + \frac{1}{3}u^3 = const., \quad \therefore v^2 = c - \frac{2}{3}u^3. \tag{8.51}$$

여기서 c는 상수이다. 위 식은 v와 $-v$에 대해 같은 결과를 주므로 위 식으로 주어지는 궤적은 u축에 대칭이어야 한다.

평형점인 원점을 지나는 궤적에 대해 식 (8.51)로부터 $c=0$을 얻으므로, 그에 상응하는 궤적은 다음과 같이 쓸 수 있으며,

$$v = \pm\sqrt{-\frac{2}{3}u^3}, \quad u \le 0, \tag{8.52}$$

이를 포함한 광역 응답을 그림 8.7에 보였다.

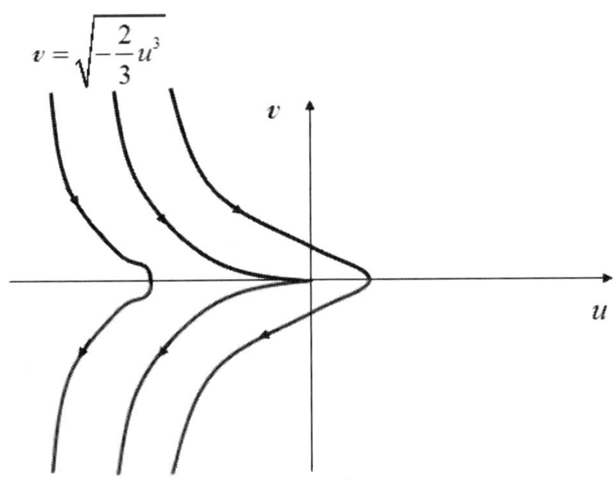

그림 8.7 식 (8.50), $\ddot{u} = -u^2$에 대한 궤적

그림 8.7에 보인 궤적과 그림 7.6의 궤적은 유사하다고 볼 수 없으며, 7.3절에서 지적한 대로 식 (8.50)과 같은 운동 방정식은 선형화가 불가능한 식이다. 이와 같은 경우에는 평형점 부근의 선형 근사에 대한 해석으로부터 궤적에 대한 유익한 정보를 얻는 것이 불가함을 확인할 수 있다.

8.2 포텐셜 에너지 논의

앞 절에서 $\ddot{u} = f(u)$의 형태로 주어지는 예제들을 생각하였는데, u의 함수로 주어지는 힘이 물리적으로는 복원력에 상응하는 점을 고려하면, 다음과 같이 정의되는 $F(u)$는 포텐셜 에너지로 볼 수 있다.

$$F(u) \equiv -\int f(u)\,du\,. \tag{8.53}$$

따라서 주어진 미분 방정식은 다음과 같은 형태로 다시 쓸 수 있다.

$$\dot{u}\ddot{u} - \dot{u}f(u) = \frac{d}{dt}\left\{\frac{1}{2}\dot{u}^2 + F(u)\right\} = 0\,,\ v^2 + 2F(u) = c = const.\,. \tag{8.54}$$

이 식은 물론 역학적 에너지의 합이 일정하다는 에너지 보존 법칙에 해당한다. 이하에서는 포텐셜 에너지 $F(u)$가 그림 8.8에 보인 바와 같이 주어진 경우에 대해 생각하는데, 여기서 평형점 $u = u_i$에 상응하는 식 (8.54) 둘째 식의 상수 $c = c_i$라고 하자.

평형점은 $f(u) = -\dfrac{dF}{du} = 0$로 주어지므로, F의 국부 최소값과 최대값에 상응하는 점들이며, 7.3절의 논의에 따르면 다음을 얻는다.

$$\alpha = -\frac{\partial f}{\partial v} = 0\,,\ \beta = -\frac{\partial f}{\partial u} = -\frac{df}{du} = \frac{d^2F}{du^2}\,. \tag{8.55}$$

따라서 국부 최소값에 상응하는 u_1, u_2에 대해서는 $\beta > 0$이 성립하므로 u_1, u_2는 안정한 중심이 되며, 국부 최대값에 상응하는 u_3, u_4에 대해서는 $\beta < 0$이 성립하여 u_3, u_4는 불안정한 안장점이 된다.

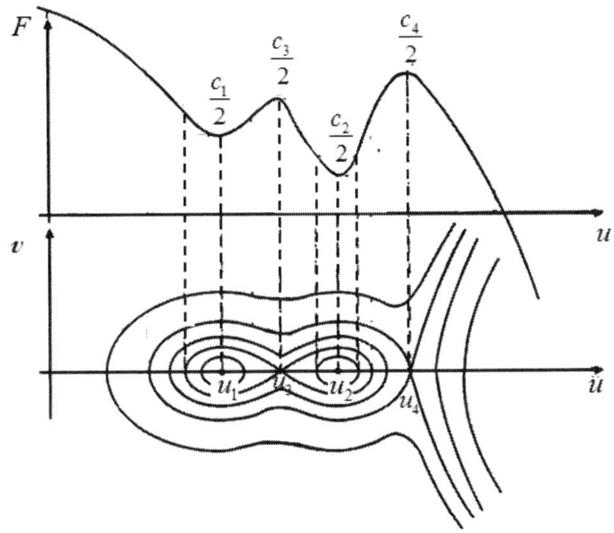

그림 8.8 포텐셜 에너지 $F(u)$와 궤적

포텐셜 에너지가 국부 최소값을 가지는 점 u_1, u_2 부근의 초기조건에 대해서는 주기 운동이 얻어진다. 반면에 국부 최대값을 가지는 점 u_3, u_4 부근에 있으면서 폐영역 바깥에 있는 점이 초기조건으로 주어지면 시간이 지남에 따라 무계인 운동이 얻어질 것이다. u_4를 지나는 분리곡선 외부의 운동이 이에 해당하며, u_3를 지나는 분리곡선과 u_4를 지나는 분리곡선 사이의 운동 또한 주기 운동이 되어야 한다. 따라서 광역 응답은 그림 8.8에 보인 바와 같이 얻어져야 함을 알 수 있다.

그러므로 $\ddot{u} = f(u)$의 형태로 운동 방정식이 주어지는 경우, 식 (8.53)으로 정의되는 포텐셜 에너지 $F(u)$가 알려지면, $F(u)$의 국부 최소값과 최대값의 위치를 구하여 위에서 보인 바와 같은 논의를 적용함으로써 대체적인 광역 응답의 형상을 얻을 수 있다. 특히 국부 최소값 주변의 포텐셜 에너지 곡선의 모양은 **우물**(well)과 비슷하므로, 안정 중심인 평형점 부근의 포텐셜 에너지 곡선은 **포텐셜 우물**(potential well)이라고 부른다.

8.3 평형점의 점근 안정성

이 절에서는 주어진 미분 방정식이 $\ddot{u} = f(u,\dot{u})$의 형태를 가질 때, 임의의 평형점과 관련하여 점근적인, 즉 $t \to \infty$ 일 때의 해의 안정성, 즉 **점근 안정성**(asymptotic stability)에 대해 생각하기로 한다.

u축 상의 평행 이동을 통해 임의의 평형점이 $u=0$, 즉 원점 O에 있다고 가정하여도 일반성을 잃지 않으며, 따라서 $f(0,0)=0$이 성립한다고 하면, $f(u,v)$는 원점 부근에 대해 다음과 같이 근사할 수 있다.

$$f(u,\dot{u}) = -\alpha v - \beta u - g_O(u,v),\ \alpha = -\left.\frac{\partial f}{\partial v}\right|_O,\ \beta = -\left.\frac{\partial f}{\partial u}\right|_O. \tag{8.56}$$

여기서 $g_O(u,v)$는 $f(u,v)$의 점 O 부근에서의 비선형 부분이다. 따라서 주어진 미분 방정식은 아래와 같이 다시 쓸 수 있다.

$$\ddot{u} + \alpha\dot{u} + \beta u + g_O(u,v) = 0. \tag{8.57}$$

만약 식 (8.57)과 주어진 미분 방정식의 모든 해가, $u^2(0)+v^2(0)$이 충분히 작을 경우, $t \to \infty$ 일 때 $\dot{u}$와 더불어 0으로 수렴한다면, 원점 O에 위치한 평형점은 **점근적으로 안정**(asymptotically stable)하다고 한다. 여기서 $u^2(0)+v^2(0)$이 충분히 작다는 것은 초기조건이 원점에 충분히 가깝다는 뜻이다. 7.3절의 논의로부터 만약 $g_O(u,v)=0$이라면 식 (8.57)과 관련하여 원점에 위치한 평형점은 $\alpha>0$, $\beta>0$인 경우에만 안정적임을 고려하여(그림 7.10 참조), 이하에서는 $\alpha>0$, $\beta>0$를 가정하기로 한다.

먼저 $\tau = t\sqrt{\beta}$, $2\varepsilon = \frac{\alpha}{\sqrt{\beta}}$라고 하고, 이들을 이용하여 식 (8.57)을 $U(\tau) = u\left(\frac{\tau}{\sqrt{\beta}}\right)$에 대해 다시 쓰면 다음을 얻는다.

$$\frac{d^2U}{d\tau^2} + 2\varepsilon\frac{dU}{d\tau} + U + g(U,V) = 0. \tag{8.58}$$

여기서 $V(\tau) = \frac{dU}{d\tau}$, $g(U,V) = \frac{g_O(u,v)}{\beta}$이며, 비선형 항인 $g(U,V)$와 관련하여 모

든 U, V에 대해 다음이 성립하는 상수 K, m의 존재를 가정하기로 한다.

$$|g(U, V)| \le K(U^2 + V^2)^{m+\frac{1}{2}}, \ K > 0, \ m > 0. \tag{8.59}$$

이 가정에 의해 $U^2 + V^2$이 충분히 작을 경우, $g(U, V)$가 선형 항들보다 작다는 점이 보장됨에 유의한다.

7.2절의 예제 3)에서 고려했던 식 (7.31)로 주어진 선형 문제에 대한 Lyapunov 함수 $H(\tau)$는 식 (7.38)에 주어진 바와 같이 구하였으며, $a = 1$로 택하여 다음 결과를 얻었다.

$$H(\tau) = V^2 + 2\varepsilon UV + \delta U^2, \ \delta = 1 + 2\varepsilon^2. \tag{8.60}$$

이 함수를 위의 식 (8.58)의 비선형 방정식에 대해서도 사용하기로 하면 $\dot{H} = \dfrac{dH}{d\tau}$에 대해 다음을 얻는다.

$$\dot{H} = -2\varepsilon(U^2 + V^2) - g(U, V)(2V + 2\varepsilon U). \tag{8.61}$$

한편 $H(\tau)$에 대해서는 $\xi = \begin{pmatrix} U \\ V \end{pmatrix}$라고 하면 식 (7.45)로부터 다음을 알고 있으므로,

$$\lambda_2 |\xi|^2 \le H \le \lambda_1 |\xi|^2, \tag{7.45}$$

이 식의 오른쪽 부등식으로부터 얻는 $\dfrac{H}{\lambda_1} \le |\xi|^2 = U^2 + V^2$을 식 (8.61)에 대입하여 다음 결과를 얻는다.

$$\dot{H} \le -\frac{2\varepsilon}{\lambda_1}H - g(U, V)(2V + 2\varepsilon U), \ \dot{H} + \mu H \le 2|g(U, V)||V + \varepsilon U|. \tag{8.62}$$

여기서 식 (7.46)에 주어진 바와 같이 $\mu = \dfrac{2\varepsilon}{\lambda_1}$이다.

식 (8.62) 둘째 부등식의 우변 마지막 부분 $|V + \varepsilon U|$에 대해 **Schwarz의 부등식**(Schwarz inequality)을 사용하면[연습문제 2] 다음을 얻으며,

$$V + \varepsilon U = \left(\begin{pmatrix} \varepsilon \\ 1 \end{pmatrix}, \xi\right) \le \sqrt{1 + \varepsilon^2}\,|\xi| \equiv \sqrt{\gamma}\,|\xi|, \tag{8.63}$$

이를 식 (8.62) 마지막 식에 대입하여 다음 결과를 얻는다.

$$\dot{H} + \mu H \leq 2|g(U, V)| \sqrt{\gamma} |\xi|. \tag{8.64}$$

여기에 $g(U, V)$에 대한 가정인 식 (8.59)를 대입하면 다음을 얻는데,

$$\dot{H} + \mu H \leq 2K\sqrt{\gamma} |\xi|^{2(m+1)}, \tag{8.65}$$

식 (7.45)의 왼쪽 부등식으로부터 얻는 $\frac{H}{\lambda_2} \geq |\xi|^2$을 위 식 우변에 이용하면 결국 다음을 얻는다.

$$\dot{H} + \mu H \leq \frac{2K\sqrt{\gamma}}{\lambda_2^{m+1}} H^{m+1} = MH^{m+1}, \ M \equiv \frac{2K\sqrt{\gamma}}{\lambda_2^{m+1}}. \tag{8.66}$$

이 식 좌변의 형태로부터 $H(\tau) = e^{-\mu\tau} J(\tau)$임을 가정하면, $H(\tau) > 0$이므로 $J(\tau) > 0$를 얻는다. 또 $H(0) = J(0) = J_0$라고 하면, 이 가정을 식 (8.66)에 대입하면 다음을 얻는다.

$$\dot{J} \leq Me^{-\mu m \tau} J^{m+1}, \ \therefore \frac{\dot{J}}{J^{m+1}} \leq Me^{-\mu m \tau}. \tag{8.67}$$

위 식 둘째 부등식의 양변을 τ에 대해 0부터 임의의 τ까지 적분하여 다음 결과를 얻는다.

$$J_0^{-m} - J^{-m} \leq \frac{M}{\mu}(1 - e^{-\mu m \tau}) \leq \frac{M}{\mu} \equiv \kappa,$$

$$\therefore J^{-m} \geq J_0^{-m} - \kappa \equiv C_0. \tag{8.68}$$

여기서 $C_0 > 0$이 성립하기 위해서는 $J_0^m < \kappa^{-1}$, 즉 $J_0 < \kappa^{-\frac{1}{m}} \equiv \nu$가 성립해야 하는데, $J_0 = H(0) \geq \lambda_2 \{U^2(0) + V^2(0)\}$이므로, 다시 말하면 다음 조건이 충족되는 경우에는

$$\{U^2(0)+V^2(0)\}\le \frac{\nu}{\lambda_2}\equiv N_0, \tag{8.69}$$

식 (8.68)로부터 다음을 얻는다.

$$J(\tau)\le C_0^{-\frac{1}{m}}\equiv C,\ \tau>0. \tag{8.70}$$

$H(\tau)=e^{-\mu\tau}J(\tau)$ 이므로 이 결과를 대입하여 $H(\tau)$에 대해 다음을 얻으며,

$$H(\tau)\le Ce^{-\mu\tau}, \tag{8.71}$$

또한 식 (7.45)로부터 $H\ge\lambda_2(U^2+V^2)=\lambda_2|\xi|^2$ 임을 알고 있으므로, 결국 $|\xi|^2$에 대해 다음을 얻는다.

$$|\xi|^2\le\frac{C}{\lambda_2}e^{-\mu\tau}. \tag{8.72}$$

다시 말하면 초기조건이 원점에 충분히 가까워 식 (8.69)가 성립하면 $\tau\to\infty$ 일 때 궤적 상의 점과 원점 사이의 거리는 지수함수처럼 감소해야 함을 얻어 원점 O의 평형점은 점근적으로 안정함을 알 수 있다. 식 (8.69)의 우변에 대해 위에서 얻었던 결과를 대입하여 정리하면 다음을 얻는다.

$$N_0\equiv\frac{\nu}{\lambda_2}=\frac{\kappa^{-\frac{1}{m}}}{\lambda_2}=\frac{1}{\lambda_2}\left(\frac{M}{\mu}\right)^{-\frac{1}{m}}=\frac{1}{\lambda_2}\left(\frac{\mu}{M}\right)^{\frac{1}{m}}=\frac{1}{\lambda_2}\left(\frac{\mu\lambda_2^{m+1}}{2K\sqrt{\gamma}}\right)^{\frac{1}{m}},$$

$$\therefore N_0=\left(\frac{\lambda_2}{\lambda_1}\frac{\varepsilon}{K\sqrt{1+\varepsilon^2}}\right)^{\frac{1}{m}},\ \frac{\lambda_2}{\lambda_1}=1+2\varepsilon^2-2\varepsilon\sqrt{1+\varepsilon^2}. \tag{8.73}$$

이 결과에 따르면, 비선형성의 크기를 나타내는 K가 작아지면 N_0가 증가하여 초기조건이 원점으로부터 조금 떨어진 경우에도 점근 안정성을 가짐을 알 수 있으며, 또한 m이 증가하면 N_0가 감소함을 알 수 있다.

$\varepsilon\ll 1$, 즉 감쇠가 매우 작을 경우에는, 식 (8.73)으로부터 다음을 얻으며,

$$N_0 \simeq \left(\frac{\varepsilon}{K}\right)^{\frac{1}{m}}, \tag{8.74}$$

위에서 언급한 비선형성의 영향이 더욱 확실히 드러나는 것을 알 수 있다. 또한 감쇠가 작아질수록 N_0가 감소함을 알 수 있으며, 위 식은 비선형성의 성질과 감쇠가 계의 점근적 안정성에 미치는 영향을 잘 보여주고 있다.

8.4 1계 자율계(First order autonomous system)

이 절에서는 미분 방정식이 $\ddot{u} = f(u, \dot{u})$의 형태로 주어졌을 때, 이를 보다 일반적인 1계 벡터 미분 방정식으로 바꾸어, 임의의 **임계점**(critical point)과 관련하여 해의 안정성에 대해 생각하기로 한다.

$v = \dot{u}$라고 하면 다음과 같은 1계 벡터 미분 방정식을 얻을 수 있다.

$$\begin{pmatrix} \dot{u} \\ \dot{v} \end{pmatrix} = \begin{pmatrix} v \\ f(u, v) \end{pmatrix}. \tag{8.75}$$

차후의 안정성에 대한 논의를 고려하여 이하에서는 보다 일반적인 경우를 상정, 서로 독립적인 두 함수 $u(t)$, $v(t)$에 대한 다음과 같은 형태의 일반화된 1계 자율 방정식을 생각하기로 한다.

$$\begin{pmatrix} \dot{u} \\ \dot{v} \end{pmatrix} = \begin{pmatrix} g(u, v) \\ f(u, v) \end{pmatrix}. \tag{8.76}$$

여기서 $g(u,v)$, $f(u,v)$는 물론 주어진 임의의 함수이다.

식 (8.76)으로 주어진 계의 **임계점**(critical point)[21] P, (u_0, v_0)를 다음 식으로 정의하기로 한다.

---

21) 식 (8.75)에서와 같이 $\dot{u} = v$가 성립하면 속도와 외력이 영이므로 물리적으로 평형점에 해당하지만, 식 (8.76)에서는 u, v가 서로 독립적인 함수이므로, 이와 같은 경우에는 보다 수학적인 측면을 강조하여 임계점이라는 용어를 사용하기로 한다.

$$f(u_0, v_0) = g(u_0, v_0) = 0. \tag{8.77}$$

점 P 부근에서의 식 (8.76)의 해의 양상에 대해 고찰하기로 하면, $u(t)$, $v(t)$를 각각 다음과 같이 다시 쓸 수 있다.

$$u(t) = u_0 + w(t), \; v(t) = v_0 + z(t). \tag{8.78}$$

$|w| \ll 1$, $|z| \ll 1$를 가정하면 식 (8.76)은 다음과 같은 형태로 근사할 수 있는데,

$$\begin{pmatrix} \dot{w} \\ \dot{z} \end{pmatrix} = \begin{pmatrix} \lambda w + \mu z \\ \sigma w + \tau z \end{pmatrix}, \; \lambda = \left.\frac{\partial g}{\partial u}\right|_P, \; \mu = \left.\frac{\partial g}{\partial v}\right|_P, \; \sigma = \left.\frac{\partial f}{\partial u}\right|_P, \; \tau = \left.\frac{\partial f}{\partial v}\right|_P, \tag{8.79}$$

이 식은 선형 방정식임에 유의한다. 다시 말하면 식 (8.79)는 식 (8.76)의 임계점 P 부근에 대한 선형 근사이다.

식 (8.79)를 해석하는 방법은 여러 가지가 있을 수 있지만, 이미 7.3절에서 2계 미분 방정식의 선형 근사에 대해 고려한 적이 있으므로, 여기서는 식 (8.79)를 다시 2계 선형 미분 방정식으로 환원하여 고려하기로 하면, 식 (8.79)의 $\dot{w}$에 대한 식을 한 번 더 미분하여 다음을 얻는다.

$$\ddot{w} = \lambda \dot{w} + \mu \dot{z}. \tag{8.80}$$

여기에 식 (8.79)를 사용하여 z를 소거하면 w에 대한 2계 선형 미분 방정식을 다음과 같이 얻는다.

$$\ddot{w} = \lambda \dot{w} + \mu(\sigma w + \tau z) = \lambda \dot{w} + \mu\sigma w + \tau(\dot{w} - \lambda w),$$

$$\therefore \ddot{w} - (\lambda + \tau)\dot{w} + (\lambda\tau - \mu\sigma) w = 0. \tag{8.81}$$

7.3절에서 다루었던 문제와 비교하면 다음을 얻으며,

$$\alpha = -(\lambda + \tau), \; \beta = \lambda\tau - \mu\sigma, \tag{8.82}$$

α, β의 값으로부터 고려 중인 임계점의 특성을 얻을 수 있다.

원래 주어진 문제인 식 (8.75)로부터 $g(u, v) = v$임을 고려하여 다음을 얻으므로,

$$\lambda = 0\,,\ \mu = 1\,, \tag{8.83}$$

식 (8.82)로부터 다음을 얻는다.

$$\alpha = -\tau\,,\ \beta = -\sigma\,. \tag{8.84}$$

따라서 식 (8.79)로부터 다음을 얻으므로,

$$\alpha = -\left.\frac{\partial f}{\partial v}\right|_P,\ \beta = -\left.\frac{\partial f}{\partial u}\right|_P, \tag{8.85}$$

식 (7.58)과 같은 결과를 얻음을 확인할 수 있다.

연습문제

1. 식 (8.46)으로 주어진 제1종 완전 타원 적분 $K(m)$은 다음과 같이 쓸 수 있는데,

$$K(m) = \int_0^{\pi/2} \frac{d\phi}{\sqrt{1 - m\sin^2\phi}}, \tag{E8.1}$$

피적분 함수를 테일러 급수 전개하고 항별(termwise)로 적분하여 식 (8.17)로 주어진 $K(m)$의 급수 근사를 구하시오.

2. 두 벡터 $\underline{x}$, $\underline{y}$의 스칼라곱 $(\underline{x}, \underline{y})$와 관련된 Schwarz 부등식은 다음과 같다.

$$(\underline{x}, \underline{y}) \le |\underline{x}||\underline{y}|. \tag{E8.2}$$

이를 이용하여 식 (8.63)을 구하시오.

3. 식 (8.78)로 주어진 $z(t)$도 식 (8.81)로 주어진 2계 선형 미분 방정식을 만족함을 보이시오.

9장 Duffing 방정식

이 장에서는 8.1절에서 고려하였던 Duffing 방정식을 보다 일반화하여 속도의 함수로 주어지는 감쇠와 외부에서 작용하는 강제력을 같이 받는 경우에 대해 생각하기로 한다. 먼저 1절에서 잠깐 감쇠를 무시하고 그때 얻어지는 **조화해**(harmonic solution), 다시 말하면 강제력의 진동수를 기본 진동수로 하는 **조화함수**(harmonic functions), 즉 싸인 또는 코싸인 함수 형태의 해에 대해 고찰한다. 2절에서는 선형 감쇠력을 받는 경우의 해는 앞에서 얻은 해와 비교하여 어떻게 달라지는지에 대해 살펴보고, 또 **점프 현상**(jump phenomena)에 대해 논의한다. 3절에서는 **섭동법**(perturbation method)을 사용하여 주어진 문제의 해를 구하는 방법에 대해 논의한다. 이어서 4절에서는 점프와 관련된 주기해의 **안정성**(stability)과 관련하여 여러 가지 기본적인 사항들을 정의하고, 안정성을 판정할 수 있는 기본 방정식을 유도하기로 한다. 5절에서는 **아조화 응답**(subharmonic response), 즉 강제력의 진동수를 정수로 나눈 것과 같은 진동수를 가지는 응답에 대해 생각하기로 한다[22].

먼저 단위 질량인 물체의 변위를 $u(t)$라고 할 때, 물체가 복원력 $-f(u)$와 선형 감쇠력 $-\alpha\dot{u}$, 그리고 강제력 $F\cos\omega t$를 받는 경우, 그 운동 방정식은 다음과 같이 쓸 수 있다.

$$\ddot{u}+\alpha\dot{u}+f(u)=F\cos\omega t. \tag{9.1}$$

여기서 α, F, ω는 주어진 상수라고 한다.

선박의 횡동요와 같은 많은 경우에 대해 복원력은 다음을 만족하는 기함수이므로,

$$f(-u)=-f(u), \tag{9.2}$$

22) 이 장과 관련된 보다 자세한 사항은 Stoker(1966)[5]를 참조하기 바란다.

$f(u)$는 다음과 같이 3차 다항식으로 근사할 수 있다.

$$f(u) = \beta u + \kappa u^3 . \tag{9.3}$$

여기서 β, κ는 주어진 상수이다.

식 (9.3)을 식 (9.1)에 대입하면 다음을 얻는데,

$$\ddot{u} + \alpha \dot{u} + \beta u + \kappa u^3 = F \cos \omega t , \tag{9.4}$$

이 식은 전형적인 Duffing **방정식**(Duffing equation, 1918{13})이다.

9.1 비감쇠 문제에 대한 조화해

이 절에서는 식 (9.4)에 대해 $\alpha = 0$를 가정할 때 얻어지는 다음 방정식에 대해 근사해로서의 **조화해**(harmonic solution)를 약간 다른 두 가지 **반복법**(iteration method)을 사용하여 얻기로 한다.

$$\ddot{u} = -\beta u - \kappa u^3 + F \cos \omega t . \tag{9.5}$$

1) 첫째로는 식 (9.5)의 우변에 $u = u_n(t)$를 대입하여 얻어지는 결과를 t에 대해 두 번 적분하여 얻는 해를 $u_{n+1}(t)$로 취하는 방법을 사용하기로 하고, $u_0(t)$를 다음과 같이 가정한다.

$$u_0(t) = A \cos \omega t . \tag{9.6}$$

코싸인 함수에 대해 다음은 잘 알려져 있으므로,

$$\cos^3 \omega t = \frac{3}{4} \cos \omega t + \frac{1}{4} \cos 3 \omega t , \tag{9.7}$$

이를 이용하면 식 (9.6)을 식 (9.5)의 우변에 대입하여 다음을 얻는다.

$$\ddot{u}_1(t) = -\left(\beta A + \frac{3}{4}\kappa A^3 - F\right)\cos\omega t - \frac{1}{4}\kappa A^3 \cos 3\omega t. \tag{9.8}$$

위 식의 양변을 t에 대해 두 번 적분하여 다음을 얻으며,

$$u_1(t) = \frac{1}{\omega^2}\left(\beta A + \frac{3}{4}\kappa A^3 - F\right)\cos\omega t + \frac{\kappa A^3}{36\omega^2}\cos 3\omega t, \tag{9.9}$$

여기서 적분 상수는 영으로 취하였는데, 이는 $u_2(t)$의 주기성을 보장하기 위해서 필요하다.

Duffing은 만약 복원력의 비선형성을 나타내는 κ가 '작다'고 볼 수 있다면, 식 (9.9)로 얻은 해는 식 (9.6)으로 주어지는 선형해와 '같아야' 할 것임에 주목하였다. 식 (9.6)의 우변의 A와 식 (9.9)의 우변 $\cos\omega t$ 앞의 계수가 같아야 함을 가정하면 다음을 얻는다.

$$A = \frac{1}{\omega^2}\left(\beta A + \frac{3}{4}\kappa A^3 - F\right), \quad \therefore \omega^2 = \beta + \frac{3}{4}\kappa A^2 - \frac{F}{A}. \tag{9.10}$$

이 결과에 따르면 식 (9.5)의 조화해의 진동수는 $\omega = \omega(\beta, \kappa, A, F)$로 주어지는데, 이는 선형일 경우 식 (7.2)로부터 $\omega_0^2 = \beta$로 취하여 얻을 수 있는 바와 같이, 통상 $A = A(\omega, \beta, F)$의 형태로 다음과 같은 관계식을 얻는 것과 좋은 대조를 이룬다.

$$A = \frac{F}{\beta - \omega^2}. \tag{9.11}$$

한편, 8.1절의 논의로부터 주기해의 주기 또는 진동수가 초기조건 또는 계의 역학적 에너지의 함수로 결정됨을 알고 있는데, 식 (9.10)은 이러한 논의와 일관된 결과임을 알 수 있다.

이상의 논의를 종합하면, 식 (9.5)로 주어지는 방정식의 근사적인 주기해로 다음을 얻는다.

$$u_1(t) = A\cos\omega t + \frac{\kappa A^3}{36\omega^2}\cos 3\omega t, \quad \omega^2 = \beta + \frac{3}{4}\kappa A^2 - \frac{F}{A}. \tag{9.12}$$

다시 말하면 3차 복원력에 기인하여 강제력의 진동수인 ω의 정수 배(여기서는 3ω)의 진동수를 가지는 소위 과조화 응답이 근사적인 조화해의 일부를 구성한다. 물론 반복을 거듭할수록 보다 큰 정수 배의 진동수를 가지는 과조화 응답이 해의 일부가 될 것을 예측할 수 있으며, 식 (9.12)에서 ω는 A의 함수로 간주되고 있음에 다시 한 번 유의한다.

2) 둘째로는 식 (9.5)의 양변에 $\omega^2 u$를 더해 주면 다음 식을 얻는데,

$$\ddot{u} + \omega^2 u = (\omega^2 - \beta)u - \kappa u^3 + F\cos\omega t, \tag{9.13}$$

이 식의 우변에 $u = u_0(t) = A\cos\omega t$를 대입하고 얻어지는 식의 해를 $u_1(t)$로 간주하기로 하면 다음을 얻는다.

$$\ddot{u}_1 + \omega^2 u_1 = \left\{(\omega^2 - \beta)A - \frac{3}{4}\kappa A^3 + F\right\}\cos\omega t - \frac{1}{4}\kappa A^3 \cos 3\omega t. \tag{9.14}$$

여기서 좌변의 고유진동수가 ω이므로 만약 우변 첫째 항의 { } 안에 있는 양이 영이 아니면 공진이 발생할 것을 감안하여 { } 안에 있는 양이 영이 되어야 한다는 조건을 부과하면 다음을 얻는다.

$$(\omega^2 - \beta)A - \frac{3}{4}\kappa A^3 + F = 0, \quad \therefore \omega^2 = \beta + \frac{3}{4}\kappa A^2 - \frac{F}{A}. \tag{9.15}$$

이 식의 마지막 결과는 식 (9.12)에서 얻은 결과와 일치함에 유의한다. 위에서와 같이 공진을 야기하는 항은 식 (7.5)에 보인 바와 같이 시간이 지날수록 시간에 비례하여 그 영향이 '영속적'으로 커지므로, 통상 **영속항**(secular term)이라고 부른다.

영속항을 영으로 취하면 식 (9.14)는 다음과 같이 다시 쓸 수 있고,

$$\ddot{u}_1 + \omega^2 u_1 = -\frac{1}{4}\kappa A^3 \cos 3\omega t, \tag{9.16}$$

따라서 u_1은 다음과 같은 형태로 가정할 수 있다.

$$u_1(t) = A_1 \cos\omega t + B_1 \cos 3\omega t. \tag{9.17}$$

여기서 1)에서와 같은 논리로 $A_1 = A$로 가정할 수 있고, 또 직접 대입에 의하여 다음과 같이 B_1을 얻으므로,

$$B_1 = \frac{\kappa A^3}{32\,\omega^2}\,, \tag{9.18}$$

결국 식 (9.5)로 주어지는 방정식의 근사해로 다음을 얻는다[연습문제 1].

$$u_1(t) = A\cos\omega t + \frac{\kappa A^3}{32\,\omega^2}\cos 3\omega t\,,\ \omega^2 = \beta + \frac{3}{4}\kappa A^2 - \frac{F}{A}\,. \tag{9.19}$$

이 결과를 식 (9.12)와 비교하면 진동수가 강제력의 진동수 ω의 세 배인 $\cos 3\omega t$의 진폭만 약간의 차이를 가질 뿐, 같은 결과임을 확인할 수 있다. 위에서 보인 방법도 $n = 1, 2, \cdots$에 대해 식 (9.13)의 우변에 $u = u_n(t)$를 대입하여 얻어지는 방정식의 해를 $u_{n+1}(t)$로 취함으로써 일반화할 수 있는데, 우변에 나타나는 영속항의 크기를 영으로 만들기 위한 조건으로부터 $\omega = \omega(\beta, \kappa, A, F)$에 대한 보다 정확한 근사를 얻을 수 있다.

이하에서는 위에서 얻은 식 (9.10)의 $A = A(\omega, \beta, F)$ 또는 $\omega = \omega(\beta, \kappa, A, F)$에 대해 보다 자세히 논의하기로 한다. 그림 9.1의 왼쪽 부분에는 $\omega^2 = -\dfrac{F}{A}$와 $\omega^2 = \beta + \dfrac{3}{4}\kappa A^2$을 따로 보였는데, $A > 0$인 영역에서는 강제력과 운동의 위상이 같고, $A < 0$인 영역에서는 위상이 π만큼 차이가 나는 점에 유의하며, 오른쪽 부분에는 주어진 A에 대해 두 성분의 합을 보였는데, $\omega^2 > 0$이어야 하므로 오른쪽 반 무한평면만 나타내었다.

그림 9.1에서는 (ω^2, A) 평면을 이용하여 식 (9.10)을 나타내었는데, 평면의 $\dfrac{1}{4}$인 1상한에 모든 정보를 나타내기 위해 $(\omega, |A|)$ 평면을 사용하는 것이 보편적이며, 이 평면에 나타낸 식 (9.10)에 상응하는 곡선을 **응답 곡선**(response curves)이라고 부른다. 그림 9.2에 비감쇠 선형 Duffing 방정식, 즉 $\kappa = 0$인 경우에 대한 응답 곡선을 보였다. 식 (9.10)에 $\kappa = 0$을 대입하고 $A(\omega)$의 형태로 정리하면 식 (9.11)을 얻으며, 또한 $F = 0$인 **자유 동요**(free oscillation)의 경우에는 모든 A에 대해 $\omega = \sqrt{\beta}$를 얻음에 유의한다.

$\kappa \neq 0$인 경우에 대한 응답 곡선을 그림 9.3에 보였는데, 왼쪽에는 $\kappa > 0$, 즉 굳센 스프링, 또 오른쪽에는 $\kappa < 0$, 즉 무른 스프링에 대한 응답 곡선을 각각 보였다.

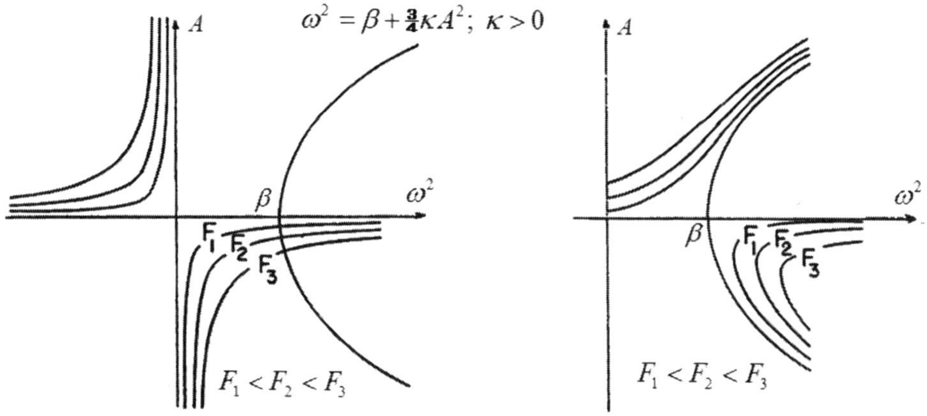

그림 9.1 비감쇠 Duffing 방정식에 대한 $\omega^2(A)$

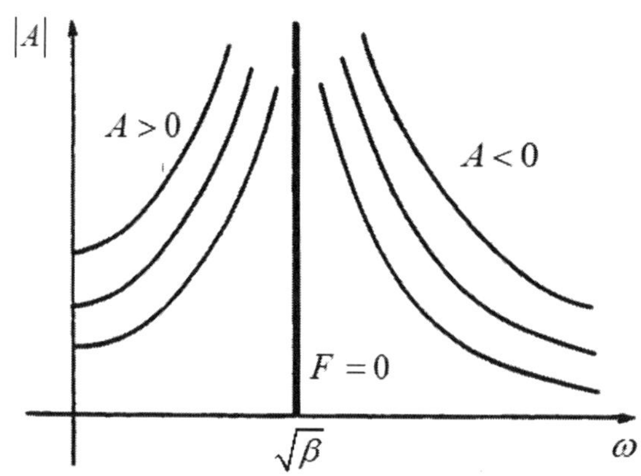

그림 9.2 비감쇠 선형 Duffing 방정식($\kappa = 0$)에 대한 응답 곡선, $|A|(\omega)$

그림 9.3의 왼쪽 그림에서 $\omega > \sqrt{\beta}$ 인 경우, 주어진 하나의 ω에 대해 하나의 $|A|$값이 대응하지 않음을 볼 수 있으며, 특히 A를 ω의 함수로 간주하면 $A < 0$인 구간에 대해서는 1:1 대응이 성립하지 않으므로 그림에 보인 것에 상응하는 함수 관계를 얻을 수 없는 점에 유의한다. 반대로 ω를 A의 함수로 간주하는 경우에는 어떤 경우에도 1:1 대응이 성립하므로 응답 곡선과 관련된 논의에서는 ω를 A의 함수, 즉 $\omega(A)$로 보는 것이 타당함을 알 수 있다. 이는 자유 동요와 관련하여 8.1절에서 얻었던 그림 8.3의 $\omega(c)$와도 일관된 결과이다.

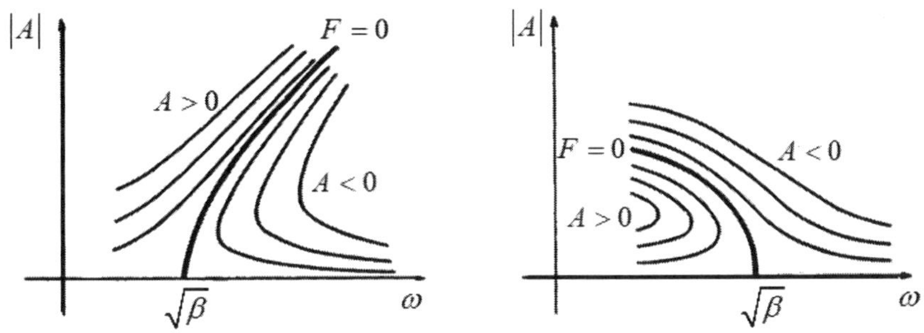

Hard spring, $\kappa > 0$ Soft spring, $\kappa < 0$

그림 9.3 비감쇠 Duffing 방정식에 대한 응답 곡선, $\omega(A)$

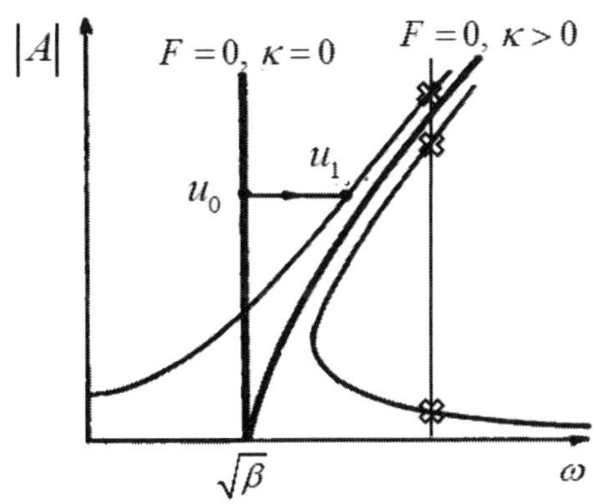

그림 9.4 $(\omega, |A|)$ 평면에 보인 반복법의 결과

그림 9.4에는 위에서 사용한 반복법과 관련하여 u_0와 u_1을 $(\omega, |A|)$ 평면에 보였는데, $\omega = \sqrt{\beta}$인 경우는 공진에 해당하므로, u_0는 $F = 0$인 자유 동요에 상응하는 것으로 볼 수 있으며, u_1은 따라서 비선형성인 κ와 강제력의 크기 F의 영향을 고려한 근사해임에 유의하고, 또한 주어진 하나의 ω에 대해 세 개의 $|A|$ 값이 대응하는 것을 보였다.

9.2 선형 감쇠의 영향

선형 감쇠력이 작용하는 경우, 강제력과 응답은 같은 위상을 가지지 않을 것이므로, 운동 방정식이 다음과 같이 주어진다고 가정하기로 하는데,

$$\ddot{u} + \alpha \dot{u} + \beta u + \kappa u^3 = H\cos\omega t - G\sin\omega t, \tag{9.20}$$

여기서 $H^2 + G^2 \equiv F^2$ 이며, F는 강제력의 진폭이다.

$u = A\cos\omega t$를 위 식의 좌변에 대입하고, 식 (9.7)을 사용한 후, $\cos 3\omega t$ 항을 무시하기로 하면 양변의 비교로부터 다음을 얻는다.

$$H = (\beta - \omega^2)A + \frac{3}{4}\kappa A^3, \quad G = \alpha\omega A, \tag{9.21}$$

$$\left\{(\beta - \omega^2)A + \frac{3}{4}\kappa A^3\right\}^2 + (\alpha\omega A)^2 = F^2. \tag{9.22}$$

물론 위 식에 대해 $\alpha = 0$를 적용하면 식 (9.10)과의 비교로부터 $H = F$를 얻어 일관된 결과임을 확인할 수 있다. 앞 절에서 설명한 바와 같이 $\omega(A)$를 구하고자 하고 있으므로, 식 (9.22)에서 A는 주어진 값으로 생각할 수 있고, 그에 상응하는 ω를 구하는 문제로 간주해야 함에 유의한다.

그림 9.5에 보인 $\kappa = 0$인 선형 문제에 대한 응답 곡선으로부터 잘 아는 바와 같이 α가 '작을' 경우 감쇠력은 $\omega \sim \sqrt{\beta}$ 인 영역에서만 무시하기 힘든 영향을 미친다.

이와 같은 경향은 $\kappa \neq 0$인 경우에 대해서도 κ가 '작다면' 비슷할 것으로 기대할 수 있으며, 그림 9.6에 보인 $\kappa \neq 0$ 경우의 응답 곡선(왼쪽에는 $\kappa > 0$, 오른쪽에는 $\kappa < 0$)으로부터도 확인할 수 있다.

그림 9.6에는 $\frac{d\omega}{dA} = 0$ 또는 $\frac{dA}{d\omega} \to \infty$인 점들, 다시 말하면 $|A|(\omega)$의 기울기가 무한대인 점들의 궤적도 점선으로 같이 보였는데, 이들은 식 (9.22)의 양변을 A에 대해 미분하고, $\frac{d\omega}{dA} = 0$를 적용하여 다음과 같이 얻는다[연습문제 2].

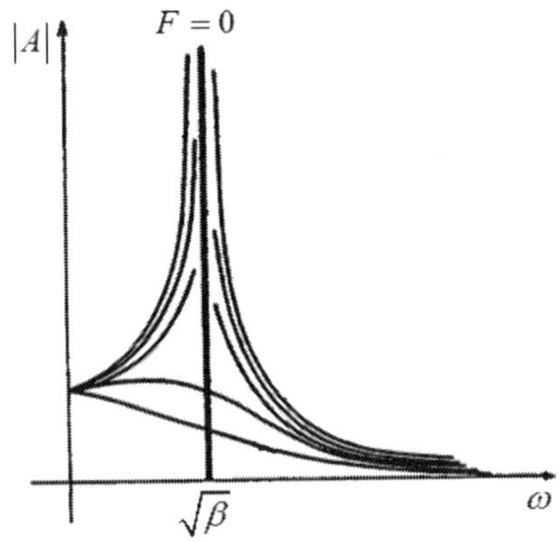

그림 9.5 감쇠 선형 Duffing 방정식($\kappa = 0$)에 대한 응답 곡선, $|A|(\omega)$

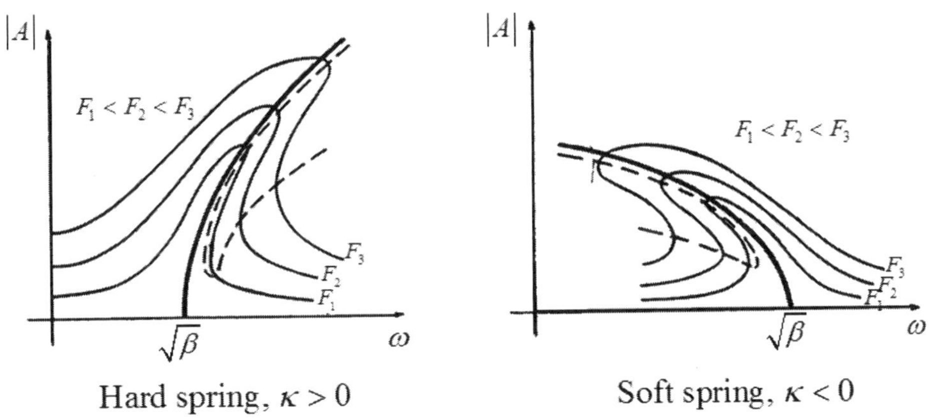

그림 9.6 감쇠 비선형 Duffing 방정식에 대한 응답 곡선, $|A|(\omega)$

$$\left(\beta - \omega^2 + \frac{3}{4}\kappa A^2\right)\left(\beta - \omega^2 + \frac{9}{4}\kappa A^2\right) + \alpha^2\omega^2 = 0 \,. \tag{9.23}$$

위 식에 $\alpha = 0$를 대입하면 다음을 얻는다.

$$\omega^2 - \frac{3}{4}\kappa A^2 = \beta, \;\; \omega^2 - \frac{9}{4}\kappa A^2 = \beta \,. \tag{9.24}$$

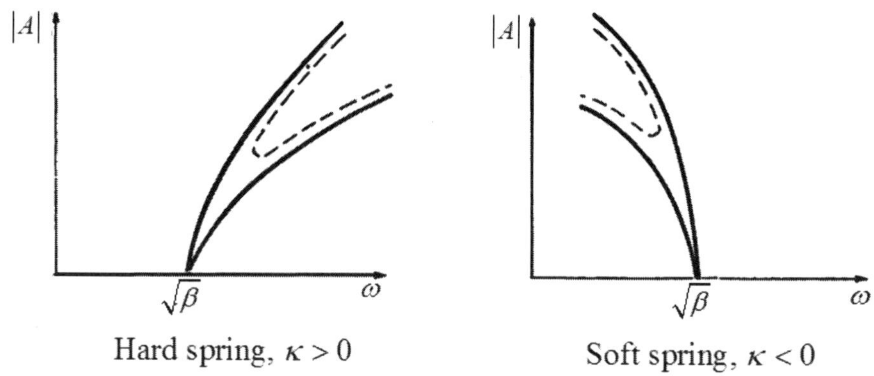

그림 9.7 $\dfrac{d\omega}{dA} = 0$ 또는 $\dfrac{dA}{d\omega} \to \infty$인 점들의 궤적, 실선($\alpha = 0$), 점선($\alpha \neq 0$)

여기서 $\kappa > 0$이면 첫째 식은 $A > 0$, 둘째 식은 $A < 0$인 경우에 상응한다. 이들 곡선을 그림 9.7에 실선으로 보였고, $\alpha \neq 0$인 경우에 대한 곡선도 점선으로 같이 보여, 이들의 비교로부터 감쇠의 영향이 어떻게 나타나는지를 확인할 수 있다.

$\alpha \neq 0$인 경우, 즉 감쇠력을 받는 경우, 그림 9.6으로부터 F의 값이 충분히 크지 않으면 $|A|(\omega)$의 기울기가 무한대인 점들을 가지지 않는 영역이 있음에 유의한다.

한편, 응답 곡선의 국부 최대값은 $\dfrac{dA}{d\omega} = 0$에 의해 주어지므로, 식 (9.22)의 양변을 ω에 대해 미분하고, $\dfrac{dA}{d\omega} = 0$의 조건을 적용한 뒤 정리하면 다음을 얻는다.

$$\omega^2 - \frac{3}{4}\kappa A^2 = \beta - \frac{1}{2}\alpha^2 . \tag{9.25}$$

이 식은 식 (9.24)의 첫째 식과 비교하여 우변의 $\dfrac{1}{2}\alpha^2$만 차이가 있으므로, 감쇠력을 받을 때 국부 최대값의 위치는 감쇠력을 받지 않는 경우의 기울기가 무한대인 점들로부터 왼쪽으로 '$\dfrac{1}{2}\alpha^2$'만큼 떨어진 곳에 위치함을 알 수 있다.

그림 9.3에 보인 감쇠력을 받지 않는 경우에 대해서와 마찬가지로, 감쇠력을 받을 때도 비선형 복원력을 받는 경우에는 주어진 하나의 ω에 대해 세 개의 $|A|$ 값이 존재하는 ω의 구간이 존재함을 그림 9.6으로부터 확인할 수 있다. 이와 같은 특성과 관련하여

이론적으로 위와 같이 세 개의 값이 가능한 것으로 예측될 때, 실제로 어떠한 값이 얻어질 지에 대한 의문을 제기할 수 있다.

예를 들어 F의 값을 일정하게 유지하면서 ω의 값을 증가 또는 감소시키는 경우를 생각하기로 하자. 그림 9.8 왼쪽에 보인 바와 같이 굳센 스프링의 경우, ω의 값을 1에 해당하는 값으로부터 감소시키는 경우를 상정하자. 3에 해당하는 진동수, 즉 응답 곡선의 기울기가 무한대가 되는 점에 도달하였을 때, 약간의 진동수 감소는 순간적인 동요의 진폭 증가, 즉 **점프 현상**(jump phenomena)을 초래하여 4에 해당하는 결과를 주는 것을 관찰할 수 있으며, 계속적인 진동수의 감소는 5에 해당하는 결과를 준다. 한편, 진동수를 5에 해당하는 값으로부터 증가시키는 경우에는, 6에 해당하는 진동수에 도달하였을 때, 약간의 진동수 증가가 순간적인 동요의 진폭 감소, 즉 점프 현상을 초래하여 2에 해당하는 결과를 주는 것을 관찰할 수 있으며, 계속적인 진동수의 감소는 1에 해당하는 결과를 준다.

이와 같은 점프 현상은 비선형 복원력을 받는 물체의 응답 특성 중의 하나이다. 위에서 보인 바와 같이 응답 곡선이 무한대의 기울기를 가지는 두 점 사이의 구간 즉 그림 9.8의 3과 6에 해당하는 진동수 사이의 구간은 실제 운동에서 관측되지 않는다. 이는 이 구간의 응답이 **불안정**(unstable)하기 때문이며, 이 구간은 그림 9.6에서는 점선으로 나타낸 곡선으로 둘러싸인 영역에 속함에 유의한다. 이와 같은 운동의 안정성에 대해서는 9.4절과 13장에서 자세히 다루기로 한다.

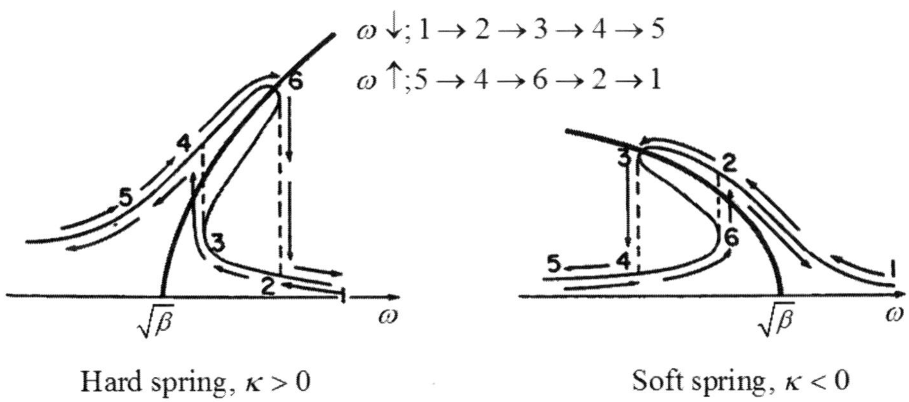

그림 9.8 ω의 증가(감소)에 따른 점프 현상

9.3 섭동법

이 절에서는 식 (9.4)에 대해 비감쇠, 즉 $\alpha = 0$를 가정할 때 얻어지는 다음 방정식에 대해 Lindstedt(1883){14}가 제안한 방법을 사용하여 주기함수로 주어지는 근사해를 체계적으로 얻는 방법을 소개하기로 한다.

$$\ddot{u} + \beta u + \kappa u^3 = F\cos\omega t. \tag{9.26}$$

여기서 $\kappa \ll 1$임을 가정하고, 또 $F = \kappa F_1$, $F_1 = O(1)$으로 놓아 강제력도 상당히 작은 경우를 가정하면, 위의 식의 해는 $\omega_0^2 = \beta$인 식 (7.6)의 해와 크게 다르지 않을 것으로 가정할 수 있다.

먼저 독립 변수를 $\theta = \omega t$로 치환하기로 하면, 식 (9.26)으로부터 $u(\theta)$에 대한 미분 방정식을 다음과 같이 얻는다.

$$\omega^2 u'' + \beta u + \kappa u^3 = \kappa F_1 \cos\theta. \tag{9.27}$$

여기서 $u' = \dfrac{du}{d\theta}$, $u'' = \dfrac{d^2u}{d\theta^2}$을 뜻한다. 주기해를 구하고 있으므로, 다음과 같은 주기조건과 초기조건을 만족하는 해를 구하기로 한다.

$$u(\theta + 2\pi) = u(\theta),\ u(0) = A,\ u'(0) = 0. \tag{9.28}$$

구하고자 하는 해 $u(\theta)$와 계의 진동수 ω에 대해 다음을 가정하고,

$$u = u_0 + \kappa u_1 + \kappa^2 u_2 + \cdots, \tag{9.29}$$

$$\omega = \omega_0 + \kappa\omega_1 + \kappa^2\omega_2 + \cdots, \tag{9.30}$$

이들을 식 (9.27), (9.28)에 대입하면 다음을 얻는다.

$$(\omega_0 + \kappa\omega_1 + \cdots)^2(u_0'' + \kappa u_1'' + \cdots) + \beta(u_0 + \kappa u_1 + \cdots)$$

$$+ \kappa(u_0 + \kappa u_1 + \cdots)^3 = \kappa F_1 \cos\theta, \tag{9.31}$$

$$u_n(\theta + 2\pi) = u_n(\theta),\ u_n{}'(0) = 0,\ n = 0,1,\cdots, \tag{9.32}$$

$$u_0(0) = A,\ u_n(0) = 0,\ n = 1,2,\cdots. \tag{9.33}$$

식 (9.31)의 좌변은 κ^0, κ^1, κ^2, ⋯ 등에 대해 정리할 수 있으며, 이를 우변과 비교하여 다음 결과를 얻는다[연습문제 3].

$$\kappa^0;\ \omega_0^2 u_0{}'' + \beta u_0 = 0, \tag{9.34}$$

$$\kappa^1;\ \omega_0^2 u_1{}'' + \beta u_1 = -2\omega_0\omega_1 u_0{}'' - u_0^3 + F_1\cos\theta,\ \cdots\ . \tag{9.35}$$

κ^0-문제, 또는 **최저차 문제**(the lowest order problem)의 해는 식 (9.32), (9.33)의 주기조건과 초기조건을 고려하여 다음과 같이 구할 수 있다.

$$u_0(\theta) = A\cos\theta,\ \omega_0 = \sqrt{\beta}\ . \tag{9.36}$$

이를 대입하여 식 (9.35)로 주어진 κ^1-문제, 또는 **1차 문제**(first order problem)는 다음과 같이 다시 쓸 수 있다.

$$u_1{}'' + u_1 = \beta^{-1}\left(2\sqrt{\beta}\,\omega_1 A - \frac{3}{4}A^3 + F_1\right)\cos\theta - \frac{A^3}{4\beta}\cos 3\theta\,. \tag{9.37}$$

여기서 우변의 $\cos\theta$ 항은 식 (9.14)와 관련하여 논의한 바 있는 **영속항**(secular term)이다. 주기해를 구하고 있으므로 이 항을 영으로 만들기 위해 ( ) 안의 양이 영이 되어야 한다는 조건을 부과하기로 하면 다음 결과를 얻는다.

$$2\sqrt{\beta}\,\omega_1 A - \frac{3}{4}A^3 + F_1 = 0,\ \therefore \omega_1 = \frac{1}{2\sqrt{\beta}}\left(\frac{3}{4}A^2 - \frac{F_1}{A}\right). \tag{9.38}$$

따라서 1차 문제의 해는 다음과 같이 얻는데,

$$u_1(\theta) = A_1\cos\theta + B_1\sin\theta + \frac{A^3}{32\beta}\cos 3\theta\,, \tag{9.39}$$

식 (9.32), (9.33)의 초기조건을 적용하여 다음 결과를 얻는다[연습문제 4].

$$u_1(\theta) = \frac{A^3}{32\beta}(\cos 3\theta - \cos\theta). \tag{9.40}$$

위에서 얻은 식 (9.36), (9.38), (9.40)으로부터 1차까지의 해를 다시 쓰면 다음과 같다.

$$u(\theta) = A\cos\theta + \frac{\kappa A^3}{32\beta}(\cos 3\theta - \cos\theta) + O(\kappa^2), \tag{9.41}$$

$$\omega = \sqrt{\beta} + \frac{\kappa}{2\sqrt{\beta}}\left(\frac{3}{4}A^2 - \frac{F_1}{A}\right) + O(\kappa^2). \tag{9.42}$$

9.1절에서 얻은 결과와 비교하기 위해 ω^2을 구하면 다음을 얻는다.

$$\omega^2 = \beta + \kappa\left(\frac{3}{4}A^2 - \frac{F_1}{A}\right) + O(\kappa^2). \tag{9.43}$$

이는 식 (9.19) 둘째 식과 정확하게 같은 결과이다. 한편, 식 (9.19) 첫째 식의 A를 a로 바꾸어 쓰면 다음과 같이 쓸 수 있는데,

$$u_1(t) = a\cos\omega t + \frac{\kappa a^3}{32\omega^2}\cos 3\omega t, \tag{9.44}$$

이를 식 (9.41)과 비교하면 다음을 얻으므로,

$$a = A - \kappa\frac{A^3}{32\beta}, \tag{9.45}$$

두 결과는 $O(\kappa)$까지 잘 일치함을 확인할 수 있다.

위에서 사용한 방법을 요약하면 다음과 같다.

1) 미지 함수와 주요 변수를 식 (9.29), (9.30)에서와 같이 작은 양으로 가정한 κ의 멱급수로 가정한다.

2) 이들을 원래의 주어진 방정식과 초기조건에 대입하여, κ^n, $n = 0, 1, \cdots$에 대해 정리하고, 식 (9.34), (9.35)와 같이 κ^n-문제(또는 n차 문제)를 얻는다.

3) n차 문제를 순차적으로 풀어서 해를 구하는데, 이때 모든 n차 문제의 좌변은 항상 같은 미분 연산자로 나타낼 수 있고, 우변은 m차 문제($m < n$)의 해로부터 얻을 수 있다.

4) 영속항이 발생하는 경우에는 영속항이 영이 되어야 한다는 조건을 부과하여 추가적인 정보를 얻는다.

이와 같은 방법은 통상적으로 **섭동법**(perturbation method)이라고 불리는 매우 유용한 수학적 방법의 기본적인 뼈대를 이룬다.

반복법을 사용하여도 9.1절, 식 (9.12) 아래에서 언급한 바와 같이 과조화 응답에 해당하는 해를 구할 수 있지만, 섭동법을 사용하는 경우에도 식 (9.35) 또는 (9.37)에서 보는 바와 같이 강제력으로 볼 수 있는 우변이 물체에 작용하는 외부 강제력의 진동수의 정수배에 해당하는 성분을 포함하고 있으므로, 과조화 응답, 또는 아조화 응답에 해당하는 해를 구할 수 있음에 유의한다.

9.4 점프와 안정성 문제

9.2절의 끝 부분에서 점프 현상에 대해 논의하면서 안정성에 대해 언급하였는데, 먼저 이때의 안정성은 8.3절에서 고려한 평형점의 안정성과는 매우 다른 문제라는 점을 지적해 둔다.

안정성에 대해서는 여러 가지 정의가 있지만, 이하에서 논의하는 안정성은 소위 **미소 안정성**(infinitesimal stability)이라고 불린다. 예를 들어 다음과 같은 비감쇠 Duffing 방정식인 미분 방정식이 주어졌다고 하자.

$$\ddot{u} + \beta u + \kappa u^3 = F\cos\omega t. \tag{9.26}$$

식 (9.26)을 만족하는 두 개의 해, $u(t)$, $u(t)+\eta(t)$가 있다고 하고, 또 $|\eta(0)| \ll 1$를 가정한다, $u(t)+\eta(t)$를 식 (9.26)에 대입하고 $u(t)$ 역시 식 (9.26)의 해임을 이용하면 $\eta(t)$에 대한 미분 방정식을 다음과 같이 얻는다.

$$\ddot{\eta} + (\beta + 3\kappa u^2)\eta = 0. \tag{9.46}$$

이 식은 식 (9.26)과 관련하여 $\eta(t)$에 대한 **선형 변분 방정식**(linearized variational equation)이라고 부르는데, 미지 함수에 곱해진 계수가 시간에 따라 변화하는, 즉 **시변 계수**(time-varying coefficient)를 가지는 2계 선형 미분 방정식이다. 여기서 식 (9.46)의 모든 해가 **유계**(bounded)이면 식 (9.26)의 해 $u(t)$는 안정하다고 하며, 그렇지 않은 경우에는 불안정하다고 한다.

만약 $u(t)$가 주기함수이면 식 (9.46) 우변 둘째 항의 계수도 주기함수이고, 이때 식 (9.46)은 **Hill 방정식**(Hill's equation, 1886{15})이라고 부른다. 만약 $u(t) = A\cos\omega t$인 경우에는 $\cos^2\theta = \frac{1}{2}(1+\cos 2\theta)$를 이용하여 식 (9.46)으로부터 다음을 얻는데,

$$\ddot{\eta} + \left\{\left(\beta + \frac{3}{2}\kappa A^2\right) + \frac{3}{2}\kappa A^2 \cos 2\omega t\right\}\eta = 0\,,$$

$$\therefore \ddot{\eta} + \{a + b\cos 2\omega t\}\eta = 0\,,\ a = \beta + \frac{3}{2}\kappa A^2\,,\ b = \frac{3}{2}\kappa A^2\,, \tag{9.47}$$

식 (9.47)의 첫째 식은 **Mathieu 방정식**(Mathieu equation, 1868{16})이라고 부른다.

보다 간단한 형태의 전형적인 Mathieu 방정식은 독립 변수를 $\tau = 2\omega t$로 치환하여 $\eta(\tau)$에 대한 식을 다음과 같이 얻을 수 있으며,

$$\frac{d^2\eta}{d\tau^2} + (\delta + \varepsilon\cos\tau)\eta = 0\,,\ (\delta,\varepsilon) = \frac{(a,b)}{4\omega^2}\,, \tag{9.48}$$

차후 13장에서는 이 방정식에 대해 고려하기로 한다.

9.5 아조화 응답

9.3절에서 고려하였던 비감쇠 Duffing 방정식인 식 (9.26)에 대해 독립 변수를 무차원인 $\theta = \omega t$로 치환하기로 하면, $u(\theta)$에 대한 미분 방정식을 다음과 같이 얻는다.

$$\omega^2 u'' + \beta u + \kappa u^3 = F\cos\theta\,. \tag{9.49}$$

이 식에 대해 아조화 응답을 포함하는 다음과 같은 형태를 가진 주기해를 구하기로 하고,

$$u(\theta) = a\cos\varphi + b\cos\theta,\ \varphi = \frac{\theta}{3}, \tag{9.50}$$

이를 식 (9.49)에 대입하면 다음을 얻는다.

$$-\omega^2\left(\frac{a}{9}\cos\varphi + b\cos\theta\right) + \beta(a\cos\varphi + b\cos\theta) + \kappa(a\cos\varphi + b\cos\theta)^3 = F\cos\theta. \tag{9.51}$$

여기서 삼각함수에 대한 다음 관계식들을 사용하여,

$$\cos^3\varphi = \frac{3}{4}\cos\varphi + \frac{1}{4}\cos\theta,\ \cos^2\varphi\cos\theta = \frac{1}{4}\cos\varphi + \frac{1}{2}\cos\theta + \frac{1}{4}\cos 5\varphi,$$

$$\cos^2\theta\cos\varphi = \frac{1}{2}\cos\varphi + \frac{1}{4}\cos 5\varphi + \frac{1}{4}\cos 7\varphi,\ \cos^3\theta = \frac{3}{4}\cos\theta + \frac{1}{4}\cos 3\theta, \tag{9.52}$$

식 (9.51)의 양변을 비교하는데, 코싸인 함수의 자변수가 φ와 θ가 아닌 항들은 보다 고차의 조화 항들을 구하는데 사용될 것이므로 여기서는 무시하기로 하면 다음 결과를 얻는다.

$$\cos\varphi;\ \left(\beta - \frac{\omega^2}{9}\right)a + \frac{3}{4}\kappa(a^3 + a^2b + 2ab^2) = 0, \tag{9.53}$$

$$\cos\theta;\ (\beta - \omega^2)b + \frac{1}{4}\kappa(a^3 + 6a^2b + 3b^3) = F. \tag{9.54}$$

$|\kappa| \ll 1$을 가정하고 있으므로, 이들 방정식의 해를 구하는데 반복법을 사용하기로 하면, 먼저 $\kappa = 0$으로 놓아 최저차 근사를 다음과 같이 얻는다.

$$a_0\left(\beta - \frac{\omega^2}{9}\right) = 0,\ b_0(\beta - \omega^2) = F. \tag{9.55}$$

아조화 응답이 있다고 가정하고 있으므로, 식 (9.55)의 첫째 식으로부터 다음 결과를 얻으며,

$$\omega^2 = 9\beta, \quad \therefore \omega = 3\sqrt{\beta} \equiv \omega_0, \tag{9.56}$$

따라서 a_0는 임의의 값을 가질 수 있고, 식 (9.55)의 둘째 식으로부터 다음 결과를 얻는다.

$$b_0 = -\frac{F}{8\beta}. \tag{9.57}$$

식 (9.56), (9.57)을 식 (9.53)에 대입하면 ω^2에 대한 1차 근사를 다음과 같이 얻는다.

$$\omega^2 = 9\beta + \frac{27}{4}\kappa\left(a^2 + ab_0 + 2b_0^2\right). \tag{9.58}$$

식 (9.54)의 양변으로부터 $9\beta b$를 빼주고 정리하면 b에 대해 다음을 얻는데,

$$(\beta - 9\beta)\,b = F + \left(\omega^2 - 9\,\beta\right)b - \frac{1}{4}\kappa\left(a^3 + 6a^2 b + 3b^3\right), \tag{9.59}$$

이 식의 우변에 식 (9.58)을 대입하고 정리하여 b에 대한 1차 근사를 다음과 같이 얻는다.

$$-8\beta b = F - \frac{1}{4}\kappa\left(a^3 - 21a^2 b - 27ab^2 - 51b^3\right),$$

$$\therefore b = b_0 + \frac{\kappa}{32\beta}\left(a^3 - 21a^2 b_0 - 27ab_0^2 - 51b_0^3\right), \quad b_0 = -\frac{F}{8\beta}. \tag{9.60}$$

식 (9.58)에 따르면 $\kappa < 0$, 즉 무른 스프링일 때, (ω, a) 평면에 나타낸 아조화 응답 곡선은 타원이 되고, $\kappa > 0$, 즉 굳센 스프링일 때, 아조화 응답 곡선이 쌍곡선이 됨을 알 수 있으며, 이들을 그림 9.9의 상부에 보였다.

식 (9.58) 우변 ( ) 안의 양에 대해 다음을 얻으므로,

$$a^2 + ab_0 + 2b_0^2 = \left(a + \frac{b_0}{2}\right)^2 + \frac{7}{4}b_0^2, \tag{9.61}$$

우변은 $9\left(\beta + \frac{3}{4}\frac{7}{4}\kappa b_0^2\right)$보다 커야 한다.

따라서 굳센 스프링의 경우 ω에 대한 다음 조건을 얻는데,

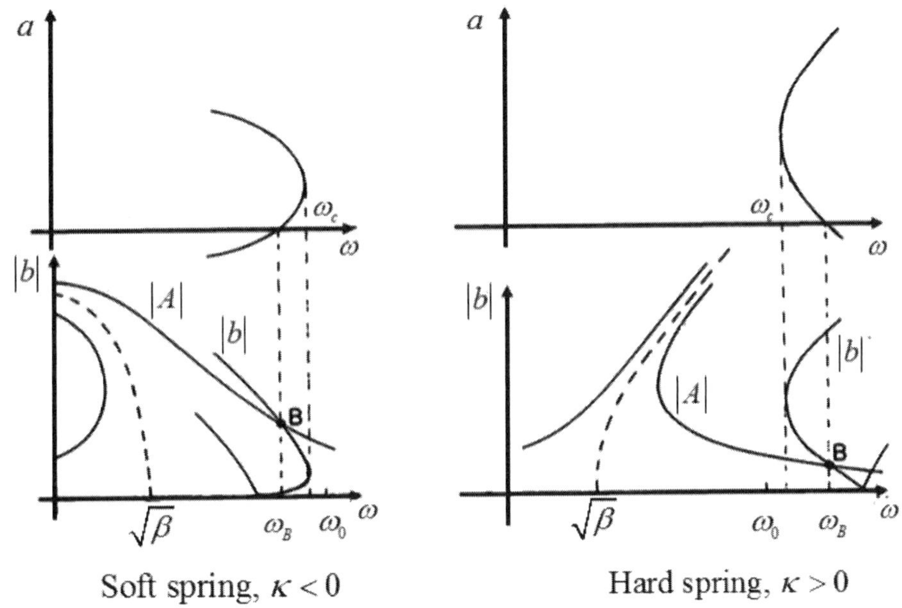

그림 9.9 아조화 응답 a와 응답 곡선 $|b|(\omega)$

$$\omega > 3\sqrt{\beta + \frac{21}{16}\kappa b_0^2} \equiv \omega_c > \omega_0, \tag{9.62}$$

이 식에 따르면 굳센 스프링의 경우, 아조화 응답 성분은 $\omega > \omega_c$일 때만 가능하며, ω_c는 쌍곡선의 꼭지점에 해당한다.

또한 무른 스프링의 경우에는 ω에 대해 다음 조건을 얻으며,

$$\omega < \omega_c < \omega_0, \tag{9.63}$$

따라서 무른 스프링의 경우, 아조화 응답 성분은 $\omega < \omega_c$일 때만 가능하고, ω_c는 타원의 가장 오른쪽 점에 해당한다.

한편, $a = 0$일 때의 ω 값에 대해 식 (9.58)로부터 다음을 얻는데,

$$\omega = 3\sqrt{\beta + \frac{3}{2}\kappa b_0^2} \equiv \omega_B, \tag{9.64}$$

$a=0$는 아조화 응답 성분이 없는 경우를 뜻하므로, $\omega=\omega_B$는 아조화 응답과 관련된 **분기점**(bifurcation point)에 해당한다.

식 (9.54)에서 아조화 응답의 진폭인 a를 영으로 취하면 다음 결과를 얻는데,

$$\omega^2=\beta+\frac{3}{4}\kappa b^2-\frac{F}{b}, \tag{9.65}$$

이는 식 (9.43)에 보인 조화 응답의 진폭 A를 b로 대체한 것과 같은 식임을 알 수 있다.

그림 9.9 하부에는 식 (9.43)에 보인 조화 응답이 발생하지 않을 때의 진동수 ω인 조화 응답 $|A|$와, 아조화 응답이 발생할 때의 조화 응답 성분인 $|b|$를 같이 보였는데, 점 B가 분기점임을 명백히 보여주고 있다. 점 B에서 $a=0$이므로 식 (9.60)으로부터 이 점에서의 b를 다음과 같이 얻는다.

$$b=b_0-\frac{51\kappa}{32\beta}b_0^3. \tag{9.66}$$

또한 군센 스프링의 경우에는 $\omega>\omega_c$인 상당 부분의 진동수 구간에서 $|b|$가 오히려 $|A|$보다 큰 값을 가짐에 유의한다.

연습문제

1. 식 (9.16)의 해로 식 (9.19)를 구하시오.

2. 식 (9.22)의 양변을 A에 대해 미분하고, $\frac{d\omega}{dA}=0$를 적용하여 식 (9.23)을 얻으시오.

3. 식 (9.31)의 좌변을 κ^0, κ^1, κ^2, $\cdots$ 등에 대해 정리하여 식 (9.34), (9.35) 그리고 κ^2-문제를 구하시오.

4. 식 (9.37) 우변의 영속항이 영인 경우에 대해, 식 (9.32), (9.33)의 초기조건을 만족하는 해를 구하고 얻은 결과가 식 (9.40)과 같음을 확인하시오.

10장

극한 싸이클과 다중척도법

이 장에서는 7장 마지막 부분에서 언급한 바와 같이 극한 싸이클을 가지는 계에 대해 논의한다. 먼저 1절에서 하나의 예제를 통해 극한 싸이클의 특성에 대해 소개하며, 2절에서는 **자기기진**(self excitation)에 의해 극한 싸이클을 가지는 계, 특히 **Van der Pol 방정식**(Van der Pol equation)의 자유 동요와 관련하여 주기해를 구하고 그 해의 특성에 대해 알아본다. 3절에서는 **다중척도법**(multiple scale method)을 도입하여 초기치 문제로서의 Van der Pol 방정식의 근사해를 구하는 방법에 대해 논의하며, 4절에서는 극한 싸이클의 존재와 관련된 **Liénard 정리**(Liénard theorem)에 대해 생각하기로 한다. 5절에서는 Van der Pol 방정식과 관련하여 강제 조화 동요를 구하여 여러 가지 기본적인 성질들에 대해 설명하고, 6절에서는 5절에서 구한 해들의 안정성에 대해 고려하기로 한다.

10.1 극한 싸이클

이 절에서는 **극한 싸이클**(limit cycle)의 개념을 소개하기 위해 먼저 하나의 예제를 통해 생각하기로 한다.

다음과 같은 $u(t)$, $v(t)$에 대한 연립 미분 방정식이 주어졌다고 하자.

$$\dot{u} = u + v - u\left(u^2 + v^2\right), \tag{10.1}$$

$$\dot{v} = -u + v - v\left(u^2 + v^2\right). \tag{10.2}$$

먼저 표기의 편의를 위해 $u^2 + v^2 = r^2$ 이라고 쓰기로 하면, 8.4절에서 정의한 바와 같이 위 식들의 우변이 영이 되는 점, 즉 임계점을 구하면 다음을 얻고,

$$u + v - ur^2 = 0\,,\ -u + v - vr^2 = 0, \tag{10.3}$$

이 두 식에서 r^2 을 소거하면 다음을 얻는다.

$$r^2 = 0\,. \tag{10.4}$$

따라서 $(u,v) = (0,0)$, 즉 원점이 주어진 문제의 유일한 임계점임을 얻는다.

이제 임계점 주위에 대한 선형화를 수행하기 위해 다음을 가정하고,

$$u = w\,,\ v = z\,,\ |(w,z)| \ll 1, \tag{10.5}$$

이들을 식 (10.1), (10.2)에 대입하여 비선형 항을 무시하면 다음을 얻는다.

$$\dot{w} = w + z\,,\ \dot{z} = -w + z\,. \tag{10.6}$$

이 두 식에서 z를 소거하면 다음을 얻는데,

$$\ddot{w} = \dot{w} + \dot{z} = 2z = 2\left(\dot{w} - w\right),\ \therefore \ddot{w} - 2\dot{w} + 2w = 0, \tag{10.7}$$

여기서 첫째 식의 마지막 등호를 얻기 위해서는 식 (10.6)의 첫째 식을 이용하였다.

식 (10.7)의 마지막 식에 따르면 w는 음의 감쇠력을 받는 물체에 상응하므로, 원점에 위치한 임계점은 7.3절의 경우 6)에 해당하는 불안정한 외향나선임을 알 수 있다.

광역 응답을 구하기 위해 먼저 극좌표계 (r, θ)를 다음과 같이 도입하기로 하고,

$$(u,v) = r(\cos\theta, \sin\theta), \tag{10.8}$$

이들을 식 (10.1), (10.2)에 대입하면 다음을 얻는다.

$$\dot{r}\cos\theta - r\dot{\theta}\sin\theta = r(\cos\theta + \sin\theta) - r^3\cos\theta, \tag{10.9}$$

$$\dot{r}\sin\theta + r\dot{\theta}\cos\theta = r(-\cos\theta + \sin\theta) - r^3\sin\theta\,. \tag{10.10}$$

위 식에서 $\dot{\theta}$을 소거하면 다음을 얻는데,

$$\dot{r} = r - r^3 = r(1-r^2), \tag{10.11}$$

이 식에 따르면 원점에서뿐만 아니라 $r=1$에서도 우변이 영이 되므로, $r=1$은 점이 아닌 원임에도 불구하고, 일종의 '임계점'과 같은 역할을 할 것을 예측할 수 있다.

한편 식 (10.9), (10.10)에서 $\dot{r}$을 소거하면 다음을 얻는데,

$$-r\dot{\theta} = r,\ \ \therefore \dot{\theta} = -1, \tag{10.12}$$

이 식에 따르면 광역 응답은 원점을 중심으로 단위 속력으로 시계 방향으로 회전하는 점의 궤적에 상응한다.

$\theta(0)=\theta_0$라고 하면, $r=1$, $\theta=\theta_0 - t$는 식 (10.11)과 (10.12)를 만족하므로, 식 (10.1)과 (10.2)를 엄밀하게 만족하는 해이며, 이를 (u,v)로 나타내면 다음과 같고,

$$u(t) = \cos(\theta_0 - t),\ v(t) = \sin(\theta_0 - t), \tag{10.13}$$

이 해는 주기해임을 확인할 수 있다.

나아가 식 (10.11)로부터 $r<1$이면 $\dot{r}>0$이고, 반대로 $r>1$이면 $\dot{r}<0$이므로, 궤적은 $r=1$인 원을 가로지를 수 없으며, 이와 같은 경우 $r=1$은 **극한 싸이클**(limit cycle)이라고 부르는데, 극한 싸이클이란 명칭은 Poincaré(1892){12}에 의해 비롯되었다. 극한 싸이클을 주기해로 가지는 계의 경우, 초기조건이 어떻게 주어지는지와 상관없이 궁극적으로는 항상 같은 주기해를 얻는다. 이는 예를 들어 굳센 스프링에 대한 Duffing 방정식의 경우 초기조건에 따라 주기가 다른 주기해를 가지는 것과는 매우 대조적임에 유의한다.

광역 응답을 구하기 위해 필요한 식 (10.11)의 엄밀해는 다음과 같이 구할 수 있다. 먼저 식 (10.11)은 변수 분리형이므로 다음과 같이 다시 쓰고,

$$\frac{dr}{r(1-r^2)} = dt, \tag{10.14}$$

이 식의 좌변을 **부분 분수**(partial fraction)로 다시 쓰면 다음을 얻는다.

$$\frac{1}{2}\left(\frac{2}{r}+\frac{1}{1-r}-\frac{1}{1+r}\right)dr = dt\,. \tag{10.15}$$

이 식의 양변을 적분하여 다음을 얻는데,

$$\ln\left(\frac{r^2}{1-r^2}\right) = 2t + const.\,,\ \ \therefore \frac{r^2}{1-r^2} = \frac{e^{2t}}{C}\,, \tag{10.16}$$

여기서 C는 적분 상수이다. $r(0)=r_0$ 임을 이용하면 결국 다음을 얻으며,

$$r^2 = \frac{1}{1+Ce^{-2t}}\,,\ \ C = \frac{1-r_0^2}{r_0^2}\,, \tag{10.17}$$

이 식에 따르면 $t\to\infty$ 일 때, $r\to 1$임을 알 수 있다.

그림 10.1에는 (u,v) 평면에 극한 싸이클을 나타내었고, 또 위에서 구한 $r(t)$, 즉 시간의 함수로 나타낸 극한 싸이클을 비교, 도시하였다.

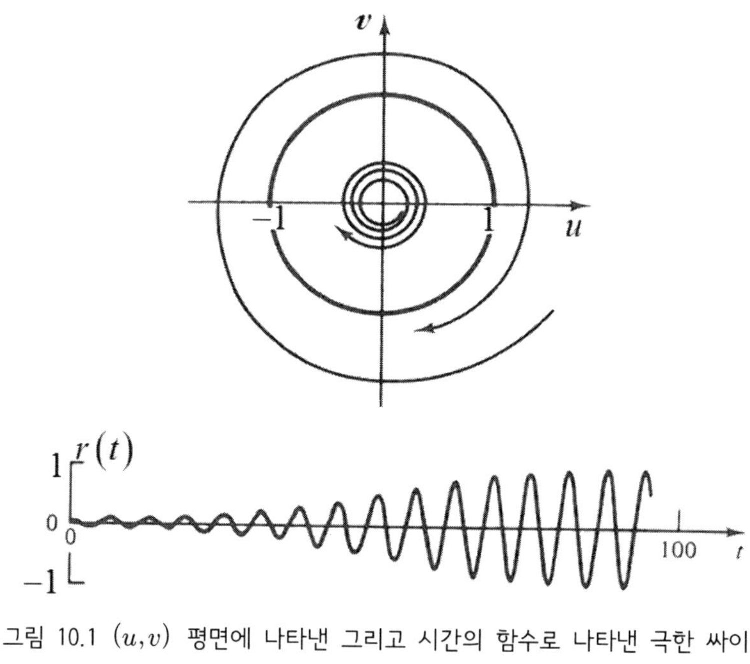

그림 10.1 (u,v) 평면에 나타낸 그리고 시간의 함수로 나타낸 극한 싸이클

초기조건에 의해 $r_0 > 1$이면 $C < 0$이므로 모든 $t \geq 0$에 대해 $r > 1$이 성립하며, 반대로 $r_0 < 1$이면 $C > 0$이므로 모든 $t \geq 0$에 대해 $r < 1$이 성립하여, $r = 1$이 극한 싸이클임을 확인할 수 있다.

10.2 자기기진 계의 자유 동요

앞 절에서 고려한 예의 경우, 초기조건에 의해 $r_0 < 1$일 때에도 물체의 운동이 자발적으로 증가하여 $r \to 1$이 되는 것을 보았는데, 이 절에서는 통상 **자기기진**(self excitation)이라고 부르는 **기제**(mechanism), 즉 계의 운동이 자발적으로 증가할 수 있는 기제를 계가 포함하고 있는 경우에 대해 생각하기로 한다.

어떤 물체의 변위를 $x(t)$라고 할 때, 비선형 감쇠력 $f(\dot{x})$을 받고 있는 경우 운동 방정식이 다음과 같이 주어졌다고 하자.

$$\ddot{x} + x + f(\dot{x}) = 0. \tag{10.18}$$

많은 경우 $f(\dot{x})$은 다음과 같이 $\dot{x}$의 3차 다항식으로 근사할 수 있는데,

$$f(\dot{x}) = -\varepsilon\dot{x} + \alpha\dot{x}^3 = \alpha\dot{x}(\dot{x}^2 - \beta^2), \quad \beta^2 = \frac{\varepsilon}{\alpha}, \tag{10.19}$$

여기서 ε, α, β는 주어진 양의 상수이다. 위 식으로 주어진 감쇠력은 $0 < \dot{x} < \beta$일 때는 음의 감쇠력, $\dot{x} > \beta$일 때는 양의 감쇠력이 되므로, $\dot{x} = \beta$를 기준으로 운동의 특성이 달라질 것을 예측할 수 있으며, 특히 음의 감쇠력은 자기기진의 기제로 볼 수 있음에 유의한다.

식 (10.18)에 식 (10.19)를 대입하고, 종속 변수를 $y = \dfrac{x}{\beta}$로 치환하면 $y(t)$에 대한 미분 방정식을 다음과 같이 얻는다.

$$\ddot{y} - \varepsilon(\dot{y} - \dot{y}^3) + y = 0. \tag{10.20}$$

이 식은 **Rayleigh 방정식**(Rayleigh equation, 1883{17})이라고 불린다.

나아가 식 (10.20)을 t에 대해 한 번 미분하고, $u = \sqrt{3}\dot{y}$라고 하면 $u(t)$에 대한 미분 방정식을 다음과 같이 얻는데,

$$\ddot{u} - \varepsilon(1-u^2)\dot{u} + u = 0, \tag{10.21}$$

이 식은 **Van der Pol 방정식**(Van der Pol equation, 1922{18})이라고 불린다. 이 식 좌변의 $\dot{u}$에는 $1-u^2$이 곱해져 있어, $u^2 < 1$일 때는 음의 감쇠력, 반대로 $u^2 > 1$일 때는 양의 감쇠력을 받으므로, '$u^2 = 1$'을 기준으로 운동의 특성이 달라질 것이다.

이상의 논의로부터 만약 Van der Pol 방정식이 극한 싸이클을 주기해로 가진다면, Rayleigh 방정식도 그에 상응하는 극한 싸이클을 주기해로 가질 것임을 예측할 수 있다.

이하에서는 $\varepsilon \ll 1$을 가정하고, 식 (10.21)로 주어진 Van der Pol 방정식의 주기 $T = T(\varepsilon)$인 주기해를 먼저 구하기로 한다. 만약 주기해가 존재한다면 그 해는 다음을 만족해야 하는데,

$$\ddot{u} - \varepsilon(1-u^2)\dot{u} + u = 0,\ t \in [0, T], \tag{10.22}$$

$$u(0) = u(T),\ \dot{u}(0) = \dot{u}(T), \tag{10.23}$$

이 문제는 초기치 문제가 아니라 경계치 문제임에 유의한다.

위 문제를 푸는데 9.3절에서 소개한 섭동법을 사용하는데, 먼저 주기 T를 보다 명시적으로 문제에 포함시키기 위해 독립 변수를 $\tau = \dfrac{t}{T}$로 치환하기로 하면 $u(\tau)$에 대한 경계치 문제를 다음과 같이 얻는다.

$$u'' - \varepsilon T(1-u^2)u' + T^2 u = 0,\ \tau \in [0,1], \tag{10.24}$$

$$u(0) = u(1),\ u'(0) = u'(1). \tag{10.25}$$

여기서 $u' = \dfrac{du}{d\tau}$, $u'' = \dfrac{d^2u}{d\tau^2}$을 뜻한다.

$u(\tau)$와 $T(\varepsilon)$을 ε의 멱급수로 다음과 같이 가정하고,

$$u(\tau) = u_0(\tau) + \varepsilon u_1(\tau) + \varepsilon^2 u_2(\tau) + \cdots, \tag{10.26}$$

$$T(\varepsilon) = T_0 + \varepsilon T_1 + \varepsilon^2 T_2 + \cdots \ , \tag{10.27}$$

이들을 식 (10.24), (10.25)에 대입하여 다음을 얻는다.

$$\begin{aligned}&\left(u_0'' + \varepsilon u_1'' + \varepsilon^2 u_2'' + \ \cdots \ \right)\\ &+\varepsilon\left(T_0 + \varepsilon T_1 + \ \cdots\right)\left(u_0^2 + 2\varepsilon u_0 u_1 + \ \cdots - 1\right)\left(u_0' + \varepsilon u_1' + \cdots\right)\\ &+\left(T_0^2 + 2\varepsilon T_0 T_1 + \varepsilon^2 T_1^2 + \ \cdots\right)\left(u_0 + \varepsilon u_1 + \varepsilon^2 u_2 + \cdots\right) = 0 ,\end{aligned} \tag{10.28}$$

$$u_0(0) + \varepsilon u_1(0) + \varepsilon^2 u_2(0) + \cdots \ = u_0(1) + \varepsilon u_1(1) + \varepsilon^2 u_2(1) + \cdots \ , \tag{10.29}$$

$$u_0'(0) + \varepsilon u_1'(0) + \varepsilon^2 u_2'(0) + \cdots \ = u_0'(1) + \varepsilon u_1'(1) + \varepsilon^2 u_2'(1) + \cdots \ . \tag{10.30}$$

여기서 식 (10.28)의 좌변은 ε^0 , ε^1 , ε^2 , $\cdots$ 등에 대해 따로 따로 정리할 수 있으며, 또 경계조건도 같은 방법으로 다루어, ε^0 -문제, 또는 최저차 문제를 다음과 같이 얻는다 [연습문제 1].

$$\varepsilon^0 ;\ u_0'' + T_0^2 u_0 = 0 , \ \ \tau \in [0,1\ ] , \tag{10.31}$$

$$u_0(0) = u_0(1\ ) , \ \ u_0'(0) = u_0'(1) . \tag{10.32}$$

최저차 문제의 일반해는 다음과 같이 주어질 수 있고,

$$u_0 = A\cos T_0\tau + B\sin T_0\tau , \tag{10.33}$$

경계조건인 식 (10.32)로부터 다음을 얻는다.

$$\begin{aligned}&(1 - \cos T_0)A - (\sin T_0)B = 0 ,\\ &(\sin T_0)A + (1 - \cos T_0)B = 0 .\end{aligned} \tag{10.34}$$

이 식은 A, B에 대한 1차 연립 방정식이며 그 우변이 영이므로, 해가 존재하기 위한 조건은 계수 행렬의 행렬값이 영이 되어야 함은 선형대수로부터 잘 알려져 있다. 계수 행렬의 행렬값 Δ에 대해 다음을 얻으므로,

$$\Delta = (1-\cos T_0)^2 + \sin^2 T_0 = 2(1-\cos T_0) = 0, \tag{10.35}$$

$T_0 = 2\pi$로 취할 수 있다. 따라서 최저차 문제의 해는 다음과 같고,

$$u_0 = A\cos 2\pi\tau + B\sin 2\pi\tau, \tag{10.36}$$

여기서 A, B는 임의의 값을 가질 수 있음에 유의한다.

식 (10.28), (10.29), (10.30)으로부터 ε^1-문제, 또는 1차 문제를 다음과 같이 얻는다 [연습문제 2].

$$\varepsilon^1;\ u_1'' + T_0^2 u_1 = -2T_0T_1u_0 + T_0(1-u_0^2)u_0' \equiv f_1(\tau),\ \tau \in [0,1], \tag{10.37}$$

$$u_1(0) = u_1(1),\ u_1'(0) = u_1'(1). \tag{10.38}$$

여기서 식 (10.37)의 우변 첫째 항은 주기가 ε의 함수로 주어지는 것에 따른 항이며, 둘째 항은 비선형 감쇠력에 기인하는데, 우변으로 정의된 f_1은 1차 문제에서 물체에 작용하는 강제력으로 볼 수 있다는 점에 유의한다. 따라서 이 우변과 관련하여서는 9.3절, 식 (9.37)에서 언급했던 것과 유사한 문제를 고려해야 한다.

즉 최저차 문제와 1차 문제를 구성하는 미분 방정식을 나타내는 미분 연산자 L은 동일하므로, 식 (10.31)과 식 (10.37)은 다음과 같이 다시 쓸 수 있다.

$$Lu_0 = 0,\ Lu_1 = f_1. \tag{10.39}$$

f_1이 u_0에 선형 종속인 항들을 포함하고 있으면 이들은 u_1을 결정함에 있어서는 영속항이 되며, 이들 때문에 식 (10.37)은 주기해를 가질 수 없게 된다.

따라서 식 (10.37)이 주기해를 가지기 위한 조건으로 f_1은 $\cos 2\pi\tau$, $\sin 2\pi\tau$와 **직교**(orthogonal)해야 한다는 조건, 보통 **능해 조건**(solvability condition)으로 부르는 조건을 부과한다. 적용의 편의를 위해서는 $\cos 2\pi\tau$, $\sin 2\pi\tau$ 대신에 u_0, u_0'을 사용해도 같은 결과를 얻을 것이므로, 여기서는 다음과 같은 조건을 부과하기로 한다.

$$(f_1, u_0) = 0\,,\ \ (f_1, u_0{}') = 0\,. \tag{10.40}$$

여기서 $(f, u) \equiv \int_0^1 f(\tau)u(\tau)\,d\tau$로 정의된 두 함수의 **스칼라곱**(scalar product)이다. 식 (10.40)의 둘째 식은 물리적으로는 f_1이라는 강제력이 한 주기 당 물체에 행한 일이 영이 되어야 한다는 조건임에 유의한다.

식 (10.40) 첫째 식에 식 (10.37)을 대입하고 정리하면 다음 결과를 얻는다.

$$(f_1, u_0) = -\,2\,T_0 T_1 (u_0, u_0) + T_0\big\{(u_0{}', u_0) - (u_0^2 u_0{}', u_0)\big\} = 0\,. \tag{10.41}$$

경계조건을 이용하면 { } 안의 항들에 대해 다음을 얻으므로,

$$(u_0{}', u_0) = \int_0^1 u_0{}' u_0\, d\tau = \frac{1}{2}\int_0^1 \frac{du_0^2}{d\tau}\, d\tau = 0\,, \tag{10.42}$$

$$(u_0^2 u_0{}', u_0) = \int_0^1 u_0{}' u_0^3\, d\tau = \frac{1}{4}\int_0^1 \frac{du_0^4}{d\tau}\, d\tau = 0\,, \tag{10.43}$$

이들을 식 (10.41)에 대입하면 결국 다음 결과를 얻는다.

$$2\,T_0 T_1 |u_0|^2 = 0,\ \ \therefore T_1 = 0\,. \tag{10.44}$$

식 (10.40) 둘째 식에 식 (10.37), (10.43)을 대입하고 정리하면 다음 결과를 얻으며,

$$(f_1, u_0{}') = T_0\big\{|u_0{}'|^2 - (u_0^2 u_0{}', u_0{}')\big\} = 0\,, \tag{10.45}$$

식 (10.36)은 단진동 합성에 의해 다음과 같이 쓸 수 있다.

$$u_0 = C\cos(2\pi\tau - \delta)\,,\ \ C = \sqrt{A^2 + B^2}\,,\ \tan\delta = \frac{B}{A}\,. \tag{10.46}$$

이를 이용하여 식 (10.45) { } 안의 항들에 대해 다음을 얻으며[연습문제 3],

$$|u_0{}'|^2 = (2\pi C)^2 \int_0^1 \sin^2\theta\, d\tau = 2\pi^2 C^2\,,\ \ \theta = 2\pi\tau - \delta\,, \tag{10.47}$$

$$\left(u_0^2 u_0{}', u_0{}'\right) = \int_0^1 (u_0{}')^2 u_0^2\, d\tau = 4\pi^2 C^4 \int_0^1 \sin^2\theta \cos^2\theta\, d\tau = \frac{\pi^2 C^4}{2}\,, \tag{10.48}$$

이들을 식 (10.45)에 대입하여 C에 대해 다음 결과를 얻는다.

$$\pi^2 C^2\left(2 - \frac{C^2}{2}\right) = 0\,,\ \ \therefore C = 2\,. \tag{10.49}$$

식 (10.40) 아래에서 설명한 바와 같이 식 (10.45)는 f_1이라는 강제력이 한 주기 당 한 일이 영이어야 한다는 조건이다. 여기서는 $T_1 = 0$이므로, f_1은 실제로 감쇠력에 의해 주어지며, 따라서 감쇠력에 기인하는 한 주기 당 일이 영이어야 한다는 조건에 의해 u_0의 크기를 나타내는 C를 결정할 수 있었다.

여기서 계산을 더 진행하여 1차 문제의 해를 구할 수도 있지만[연습문제 4] 지금까지의 결과를 정리하면 다음을 얻는다.

$$u_0 = 2\cos(2\pi\tau - \delta)\,,\ \ T_1 = 0\,. \tag{10.50}$$

이는 식 (10.21)의 Van der Pol 방정식이 최저차 근사에 의하면 진폭 2, 주기 2π인 조화함수를 주기해로 가짐을 뜻한다.

식 (10.21) 아래에서는 방정식의 형태로부터 '$u^2 = 1$'을 기준으로 무언가 특별한 상황이 발생할 것으로 예측하였으나, 위에서 언급한 바와 같이 C는 감쇠력에 기인하는 한 주기 당 일이 영이어야 한다는 조건에 의해 얻어졌다. 따라서 '$u^2 = 1$'은 평균적인 의미에서 해석되어야 함을 알 수 있다. 또한, 식 (10.50)에 포함된 δ는 아직 미정이지만, 2차 문제를 풀면서 얻어진다는 것을 지적해 둔다.

10.3 Van der Pol 방정식과 다중척도법

이 절에서는 식 (10.21)의 Van der Pol 방정식에 대해 초기조건이 부과된 다음과 같은 $u(t)$에 대한 초기치 문제의 해를 구하기로 한다.

$$\ddot{u}+\varepsilon(u^2-1)\dot{u}+u=0,\ t\geq 0, \tag{10.51}$$

$$u(0)=U_0,\ \dot{u}(0)=V_0. \tag{10.52}$$

여기서 $\varepsilon \ll 1$은 주어진 양의 상수이다.

먼저 u를 ε의 멱급수로 가정하는 단순한 섭동법, 즉 **정규 섭동법**(regular perturbation)을 이용하여 해를 얻는 과정을 보이기로 하는데, 이 과정을 통해 위 문제에 대해 정규 섭동법의 적용은 적절하지 않음을 알게 될 것이다.

$u(t)$를 ε의 멱급수로 다음과 같이 가정하고,

$$u(t)=u_0(t)+\varepsilon u_1(t)+\varepsilon^2 u_2(t)+\cdots, \tag{10.53}$$

이를 식 (10.51), (10.52)에 대입하면 다음을 얻는다.

$$\begin{aligned}&\left(\ddot{u}_0+\varepsilon\ddot{u}_1+\varepsilon^2\ddot{u}_2+\cdots\right)+\varepsilon\left(u_0^2+2\varepsilon u_0u_1+\cdots-1\right)\left(\dot{u}_0+\varepsilon\dot{u}_1+\cdots\right)\\&+\left(u_0+\varepsilon u_1+\varepsilon^2u_2+\cdots\right)=0,\end{aligned} \tag{10.54}$$

$$u_0(0)+\varepsilon u_1(0)+\varepsilon^2u_2(0)+\cdots=U_0, \tag{10.55}$$

$$\dot{u}_0(0)+\varepsilon\dot{u}_1(0)+\varepsilon^2\dot{u}_2(0)+\cdots=V_0. \tag{10.56}$$

여기서 식 (10.54)의 좌변은 ε^0, ε^1, ε^2, $\cdots$ 등에 대해 따로 따로 정리할 수 있으며, 또 초기조건도 같은 방법으로 다루어, ε^0-문제, 또는 최저차 문제를 다음과 같이 얻는다 [연습문제 5].

$$\varepsilon^0;\ \ddot{u}_0+u_0=0,\ t\geq 0, \tag{10.57}$$

$$u_0(0) = U_0,\ \dot{u}_0(0) = V_0. \tag{10.58}$$

최저차 문제의 일반해는 다음과 같이 주어질 수 있고,

$$u_0(t) = A\cos t + B\sin t, \tag{10.59}$$

식 (10.58)로 주어진 초기조건을 적용하여 다음을 얻는다.

$$u_0(t) = U_0\cos t + V_0\sin t = C\cos(t-\delta),\ C = \sqrt{U_0^2 + V_0^2},\ \tan\delta = \frac{V_0}{U_0}. \tag{10.60}$$

다음으로 식 (10.54), (10.55), (10.56)으로부터 ε^1-문제, 또는 1차 문제를 다음과 같이 얻는다[연습문제 6].

$$\varepsilon^1;\ \ddot{u}_1 + u_1 = \left(1 - u_0^2\right)\dot{u}_0 \equiv f_1(t),\ t \geq 0, \tag{10.61}$$

$$u_1(0) = 0,\ \dot{u}_1(0) = 0. \tag{10.62}$$

여기서 식 (10.61)의 우변으로 정의된 f_1을 구하기 위해 식 (10.60)을 대입하고, 표기의 편의를 위해 $\theta \equiv t - \delta$라고 하면 다음을 얻는다.

$$f_1(t) = -C\left(1 - C^2\cos^2\theta\right)\sin\theta = -C\left\{\left(1 - \frac{C^2}{4}\right)\sin\theta - \frac{C^2}{4}\sin 3\theta\right\}. \tag{10.63}$$

우변 { } 안의 첫째 항은 공진을 야기하는 영속항인데, C는 이미 식 (10.60)의 둘째 식으로 주어져 있으므로, 이 항을 소거할 방법이 없다. 따라서 u_1에 대해 $t \to \infty$에 따라 무계인 해를 얻으며, 원래 얻고자 하던 주기해를 구할 수 없게 된다.

물리적으로 보면 식 (10.51)의 좌변 첫째 항은 관성력, 둘째 항은 감쇠력, 셋째 항은 복원력에 상응한다고 볼 수 있다. 관성력과 복원력에 비해 감쇠력은 앞에 곱해져 있는 ε 때문에 상대적으로 매우 작은 양으로 볼 수 있고, 따라서 감쇠력이 운동에 영향을 미치는 데는 상당히 '오랜' 시간이 걸릴 것으로 예측할 수 있다. 이와 같은 감쇠력의 영향을 초기치 문제에서 적절하게 고려하기 위해서는 상당히 긴 시간을 단위로 하는 소위 **느린 시간**(slow time) t_2를 **명시적으로**(explicitly) 도입해야 한다. 만약 두 개 이상의 기제가 서로 매우 다른 시간 단위로 영향을 미치는 문제에 대해서는 복수의 시간 변수를 명시적으로 도입하여 문제를 해석할 수 있는데, 이와 같은 방법을 **다중척도법**(multiple scale method)이라고 부른다[23].

$t_1 = t$, $t_2 = \varepsilon t$ 라고 하고, $u(t)$를, t_1, t_2의 함수 $W(t_1, t_2)$로 간주하면 다음을 얻는데,

$$\dot{u} = \frac{\partial W}{\partial t_1} + \varepsilon \frac{\partial W}{\partial t_2} = W_{,1} + \varepsilon W_{,2}, \tag{10.64}$$

$$\ddot{u} = \frac{\partial^2 W}{\partial t_1^2} + 2\varepsilon \frac{\partial^2 W}{\partial t_1 \partial t_2} + \varepsilon^2 \frac{\partial^2 W}{\partial t_2^2} = W_{,11} + 2\varepsilon W_{,12} + \varepsilon^2 W_{,22}, \tag{10.65}$$

여기서 하첨자 중 쉼표 뒤의 숫자 $i\,(i = 1,2)$는 t_i에 대한 편미분을 뜻한다.

식 (10.64), (10.65)를 식 (10.51), (10.52)의 Van der Pol 방정식에 대한 초기치 문제에 대입하면 $W(t_1, t_2)$에 대한 초기치 문제를 다음과 같이 얻는다.

$$\left(W_{,11} + 2\varepsilon W_{,12} + \varepsilon^2 W_{,22}\right) + \varepsilon\left(W^2 - 1\right)\left(W_{,1} + \varepsilon W_{,2}\right) + W = 0,$$

$$\therefore W_{,11} + W + \varepsilon\left\{\left(W^2 - 1\right) W_{,1} + 2 W_{,12}\right\}$$

$$+ \varepsilon^2\left\{W_{,22} + \left(W^2 - 1\right) W_{,2}\right\} = 0, \; t_1 \geq 0, \; t_2 \geq 0, \tag{10.66}$$

$$W(0,0) = U_0, \; W_{,1}(0,0) + \varepsilon W_{,2}(0,0) = V_0. \tag{10.67}$$

이제 $W(t_1, t_2)$를 ε의 멱급수로 다음과 같이 가정하고,

$$W(t_1, t_2) = w_0(t_1, t_2) + \varepsilon w_1(t_1, t_2) + \varepsilon^2 w_2(t_1, t_2) + \cdots, \tag{10.68}$$

이를 식 (10.66), (10.67)에 대입하면 다음을 얻는다.

---

23) 다중척도법과 관련하여 보다 자세한 사항은 Bender & Orszag(2010)[16]을 참조하기 바란다.

$$\left(w_{0,11}+\varepsilon w_{1,11}+\varepsilon^2 w_{2,11}+\cdots\right)+\left(w_0+\varepsilon w_1+\varepsilon^2 w_2+\cdots\right)$$
$$+\varepsilon\left\{\left(w_0^2+2\varepsilon w_0 w_1+\cdots-1\right)\left(w_{0,1}+\varepsilon w_{1,1}+\cdots\right)+2\left(w_{0,12}+\varepsilon w_{1,12}+\cdots\right)\right\}$$
$$+\varepsilon^2\left\{\left(w_{0,22}+\varepsilon w_{1,22}+\varepsilon^2 w_{2,22}+\cdots\right)\right.$$
$$\left.+\left(w_0+2\varepsilon w_0 w_1+\varepsilon^2 w_2+\cdots-1\right)\left(w_{0,2}+\varepsilon w_{1,2}+\varepsilon^2 w_{2,2}+\cdots\right)\right\}=0, \quad (10.69)$$

$$w_0(0,0)+\varepsilon w_1(0,0)+\varepsilon^2 w_2(0,0)+\cdots=U_0, \quad (10.70)$$

$$\left\{w_{0,1}(0,0)+\varepsilon w_{1,1}(0,0)+\varepsilon^2 w_{2,1}(0,0)+\cdots\right\}$$
$$+\varepsilon\left\{w_{0,2}(0,0)+\varepsilon w_{1,2}(0,0)+\varepsilon^2 w_{2,2}(0,0)+\cdots\right\}=V_0. \quad (10.71)$$

이 식들에 대해 ε^0, ε^1, ε^2, $\cdots$ 항들을 따로 따로 정리하여, ε^0-문제, 또는 최저차 문제를 다음과 같이 얻는다[연습문제 7].

$$\varepsilon^0;\ w_{0,11}+w_0=0,\ t_1\geq 0,\ t_2\geq 0, \quad (10.72)$$

$$w_0(0,0)=U_0,\ w_{0,1}(0,0)=V_0,\ w_{0,2}(0,0)=0. \quad (10.73)$$

최저차 문제의 일반해는 다음과 같이 주어질 수 있고,

$$w_0(t)=A(t_2)\cos t_1+B(t_2)\sin t_1=C(t_2)\cos\theta, \quad (10.74)$$

$$C(t_2)=\sqrt{A^2+B^2},\ \theta=t_1-\delta(t_2),\ \delta(t_2)=\tan^{-1}\frac{B}{A}, \quad (10.75)$$

식 (10.73)으로 주어진 초기조건을 적용하여 다음을 얻는데,

$$A(0)=U_0,\ B(0)=V_0,\ \therefore C^2(0)=U_0^2+V_0^2\equiv C_0^2,\ \delta(0)=\tan^{-1}\frac{V_0}{U_0}, \quad (10.76)$$

아직 $A(t_2)$, $B(t_2)$는 완전히 정해지지 않았음에 유의한다.

다음으로 식 (10.69), (10.70), (10.71)로부터 ε^1-문제, 또는 1차 문제를 다음과 같이 얻는다[연습문제 8].

$$\varepsilon^1;\ w_{1,11}+w_1=-\left(w_0^2-1\right)w_{0,1}-2w_{0,12}\equiv f_1(t_1,t_2),\ t_1\geq 0,\ t_2\geq 0, \tag{10.77}$$

$$w_1(0,0)=0,\ w_{1,1}(0,0)=0,\ w_{1,2}(0,0)=0. \tag{10.78}$$

여기서 식 (10.77)의 우변으로 정의된 f_1을 구하기 위해 식 (10.74)를 대입하면 다음을 얻는데,

$$\begin{aligned} f_1(t_1,t_2) &= C\left(C^2\cos^2\theta-1\right)\sin\theta+2(C'\sin\theta-C\delta'\cos\theta) \\ &= \left(2C'+\frac{C^3}{4}-C\right)\sin\theta-2C\delta'\cos\theta+\frac{C^3}{4}\sin 3\theta, \end{aligned} \tag{10.79}$$

여기서 $C'=\dfrac{dC}{dt_2}$, $\delta'=\dfrac{d\delta}{dt_2}$를 뜻한다.

식 (10.79) 우변의 첫째 및 둘째 항은 공진을 야기하는 영속항이며, 따라서 이들이 영이 되어야 한다는 조건을 부과하여 다음을 얻는다.

$$8C'=C\left(4-C^2\right),\ \delta'=0. \tag{10.80}$$

둘째 식과 식 (10.76)으로부터 다음을 얻고,

$$\delta=const.=\delta(0)=\tan^{-1}\frac{V_0}{U_0}, \tag{10.81}$$

첫째 식은 변수 분리형임과, 또 부분 분수를 이용하여 다음을 얻는다.

$$\left(\frac{2}{C}+\frac{1}{2-C}-\frac{1}{2+C}\right)dC=dt_2,\ \therefore\frac{aC^2}{4-C^2}=e^{t_2},\ a=\frac{4-C_0^2}{C_0^2}. \tag{10.82}$$

위 결과에서 $e^{t_2} \ge 1$, $t_2 \ge 0$이므로, $4 - C^2$과 $4 - C_0^2$의 부호가 같아야 하는데, 이는 초기조건에 의해 $C_0 < 2$이면 $C(t_2) < 2$, $t_2 > 0$이 성립해야 하며, 반대로 $C_0 > 2$이면 $C(t_2) > 2$, $t_2 > 0$이 성립해야 함을 뜻한다. 식 (10.82) 둘째 식을 C에 대해 정리하면 다음을 얻으며,

$$C(t_2) = \frac{2}{\sqrt{1 + ae^{-t_2}}}, \tag{10.83}$$

이 식으로부터 $t \to \infty$일 때, $C \to 2$임을 얻는다.

지금까지 얻은 결과를 정리하면 다음과 같다.

$$u(t) = W(t_1, t_2) = \frac{2}{\sqrt{1 + ae^{-\varepsilon t}}} \cos(t - \delta) + O(\varepsilon). \tag{10.84}$$

여기서 a, δ는 식 (10.82), (10.81)로 주어지고, 이 식으로부터 $u = 2\cos\theta$는 주어진 Van der Pol 방정식의 극한 싸이클임을 확인할 수 있다.

또한 이 절의 앞부분에서 시도한 정규 섭동법이 왜 $t \to \infty$에 따라 무계인 해를 주었는지에 대해 생각해 보기로 하자. 먼저 식 (10.83)으로 주어진 C에 대해 $|ae^{-\varepsilon t}| \ll 1$을 가정하고 근사식을 구하면 다음을 얻는다.

$$C(t) \simeq 2\left(1 - \frac{a}{2} e^{-\varepsilon t}\right) \simeq 2 - a(1 - \varepsilon t) \simeq (2 - a) + \varepsilon(at). \tag{10.85}$$

여기서 우변 마지막 항은 식 (10.63)의 영속항에 의해 얻어지는 해에 상응한다. 다중척도법의 최저차 근사인 w_0의 진폭은 $C(t_2)$로 가정되어 εt의 영향을 반영할 수 있었지만, 정규 섭동법의 최저차 근사인 u_0의 진폭은 상수로 가정되므로, 식 (10.85)에 보인 바와 같이 $O(\varepsilon)$의 항에서 $\varepsilon(at)$와 같은 항이 나타날 수밖에 없었음을 알 수 있다.

$\varepsilon \ll 1$을 가정하지 않는 경우에도, 식 (10.51), (10.52)로 주어진 초기치 문제에 대한 해를 구할 수 있는데, 이와 같은 문제의 해석에 대해서는 Stoker(1966)[5]를 참조하기 바란다.

10.4 극한 싸이클에 대한 Liénard 정리

이 절에서는 다음과 같이 보다 일반적인 형태로 주어지는 $u(t)$에 대한 **Liénard 방정식**(Liénard equation)과 관련하여 극한 싸이클의 존재에 대한 **Liénard 정리**(Liénard theorem, 1928{19})에 대해 생각하자.

$$\ddot{u} + f(u)\dot{u} + g(u) = 0. \tag{10.86}$$

여기서 $f(u)$와 $g(u)$가 다음 조건을 만족한다고 가정한다.

1) $f(u)$는 $u \in (-\infty, \infty)$에 대해 연속이며, u의 우함수이고, $F(u)$는 다음과 같이 정의된다.

$$F(u) \equiv \int_0^u f(z)\,dz. \tag{10.87}$$

$u \in (0, c)$일 때는 $F(u) < 0$, 또 $u > c$일 때는 단조적으로 증가하여 $u \to \infty$일 때 $F \to \infty$이다.

2) $g(u)$는 $u \in (-\infty, \infty)$에 대해 영보다 크고, 연속적으로 미분 가능하며, u의 기함수이고, $G(u)$는 다음과 같이 정의된다.

$$G(u) \equiv \int_0^u g(z)\,dz. \tag{10.88}$$

$u \to \infty$ 일 때 $G \to \infty$이다.

이때, 식 (10.86)을 만족하는 $u(t)$의 주기해로 (u, v) 평면의 원점을 둘러싼 폐곡선으로 주어지는 해가 존재하며, 또한 모든 다른 해는 $t \to \infty$에 따라 이 폐곡선, 즉 극한 싸이클에 나선을 그리며 점근적으로 가까워진다.

위 정리의 증명은 Jordan & Smith(1999)[6]으로 미루고, 식 (10.21)로 주어지는 자유 동요에 상응하는 Van der Pol 방정식에 대해 위의 정리를 적용하여 얻어지는 결과에 대해 생각하기로 한다. Van der Pol 방정식과 식 (10.86)을 비교하면 $f(u)$와 $g(u)$에 대해 다음을 얻는데,

$$f(u) = -\varepsilon(1-u^2),\ g(u) = u, \tag{10.89}$$

이들은 위의 정리에서 가정한 $f(u)$와 $g(u)$가 만족해야 하는 조건을 모두 만족하고 있음을 확인할 수 있다. 또한 이들을 식 (10.87), (10.88)에 대입하여 $F(u)$, $G(u)$를 각각 다음과 같이 얻는다.

$$F(u) = \varepsilon\left(\frac{u^3}{3} - u\right) = \varepsilon u\left(\frac{u^2}{3} - 1\right),\ G(u) = \frac{u^2}{2}. \tag{10.90}$$

$c = \sqrt{3}$ 이라고 하면, $F(u)$, $G(u)$도 위의 정리에서 가정한 모든 조건을 만족함을 확인할 수 있고, 따라서 위의 Liénard 정리에 따르면 Van der Pol 방정식은 극한 싸이클인 주기해를 가짐을 알 수 있다. 위의 논의에서 $F(c) = 0$ 으로 c는 $F(u)$의 **제로**(zero), 또는 **근**(root)임에 유의한다.

10.5 자기기진 계의 강제 조화 동요

이 절에서는 식 (10.21)로 주어진 Van der Pol 방정식의 감쇠력에 대한 표현을 약간 변형하고, 또 강제력을 받는 경우에 대해 고려하기로 하고, 다음과 같은 $u(t)$에 대한 방정식을 생각하기로 한다.

$$\frac{d^2u}{dt^2} - \frac{d}{dt}(\varepsilon u - \gamma u^3) + \omega_0^2 u = h\sin\omega_1 t. \tag{10.91}$$

여기서 $\varepsilon \ll 1$, $\gamma \ll 1$, $h \ll 1$이며 주어진 상수이고, 또 $|\omega_0 - \omega_1| \ll 1$이며, ω_0, ω_1도 주어진 상수로 가정한다.

식 (10.91)에 대해 다음과 같은 형태의 주기해를 구하는데,

$$u(t) = a(t)\sin\omega_1 t + b(t)\cos\omega_1 t = aS + bC,\ S \equiv \sin\omega_1 t,\ C \equiv \cos\omega_1 t, \tag{10.92}$$

여기서 진폭을 나타내는 $a(t)$, $b(t)$는 **지변 함수**(slowly varying function)로 가정하며,

이 함수를 t에 대해 미분할 때 마다 원래의 함수보다 매우 작은 크기의 함수가 얻어지는 것으로 간주한다.

위의 가정에 따르면, 식 (10.91)은 기본적으로는 고유진동수 ω_0의 조화 진동자인 계에 작다고 볼 수 있는 비선형 감쇠력과 고유진동수와 가까운 진동수를 가지는 역시 작은 크기의 강제력을 받는 경우에 대한 방정식으로 볼 수 있다. $\frac{du}{dt}$, $\frac{d^2u}{dt^2}$에 대해 다음을 얻으므로,

$$\frac{du}{dt} = \dot{a}S + \dot{b}C + \omega_1 aC - \omega_1 bS \simeq \omega_1 aC - \omega_1 bS, \tag{10.93}$$

$$\begin{aligned}\frac{d^2u}{dt^2} &= \ddot{a}S + \ddot{b}C + 2\omega_1 \dot{a}C - 2\omega_1 \dot{b}S - \omega_1^2 aS + \omega_1^2 bC \\ &\simeq 2\omega_1 \dot{a}C - 2\omega_1 \dot{b}S - \omega_1^2 aS - \omega_1^2 bC,\end{aligned} \tag{10.94}$$

이들을 식 (10.91)에 대입하면 다음을 얻는다.

$$\begin{aligned}&\left(2\omega_1 \dot{a}C - 2\omega_1 \dot{b}S - \omega_1^2 aS - \omega_1^2 bC\right) - \varepsilon\left(\omega_1 aC - \omega_1 bS\right) \\ &+ \gamma\frac{d}{dt}\left(a^3S^3 + 3a^2bS^2C + 3ab^2SC^2 + b^3C^3\right) + \omega_0^2(aS + bC) = hS.\end{aligned} \tag{10.95}$$

한편, 삼각 함수에 대해 다음을 알고 있으므로,

$$S^3 = \frac{3}{4}S - \frac{1}{4}S_3,\ C^3 = \frac{3}{4}C + \frac{1}{4}C_3,\ S_3 \equiv \sin 3\omega_1 t,\ C_3 \equiv \cos 3\omega_1 t, \tag{10.96}$$

$$S^2C = \frac{1}{4}C - \frac{1}{4}C_3,\ SC^2 = \frac{1}{4}S + \frac{1}{4}S_3, \tag{10.97}$$

식 (10.95)의 좌변 셋째 항에 대해 다음을 얻는다.

$$\begin{aligned}&4\left(a^3S^3 + 3a^2bS^2C + 3ab^2SC^2 + b^3C^3\right) \\ &= 3a\left(a^2 + b^2\right)S + 3b\left(a^2 + b^2\right)C + a\left(-a^2 + 3b^2\right)S_3 + b\left(b^2 - 3a^2\right)C_3.\end{aligned} \tag{10.98}$$

여기서 우변의 셋째, 넷째 항은 $\sin 3\omega_1 t$, $\cos 3\omega_1 t$의 응답을 구할 때 필요한 항들로 여기서는 식 (10.92)와 같은 형태의 해를 구하고 있으므로, 이하의 계산에서는 기여하는 바가 없어 무시할 수 있다.

따라서 이들을 이용하여 식 (10.95)로부터 다음을 얻으며,

$$\left(2\dot{a}C - 2\dot{b}S - \omega_1 aS - \omega_1 bC\right) - \varepsilon(aC - bS)$$

$$+\frac{3\gamma}{4}\left\{a\left(a^2+b^2\right)C - b\left(a^2+b^2\right)S\right\} + \frac{\omega_0^2}{\omega_1}(aS+bC) = \frac{h}{\omega_1}S, \tag{10.99}$$

$S=\sin\omega_1 t$와 $C=\cos\omega_1 t$는 서로 선형 독립이므로, 이 식으로부터 다음 결과를 얻는다.

$$2\dot{a} + \frac{\omega_0^2-\omega_1^2}{\omega_1}b - \varepsilon\left\{1-\frac{3\gamma}{4\varepsilon}\left(a^2+b^2\right)\right\}a = 0, \tag{10.100}$$

$$2\dot{b} - \frac{\omega_0^2-\omega_1^2}{\omega_1}a - \varepsilon\left\{1-\frac{3\gamma}{4\varepsilon}\left(a^2+b^2\right)\right\}b = -\frac{h}{\omega_1}. \tag{10.101}$$

이 식을 간단한 형태로 쓰기 위해 $\omega_0-\omega_1=\frac{\Delta}{2}$, $\frac{4\varepsilon}{3\gamma}=c_0^2$, $a^2+b^2=c^2$이라고 하고, $|\Delta|\ll 1$임을 이용하여 위 식을 다시 쓰면 다음을 얻는다.

$$2\dot{a} + \Delta b - \varepsilon\left(1-\frac{c^2}{c_0^2}\right)a = 0, \tag{10.102}$$

$$2\dot{b} - \Delta a - \varepsilon\left(1-\frac{c^2}{c_0^2}\right)b = -\frac{h}{\omega_0}. \tag{10.103}$$

여기서 $\dot{a}=\dot{b}=\Delta=h=0$이라고 하면 $c=c_0$를 얻으므로, c_0는 자유 동요 시의 진폭이라고 볼 수 있으며, 따라서 $\frac{c}{c_0}$는 진동수 ω_1의 강제 동요와 진동수 ω_0인 자유 동요의 진폭비로 생각할 수 있음에 유의한다.

식 (10.102), (10.103)은 지변인 진폭 함수 $a(t)$, $b(t)$에 대한 연립 1계 비선형 미분 방정식이다. 이 문제의 해로 가장 관심을 끄는 해는 $\dot{a} = \dot{b} = 0$로 간주하여 얻어지는 주기해, 또는 **조화해**(harmonic solution)이다. 식을 보다 간단히 하기 위해 $\frac{1}{c_0}(a,b) = (\xi,\eta)$, $\frac{c^2}{c_0^2} = \rho = \xi^2 + \eta^2$, $\sigma = \frac{\Delta}{\varepsilon}$ 라고 하면 다음을 얻는다.

$$(1-\rho)\xi - \sigma\eta = 0, \tag{10.104}$$

$$\sigma\xi + (1-\rho)\eta = \frac{h}{\varepsilon c_0 \omega_0} \equiv F. \tag{10.105}$$

이 식으로부터 다음 결과를 얻고,

$$(\xi,\eta) = \frac{F}{D}(\sigma, 1-\rho),\ \ D = (1-\rho)^2 + \sigma^2, \tag{10.106}$$

$\rho = \xi^2 + \eta^2$을 이용하여 다음과 같은 조화해를 얻는다.

$$\rho D = F^2,\ \ \therefore R(\rho;\sigma) \equiv \rho\{\sigma^2 + (1-\rho)^2\} = F^2. \tag{10.107}$$

여기서 F는 주어진 상수이므로, 위 식은 $R(\rho;\sigma) = const.$의 형태로 주어진 응답 곡선으로 볼 수 있다. (σ,ρ) 평면은 본질적으로는 그림 9.9에 보인 $(\omega, |b|)$ 평면과 같은 것으로 볼 수 있으며, 이하에서는 식 (10.107)로 얻은 조화해의 특성에 대해 논의하기로 한다.

ρ는 그 정의에 의해 영보다 작을 수 없다. 또한 R은 σ^2의 함수이므로, σ에 대해 대칭이며, 따라서 (σ,ρ) 평면의 1 상한만 고려하면 된다.

1) $F=0$일 때; $\sigma = 0$이면 자유 동요에 상응하므로 $\rho = 1$이어야 하고, $\sigma \neq 0$이면 $\rho = 0$이 유일한 해이다.

2) F가 매우 작을 때; 1)과 비슷한 결과를 얻어야 하며, 따라서 $\sigma \approx 0$이면 $\rho \approx 1$이 성립해야 하므로 응답 곡선은 다음과 같이 주어질 수 있고,

$$\sigma^2 + (1-\rho)^2 = F^2, \tag{10.108}$$

이 식은 $(0,1)$에 중심이 위치하며 반경이 F인 원이다.

3) F가 증가함에 따라, 식 (10.108)의 원으로 주어진 응답 곡선은 점차 타원의 형상을 가지게 되며, F가 어떤 임계치에 달하면 응답 곡선은 더 이상 폐곡선으로 주어지지 않는다. 이 임계치를 구하기 위해 기울기가 ∞ 인 점, 즉 $\dfrac{d\sigma}{d\rho}=0$인 점들을 먼저 구하면 응답 곡선으로부터 다음을 얻는다.

$$2\rho\sigma\, d\sigma + \{\sigma^2 + (1-\rho)^2 - 2\rho(1-\rho)\}\, d\rho = 0, \ \therefore \frac{d\sigma}{d\rho} = \frac{E(\rho,\sigma)}{2\rho\sigma}, \tag{10.109}$$

$$E(\rho,\sigma) = \sigma^2 + 3\left(\rho - \frac{2}{3}\right)^2 - \frac{1}{3} = 0. \tag{10.110}$$

따라서 기울기가 ∞ 인 점들의 궤적인 곡선 $E=0$는 $\left(0,\dfrac{2}{3}\right)$에 중심이 위치하며, σ 방향 반경은 $\dfrac{1}{\sqrt{3}}$, ρ방향 반경은 $\dfrac{1}{3}$인 타원이고, 이 타원의 가장 아래에 위치한 점은 $\left(0,\dfrac{1}{3}\right)$임을 얻는다. 이 점을 응답 곡선에 대입하여 이 점을 지나는 응답 곡선에 상응하는 $F^2=\dfrac{4}{27}$를 얻는다.

$F^2<\dfrac{4}{27}$일 때는 응답 곡선이 $E=0$를 한 점에서만 만나지만, $F^2 \geq \dfrac{4}{27}$일 때는 두 점에서 만나게 되며, 이 경우에는 응답 곡선이 따라서 폐곡선이 될 수 없다.

4) F가 더욱 증가하여 또 한 번의 임계치보다 커지면, 응답 곡선은 위에서 구한 $E=0$와 더 이상 만나지 않으므로, 응답 곡선은 기울기가 무한대인 점을 가지지 않는다. 이 임계값은 $E=0$인 타원의 가장 오른쪽 점, $\left(\dfrac{1}{\sqrt{3}},\dfrac{2}{3}\right)$를 지나므로, 이 점을 응답 곡선에 대입하여 이 점을 지나는 응답 곡선에 상응하는 $F^2=\dfrac{8}{27}$을 얻는다.

5) 나아가 직선 $\rho=\sigma$와 $E=0$의 타원이 만나는 점은 다음과 같이 얻을 수 있는데,

$$\rho^2+3\left(\rho-\frac{2}{3}\right)^2-\frac{1}{3}=4\rho^2-4\rho+1=(2\rho-1)^2=0,\ \therefore \rho=\frac{1}{2}, \qquad (10.111)$$

따라서 $(2^{-1},2^{-1})$을 응답 곡선에 대입하여 이 점을 지나는 응답 곡선에 상응하는 $F^2=\dfrac{1}{4}$을 얻는다.

위에서 얻은 결과들을 모두 종합하여 그림 10.2에 응답 곡선을 보였으며, 보인 그림과 얻은 결과들을 하나하나 잘 대조, 확인해 보기 바란다.

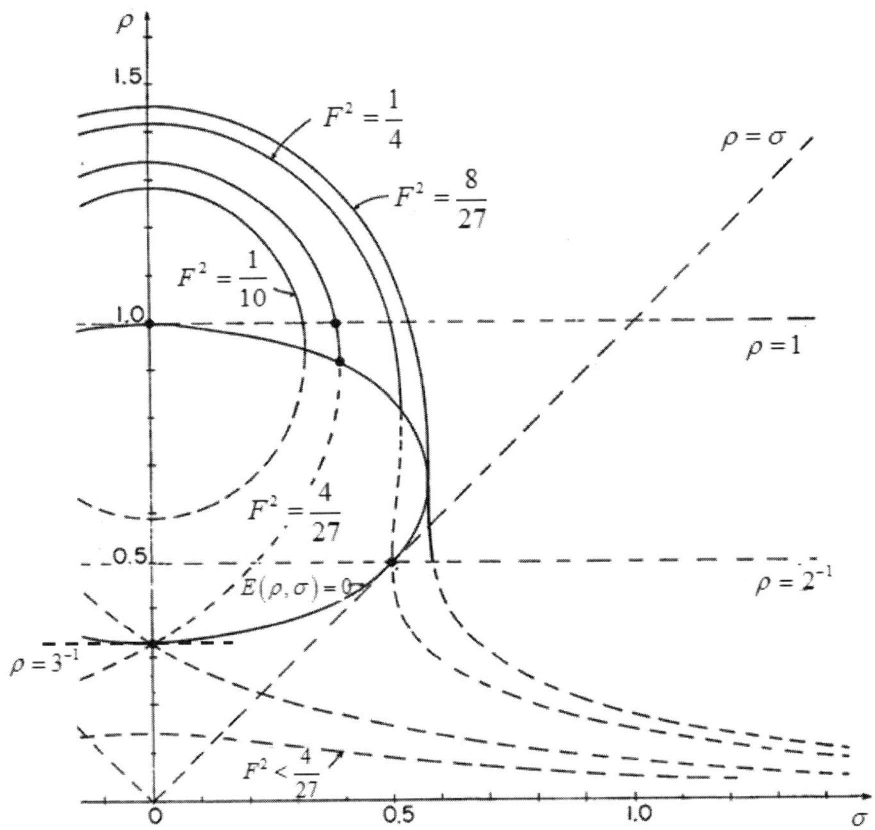

그림 10.2 응답 곡선, $\rho\{\sigma^2+(1-\rho)^2\}=F^2$

$F^2 = \dfrac{4}{27}$ 에 대응하는 곡선이 폐곡선과 열린 곡선을 분리하고 있다. $F^2 < \dfrac{4}{27}$ 일 때는 분리곡선의 내부와 그 아래쪽에 두 개의 곡선이 하나의 F^2 에 대응하며, $F^2 > \dfrac{4}{27}$ 일 때는 하나의 응답 곡선만 존재함을 알 수 있다. 어떤 경우든지 모든 σ 값에 대응하는 ρ 값이 있다는 것은 강제력의 진동수 ω_1 이 어떤 값을 취한다고 하더라도, $\omega_1 \approx \omega_0$ 의 가정이 만족되는 한, 진동수 ω_1 의 조화해가 존재함을 뜻한다. 물론 하나의 F 값에 대응하여 두 개의 응답 곡선이 존재한다는 것은 이들 응답의 안정성에 따라 어떤 응답이 실제 관측 가능한 응답이 될 것인지를 결정할 것이며, 이에 대해서는 다음 절에서 다루기로 한다.

10.6 강제 조화 동요의 안정성

앞 절에서 얻은 조화해의 미소 안정성을 조사하기 위해 식 (10.102), (10.103)을 8.4절에서 고려한 1계 자율계로 간주하기로 한다.

표기와 논의의 편의를 위해 먼저 식 (10.102), (10.103)을 약간 바꾸어 쓰기로 하는데, 독립 변수에 대해 $\tau = \dfrac{\varepsilon}{2} t$ 의 치환을 사용하고, 앞 절에서 도입한 $\dfrac{1}{c_0}(a,b) = (\xi,\eta)$, $\dfrac{c^2}{c_0^2} = \rho = \xi^2 + \eta^2$, $\sigma = \dfrac{\Delta}{\varepsilon}$, $F = \dfrac{h}{\varepsilon c_0 \omega_0}$ 등을 사용하기로 하면 다음을 얻는다.

$$\frac{d\xi}{d\tau} = (1-\rho)\xi - \sigma\eta, \tag{10.112}$$

$$\frac{d\eta}{d\tau} = \sigma\xi + (1-\rho)\eta - F. \tag{10.113}$$

이들을 8.4절에서 고려한 바 있는 1계 자율계인 식 (8.76)과 비교하여 다음을 얻는다.

$$\begin{pmatrix} g(\xi,\eta) \\ f(\xi,\eta) \end{pmatrix} = \begin{pmatrix} (1-\rho)\xi - \sigma\eta \\ \sigma\xi + (1-\rho)\eta - F \end{pmatrix}. \tag{10.114}$$

식 (8.77)로 정의된 임계점은 바로 앞 절에서 구한 조화해가 만족하는 식 (10.104), (10.105)이므로, 이들 조화해의 안정성은 식 (8.82)로 주어진 상수 α, β에 의해 주어지며,

$$\alpha = -(\lambda + \tau), \ \beta = \lambda\tau - \mu\Sigma, \tag{10.115}$$

여기서 λ, μ, Σ, τ는 식 (8.79)로부터 다음과 같다.

$$\lambda = \left.\frac{\partial g}{\partial \xi}\right|_P, \ \mu = \left.\frac{\partial g}{\partial \eta}\right|_P, \ \Sigma = \left.\frac{\partial f}{\partial \xi}\right|_P, \ \tau = \left.\frac{\partial f}{\partial \eta}\right|_P. \tag{10.116}$$

이 식에 식 (10.114)를 대입하면 다음을 얻는데,

$$\lambda = (1-\rho) - 2\xi^2, \ \mu = -\sigma - 2\xi\eta, \ \Sigma = \sigma - 2\xi\eta, \ \tau = (1-\rho) - 2\eta^2, \tag{10.117}$$

이들을 식 (10.115)에 대입하여 α, β를 다음과 같이 얻는다.

$$\alpha = -(1-2\rho), \ \beta = (1-\rho)(1-3\rho) + \sigma^2 = E(\rho,\sigma). \tag{10.118}$$

여기서 $E(\rho,\sigma)$는 바로 식 (10.110)에서 얻었던 함수이다.

7.3절의 그림 7.10, (α,β) 평면 상의 안정성 영역 구분에 따르면, $\alpha \geq 0$, $\beta \geq 0$인 경우에만 안정성이 보장되는데, 이는 다음 조건에 각각 상응한다.

$$\rho \geq \frac{1}{2}, \ E(\rho,\sigma) \geq 0. \tag{10.119}$$

다시 말하면, $\rho = 2^{-1}$인 직선의 상부와 $E = 0$에 의해 주어지는 타원의 외부인 영역의 공통집합에 속하는 조화해들은 안정하며, $\rho = 2^{-1}$인 직선의 하부, 또는 $E = 0$에 의해 주어지는 타원의 내부에 속하는 조화해들은 불안정함을 알 수 있다. 그림 10.2에 안정 영역은 실선, 불안정 영역은 점선으로 응답 곡선을 나타낸 점에 유의한다.

또 그림 7.10에서 안정 초점과 안정 절점은 $4\beta = \alpha^2$에 의해 주어지는데, 이 경계는 다음 식을 만족하며,

$$\rho^2 = \sigma^2, \tag{10.120}$$

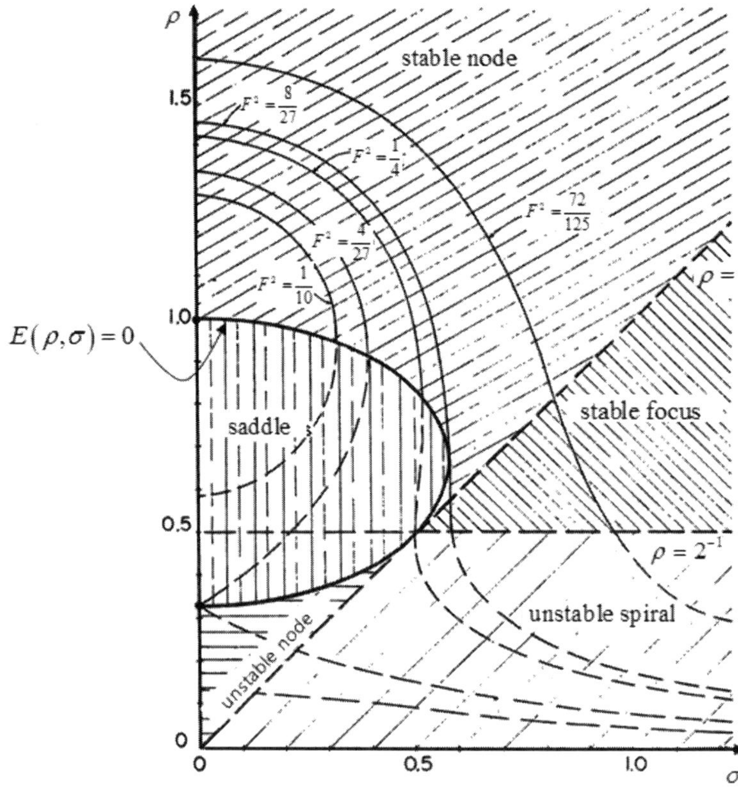

그림 10.3 응답 곡선의 안정성 영역

따라서 안정 초점은 $\rho < \sigma$, 즉 $\rho = \sigma$인 직선의 아래 영역에 상응하고, 안정 절점은 그 위 영역에 상응한다. 이들을 포함하여 그림 7.10에 보인 각 안정성 영역에 상응하는 영역을 그림 10.3에 보였다[연습문제 9].

$F^2 > \dfrac{8}{27}$일 때는 주어진 σ에 대해 오직 하나의 ρ 값이 대응하며, $\rho > \dfrac{1}{2}$일 때만 안정하다. $F^2 \in \left(\dfrac{1}{4}, \dfrac{8}{27}\right)$일 때는, $\sigma \in \left(\dfrac{1}{2}, \dfrac{1}{\sqrt{3}}\right)$일 경우, 주어진 σ에 대해 세 개의 ρ 값이 대응한다. 이들 중 가장 큰 값은 항상 안정, 가운데 값은 항상 불안정하지만, 가장 작은 값은 그 값이 2^{-1}보다 큰지 작은지에 따라 그 안정성이 달라진다. $(\sigma, \rho) = (2^{-1}, 2^{-1})$ 부근에서의 응답 곡선을 그림 10.4에 보였으며, 타원인 $E = 0$ 상에서는 응답 곡선의 기울기가 ∞임에 유의한다.

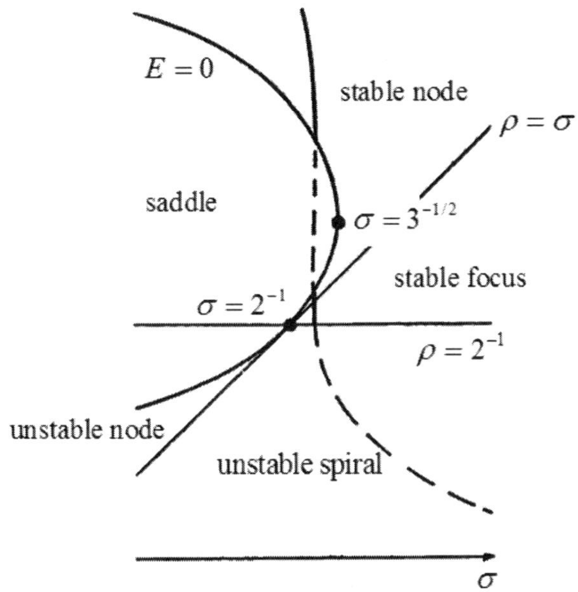

그림 10.4 $(\sigma,\rho)=\left(2^{-1},2^{-1}\right)$ 부근에서의 응답 곡선

$F^2 < \dfrac{1}{4}$ 일 때는, $\sigma \in (0,\sigma_m)$ 일 경우(σ_m 은 응답 곡선과 $E=0$의 교점으로 F의 단조 증가 함수), 주어진 σ에 대해 세 개의 ρ 값이 대응한다. 이들 중 가장 큰 값만 항상 안정하고, 나머지 값들은 항상 불안정하다. $\sigma > \sigma_m$ 일 경우, 주어진 σ에 대해 오직 하나의 ρ 값이 대응하는데, 이 값은 항상 불안정하다.

Van der Pol 방정식에 대해서도 9.4절에서 Duffing 방정식에 대해 했던 것과 마찬가지로 선형 변분 방정식을 유도하여 그 안정성에 대해 논의할 수 있는데, 식 (9.46)에 보인 바와 본질적으로 같은 Hill 방정식을 얻으며, 이에 대해서는 13장에서 논의하기로 한다.

마지막으로 앞 절과 이 절에서 설명한 강제 동요 및 그 해의 안정성에 대한 논의는 Van der Pol(1927){20}에 의해 수행되었던 점을 밝혀둔다.

연습문제

1. 식 (10.28), (10.29), (10.30)으로부터 10.2절의 최저차 문제인 식 (10.31), (10.32)를 구하시오.

2. 식 (10.28), (10.29), (10.30)으로부터 10.2절의 1차 문제인 식 (10.37), (10.38)을 구하시오.

3. 식 (10.45) { } 안의 항들에 대해 식 (10.47), (10.48)을 구하시오.

4. 식 (10.49)까지 얻어진 결과를 이용하여 식 (10.37), (10.38)로 주어지는 10.2절의 1차 문제의 해를 구하시오.

5. 식 (10.54), (10.55), (10.56)으로부터 10.3절, 정규 섭동법에 따른 최저차 문제인 식 (10.57), (10.58)을 구하시오.

6. 식 (10.54), (10.55), (10.56)으로부터 10.3절, 정규 섭동법에 따른 1차 문제인 식 (10.61), (10.62)를 구하시오.

7. 식 (10.69), (10.70), (10.71)로부터 10.3절, 다중척도법에 따른 최저차 문제인 식 (10.72), (10.73)을 구하시오.

8. 식 (10.69), (10.70), (10.71)로부터 10.3절, 다중척도법에 따른 1차 문제인 식 (10.77), (10.78)을 구하시오.

9. 그림 10.3에 보인 각 안정성 영역이 그림 7.10에 보인 각 안정성 영역과 적절하게 상응하는지 보이시오.

11장
선형계와 Picard 방법

이 장에서는 선형 문제 자체에 대한 관심도 있지만, 비선형 문제의 점근 안정성 등은 선형 방정식에 의해 결정되므로, 선형계로 주어지는 문제의 해에 대해 생각하기로 한다. 먼저 1절에서 가장 근본적인 주제인 해의 **존재**(existence)와 **유일성**(uniqueness)에 대해 Picard **방법**(Picard method)을 사용하여 알아보기로 한다. 2절에서는 1절에서 유일성을 증명하는데 필요한 **Gronwall의 보조정리**(Gronwall lemma)에 대해 설명하며, 이어서 3절에서는 선형계의 특성을 대표하는 **기본 행렬**(fundamental matrix)의 성질에 대해 고찰하기로 한다.

11.1 선형계

$t \in [0, \infty)$ 상에서 연속적으로 미분 가능한 n 개의 실수 함수 $y_1(t)$, $y_2(t)$, $\cdots$, $y_n(t)$에 대해 **비제차 선형계**(inhomogeneous linear system)로 다음과 같이 연립 1계 미분 방정식이 주어졌다고 하자.

$$\begin{aligned} \dot{y}_1(t) &= a_{11}(t)y_1 + a_{12}(t)y_2 + \cdots + a_{1n}(t)y_n + b_1(t)\,, \\ \dot{y}_2(t) &= a_{21}(t)y_1 + a_{22}(t)y_2 + \cdots + a_{2n}(t)y_n + b_2(t)\,, \\ &\cdots \\ \dot{y}_n(t) &= a_{n1}(t)y_1 + a_{n2}(t)y_2 + \cdots + a_{nn}(t)y_n + b_n(t)\,. \end{aligned} \tag{11.1}$$

여기서 $a_{ij}(t)$, $i=1,2,\cdots,n$, $j=1,2,\cdots,n$은 n^2 개의 주어진 t의 함수이고, $b_i(t)$, $i=1,2,\cdots,n$은 n 개의 주어진 t의 함수이며, 모두 $t\in[0,\infty)$에서 연속이라고 가정한다.

식 (11.1)을 만족하는 $y_1(t)$, $y_2(t)$, $\cdots$, $y_n(t)$를 고려하기 위해 먼저 위 식을 벡터 표기법을 사용하여 쓰기로 하면 다음과 같이 쓸 수 있다.

$$\dot{\underline{y}}(t)=\underline{A}(t)\underline{y}(t)+\underline{b}(t)\,. \tag{11.2}$$

여기서 $\underline{A}$는 그 성분이 $a_{ij}(t)$인 $n\times n$ 행렬이며, $\underline{y}$, $\underline{b}$는 n-열벡터이다. 만약 $\underline{b}\equiv\underline{0}$이면, 위의 문제는 **제차**(homogeneous) 문제라고 불린다.

식 (11.2)를 $t\geq 0$에서 만족하고, 또 다음과 같은 초기조건을 만족하는 해를 구하는 문제는 **초기치 문제**(initial value problem)로 불린다.

$$\underline{y}(0)=\underline{a}\,. \tag{11.3}$$

여기서 $\underline{a}$는 주어진 상수 벡터이다.

위와 같이 주어진 초기치 문제의 해에 대해 논의하기 위해 먼저 다음과 같은 실수 함수 $y(t)$에 대한 간단한 예제를 생각하기로 한다.

$$\dot{y}=y+1\,,\ t\geq 0\,,\ y(0)=a=const.\,. \tag{11.4}$$

위 문제의 해를 구하는 가장 간단한 방법은 양변을 직접 적분하는 것으로 볼 수 있으므로, 초기조건을 사용하면 다음을 얻는다.

$$y(t)=a+\int_0^t\{y(\tau)+1\}d\tau. \tag{11.5}$$

이 식은 $y(t)$에 대한 적분 방정식인데, 이 관계를 식 (11.4)의 해를 구하는데 **반복자**(iterator)로 사용하기로 한다. 즉 $y_0=a$로 취한 뒤, y_0를 위 식의 우변 y에 대입하고, 그 결과로 얻어지는 좌변 y를 $y_1(t)$로 취하기로 하면 다음을 얻는다.

$$y_1(t)=a+\int_0^t(a+1)d\tau=a+(a+1)t=-1+\alpha(1+t)\,,\ \alpha=a+1\,. \tag{11.6}$$

$y_1(t)$를 다시 한 번 식 (11.5)의 우변 y에 대입하고 좌변 y를 $y_2(t)$로 취하면 다음을 얻으며,

$$y_2(t) = a + \int_0^t (y_1 + 1)d\tau = -1 + \alpha\left(1 + t + \frac{t^2}{2}\right), \tag{11.7}$$

같은 방법으로 계속 반복하면 다음 결과를 얻는다.

$$y_k(t) = -1 + \alpha\left(\sum_{j=0}^{k} \frac{t^j}{j!}\right), \ k = 0, 1, \cdots . \tag{11.8}$$

따라서 $t \geq 0$에 대해 다음을 얻는다.

$$\lim_{k \to \infty} y_k(t) = -1 + \alpha e^t . \tag{11.9}$$

이 식의 우변은 식 (11.4)로 주어진 초기치 문제를 만족함을 알 수 있고, 따라서 식 (11.9)의 우변은 초기치 문제의 해이다. 위에서 보인 방법은 수학 문제의 해를 구하는데 사용되는 **축차 근사법**(successive approximation)의 전형적인 예라고 할 수 있다.

이하에서는 식 (11.2), (11.3)으로 주어진 초기치 문제의 해가 존재함을 보이기 위해, 위에서 식 (11.4)에 대해 사용한 축차 근사법을 원용하여, 주어진 조건을 모두 만족하는 해를 실제로 구하는 방법, 즉 **구성법**(constructive method)을 사용하기로 한다.

먼저 식 (11.2)의 양변을 적분하고 초기조건, 식 (11.3)을 적용하여 다음과 같은 적분 방정식을 얻는다.

$$\underline{y}(t) = \underline{a} + \int_0^t \{\underline{A}(\tau)\underline{y}(\tau) + b(\tau)\}d\tau. \tag{11.10}$$

위에서와 같이 $\underline{y}_0 = \underline{a}$라고 하고, 위 관계를 아래에 보인 형태의 반복자로 사용하기로 한다.

$$\underline{y}_{k+1}(t) = \underline{a} + \int_0^t \left\{\underline{A}(\tau)\underline{y}_k(\tau) + b(\tau)\right\}d\tau, \ k = 0, 1, \cdots . \tag{11.11}$$

논의의 편의 상 다음과 같이 $\underline{w}_k(t)$를 정의하기로 하고,

$$\underline{w}_k(t) \equiv \underline{y}_{k+1}(t) - \underline{y}_k(t), \quad k = 0, 1, \cdots, \tag{11.12}$$

위 식에 식 (11.11)을 대입하여 정리하면 다음 결과를 얻는다.

$$\underline{w}_k(t) = \int_0^t \underline{A}(\tau)\underline{w}_{k-1}(\tau)\,d\tau, \ k = 1, 2, \cdots, \tag{11.13}$$

$$\underline{w}_0(t) = \int_0^t \left\{\underline{A}(\tau)\underline{y}_I + \underline{b}(\tau)\right\}d\tau. \tag{11.14}$$

임의의 K에 대해 다음을 얻으므로,

$$\underline{y}_{k+1}(t) - \underline{y}_0 = \sum_{k=0}^{K} \underline{w}_k(t), \tag{11.15}$$

고정된 $t = T > 0$에 대해 $\lim_{K\to\infty} \underline{y}_{K+1}(t)$가 존재하기 위해, 다시 말하면 위에서 보인 축차 근사법을 사용하여 수렴하는 결과를 얻기 위해서는 $\sum_{k=0}^{\infty} \underline{w}_k(t)$가 수렴해야 함을 알 수 있다. $\underline{w}_k(t)$의 크기, $|\underline{w}_k(t)|$에 대해 생각하기 위해 먼저 $|\underline{w}_0(t)|$에 대해 고려하면, 식 (11.14)의 우변은 $t \in [0, T]$에서 연속이며, 각 성분 $w_{0,i}$, $i = 1, 2, \cdots, n$에 대해 다음을 얻는다.

$$w_{0,i}(t) = \int_0^t \left\{\sum_{j=1}^{n} a_{ij}(\tau) y_{I,j} + b_i(\tau)\right\}d\tau, \ t \in [0, T], \ i = 1, 2, \cdots, n. \tag{11.16}$$

식 (11.1) 아래에서 밝힌 바와 같이 $a_{ij}(t)$와 $b_i(t)$는 $t \in [0, \infty)$에서 연속이라고 가정하고 있으므로, $t \in [0, T]$에서 유계이며, 따라서 다음 조건을 만족하는 영보다 작지 않은 실수 $C(T)$가 존재한다.

$$|w_{0,i}(t)| \le C(T), \ t \in [0, T], \ i = 1, 2, \cdots, n. \tag{11.17}$$

또 $\underline{w}_1(t)$의 각 성분 $w_{1,i}$, $i = 1, 2, \cdots, n$에 대해서는 다음을 얻는다.

$$\left|w_{1,i}(t)\right| \le \int_0^t \left|\sum_{j=1}^{n} a_{ij}(\tau) w_{0,j}(\tau)\right| d\tau,\ i=1,2,\cdots,n. \tag{11.18}$$

$a_{ij}(t)$ 와 관련하여 다음을 가정할 수 있으므로,

$$\left|a_{ij}(t)\right| \le M(T),\ t \in [0,\ T],\ i=1,2,\cdots,n,\ j=1,2,\cdots,n, \tag{11.19}$$

이를 식 (11.18)에 이용하여 다음을 얻는다.

$$\left|w_{1,i}(t)\right| \le M(T)\int_0^t \sum_{j=1}^{n} \left|w_{0,j}(\tau)\right| d\tau,$$

$$\therefore \left|w_{1,i}(t)\right| \le nM(T)C(T)t,\ t \in [0,\ T],\ i=1,2,\cdots,n. \tag{11.20}$$

또 $\underline{w}_2(t)$ 의 각 성분 $w_{2,i}$, $i=1,2,\cdots,n$ 에 대해서는 다음을 얻으므로,

$$\left|w_{2,i}(t)\right| \le M(T)\int_0^t \sum_{j=1}^{n} \left|w_{1,j}(\tau)\right| d\tau \le nM^2(T)C(T)\int_0^t \sum_{j=1}^{n} \tau d\tau,$$

$$\therefore \left|w_{2,i}(t)\right| \le n^2 M^2(T)C(T)\frac{t^2}{2},\ t \in [0,\ T],\ i=1,2,\cdots,n, \tag{11.21}$$

결국 임의의 k 에 대해 다음을 얻는다[연습문제 1].

$$\left|w_{k,i}(t)\right| \le n^k M^k(T)C(T)\frac{t^k}{k!},\ t \in [0,\ T],\ i=1,2,\cdots,n. \tag{11.22}$$

함수 $\phi_k(t)$ 를 아래와 같이 정의하면,

$$\phi_k(t) \equiv \sum_{i=1}^{n} \left|w_{k,i}(t)\right|,\ k=0,1,\ \cdots\ , \tag{11.23}$$

식 (11.22)로부터 다음을 얻으며,

$$\phi_k(t) \le n\,C(T)\frac{(n\,Mt)^k}{k!}\,,\ k = 0, 1, \cdots\,, \tag{11.24}$$

이를 이용하여 다음 결과를 얻는다.

$$\left|\sum_{k=0}^{K}\underline{w}_k(t)\right| \le \sum_{k=0}^{K}\left|\underline{w}_k(t)\right| \le \sum_{k=0}^{K}\sum_{i=1}^{n}\left|w_{k,i}(t)\right| = \sum_{k=0}^{K}\phi_k(t) \le n\,C(T)\sum_{k=0}^{K}\frac{(n\,Mt)^k}{k!}\,,$$

$$\therefore \left|\sum_{k=0}^{\infty}\underline{w}_k(t)\right| \le n\,C(T)e^{nMt}\,,\ t\in[0,\,T]\,. \tag{11.25}$$

다시 말하면 $\sum_{k=0}^{\infty}\underline{w}_k(t)$는 $t\in[0,\,T]$에서 절대 균일 수렴함을 얻으며, 따라서 수열 $\{\underline{y}_k(t)\}$는 $t\in[0,\,T]$에서 균일 수렴함을 얻는다.

나아가 $\underline{y}_k(t)$의 각 성분 $y_{k,i}(t)$는 $t\in[0,\infty)$에서 연속이므로, 다음 식을 만족하는 벡터 함수 $\underline{y}(t)$가 존재하며,

$$\lim_{K\to\infty}\underline{y}_K(t) = \underline{y}(t)\,,\ t\in[0,\,T]\,, \tag{11.26}$$

수열 $\{\underline{y}_k(t)\}$가 균일 수렴하므로 $\underline{y}(t)$는 $t\in[0,\,T]$에서 연속임을 얻는다. 이제 T는 임의의 양의 실수였으므로, 위에서 얻은 사항은 $t\in[0,\infty)$에 성립한다고 할 수 있다.

따라서 식 (11.11)의 양변에 $\lim_{k\to\infty}$를 취하면 다음을 얻으며,

$$\underline{y}(t) = \underline{a} + \lim_{k\to\infty}\int_0^t\{\underline{A}(\tau)\underline{y}_k(\tau) + b(\tau)\}d\tau,\ t\ge 0\,, \tag{11.27}$$

수열 $\{\underline{y}_k(t)\}$가 균일 수렴하므로, 위 식 우변의 극한과 적분의 순서를 바꿀 수 있어 결국 아래의 결과를 얻는다.

$$\underline{y}(t) = \underline{a} + \int_0^t\{\underline{A}(\tau)\underline{y}(\tau) + b(\tau)\}d\tau,\ t\ge 0\,. \tag{11.10}$$

다시 말하면 위에서 축차 근사법으로부터 얻은 $\underline{y}(t)$는 원래 주어진 적분 방정식을 만족하는 연속인 함수이며 따라서 식 (11.2), (11.3)으로 주어진 초기치 문제의 해이다. 선형계, 식 (11.1)의 해의 존재에 대해 지금까지 기술한 증명은 Picard(1890){21}의 결과에 근거하여 얻어졌다.

다음으로는 위에서 얻은 해의 유일성에 대해 생각해 보기로 한다. 유일성에 대한 증명은 통상 **모순법**(contradiction method)을 사용한다. 즉 해가 유일하지 않음을 가정하면, 두 개의 해가 존재할 수 있는데, 이때 두 해의 차이가 결과적으로는 영이어야 함을 보임으로써 유일성을 증명하는 방법을 사용하기로 한다.

연속인 두 함수 $\underline{y}(t)$, $\underline{z}(t)$가 적분 방정식, 식 (11.10)의 해라고 할 때, 두 함수의 차이를 $\underline{u}(t)$라고 다음과 같이 정의하면,

$$\underline{u}(t) \equiv \underline{y}(t) - \underline{z}(t)\,, \tag{11.28}$$

식 (11.10)을 사용하여 다음을 얻는다.

$$\underline{u}(t) = \int_0^t \underline{A}(\tau)\,\underline{u}(\tau)\,d\tau,\ \ t \ge 0\,. \tag{11.29}$$

$\underline{u}(t)$의 성분을 $u_i(t)$, $i = 1, 2, \cdots, n$라고 하면, 따라서 다음이 성립해야 한다.

$$u_i(t) = \int_0^t \sum_{j=1}^n a_{ij}(\tau)\,u_j(\tau)\,d\tau,\ \ t \ge 0\,,\ \ i = 1, 2, \cdots, n\,. \tag{11.30}$$

따라서 식 (11.19)에서 도입한 $M(T)$를 이용하여 다음을 얻으며,

$$|u_i(t)| \le M\int_0^t \sum_{j=1}^n |u_j(\tau)|\,d\tau,\ \ t \in [0,\ T]\,,\ \ i = 1, 2, \cdots, n\,, \tag{11.31}$$

또 이 결과로부터 다음을 얻는다.

$$\psi(t) \equiv \sum_{i=1}^n |u_i(t)| \le n\,M\int_0^t \psi(\tau)\,d\tau,\ \ t \in [0,\ T]\,. \tag{11.32}$$

다음 절에서 설명할 **Gronwall의 보조정리**(Gronwall lemma)를 이 식에 적용하면 식 (11.37)과 비교하여 $A(t) = 0$, $B(\tau) = nM > 0$을 얻으며, 따라서 $\psi(t)$에 대해 식 (11.47)로부터 다음을 얻는다.

$$\psi(t) \le 0, \quad t \in [0, T]. \tag{11.33}$$

식 (11.32) 첫째 등호로 주어진 $\psi(t)$의 정의로부터 다음을 얻으므로,

$$\psi(t) \ge 0, \quad t \in [0, T], \tag{11.34}$$

식 (11.33), (11.34)로부터 다음 결과를 얻는다.

$$\psi(t) = 0, \quad t \in [0, T]. \tag{11.35}$$

따라서 $\underline{u}(t) = \underline{0}$, $t \in [0, T]$이 성립해야 하는데, 여기서 T는 임의의 상수이고, $\underline{u}$는 T와 독립이므로, 결국 다음을 얻는다.

$$\underline{u}(t) = \underline{0}, \ t \ge 0, \ \therefore \underline{y}(t) = \underline{z}(t), \ t \ge 0. \tag{11.36}$$

그러므로 식 (11.2), (11.3)으로 주어지는 초기치 문제의 해는 유일함을 증명하였다.

11.2 Gronwall의 보조정리

Gronwall의 보조정리는 미분형과 적분형이 있는데, 앞 절에서는 적분형을 사용하였으며, 적분형에 대해 이하에 보인 증명은 Bellman(1943){22}에 의한 것이다.

Gronwall의 보조정리는 $\psi(t)$가 다음과 같은 적분 부등식을 만족할 때,

$$\psi(t) \le A(t) + \int_0^t B(\tau)\psi(\tau)\,d\tau, \ t \in [0, T], \tag{11.37}$$

$\psi(t)$의 크기의 상한을 주는 정리이다. 여기서 $A(t)$는 t의 증가에 따라 감소하지 않는 함수이며, 또 $B(t) \ge 0$인 함수라고 가정하면, $\psi(t)$의 상한은 다음과 같은 부등식으로 주어진다.

$$\psi(t) \le A(t)e^{\beta(t)}, \ \beta(t) \equiv \int_0^t B(\tau)\,d\tau, \ t \in [0, T]. \tag{11.38}$$

$B(t) \ge 0$ 이므로 $\beta(t) \ge 0$, 또 $\dot{\beta}(t) = B(t)$ 를 얻으며, 한편 $\Psi(t)$ 를 다음과 같이 정의하면,

$$\Psi(t) \equiv e^{-\beta(t)} \int_0^t B(\tau)\psi(\tau)\,d\tau, \ t \in [0, T], \tag{11.39}$$

$\dot{\Psi}(t)$ 에 대해 다음을 얻는다.

$$\dot{\Psi}(t) = e^{-\beta(t)}\left[\psi(t) - \int_0^t B(\tau)\psi(\tau)\,d\tau\right]B(t) \le e^{-\beta(t)}A(t)B(t), \ t \in [0, T]. \tag{11.40}$$

여기서 부등호를 얻는 데는 [ ] 안의 부분에 대해 식 (11.37)로 주어진 조건을 사용하였다.

식 (11.40)을 적분하면 다음을 얻으며,

$$\Psi(t) \le \int_0^t e^{-\beta(\tau)}A(\tau)B(\tau)\,d\tau, \ t \in [0, T], \tag{11.41}$$

이 식의 좌변에 식 (11.39)를 대입하고 양변에 $e^{\beta(t)}$ 를 곱하면 다음을 얻는다.

$$\int_0^t B(\tau)\psi(\tau)\,d\tau \le e^{\beta(t)} \int_0^t e^{-\beta(\tau)}A(\tau)B(\tau)\,d\tau, \ t \in [0, T]. \tag{11.42}$$

이 결과를 식 (11.37)의 우변에 적용하여 다음을 얻는다.

$$\psi(t) \le A(t) + e^{\beta(t)} \int_0^t e^{-\beta(\tau)}A(\tau)B(\tau)\,d\tau, \ t \in [0, T]. \tag{11.43}$$

가정에 의해 $A(t)$ 는 t 의 증가에 따라 감소하지 않는 함수이므로, 이 식으로부터 다음을 얻는다.

$$\psi(t) \le A(t)\left[1 + e^{\beta(t)} \int_0^t e^{-\beta(\tau)}B(\tau)\,d\tau\right], \ t \in [0, T]. \tag{11.44}$$

여기서 [ ] 안의 피적분 함수에 대해 다음을 얻으므로,

$$e^{-\beta}B = e^{-\beta}\frac{d\beta}{d\tau} = -\frac{de^{-\beta(\tau)}}{d\tau}, \tag{11.45}$$

이를 식 (11.44)에 대입하고 적분을 수행하여 다음 결과를 얻는다.

$$\psi(t) \le A(t)\left[1 + e^{\beta(t)}\{1 - e^{-\beta(t)}\}\right] = A(t)e^{\beta(t)},\ t \in [0, T]. \tag{11.46}$$

이 식의 우변은 식 (11.38)의 우변과 같음을 확인할 수 있다.

특히 $A(t) = A$, $B(t) = B \ge 0$로 상수일 때에 대해서는 식 (11.38)로부터 다음을 얻는다.

$$\psi(t) \le A\,e^{Bt},\ t \in [0, T]. \tag{11.47}$$

보조정리의 미분형에 대한 증명은 Gronwall(1919){23}에 의해 주어졌으며, 아래와 같다.

$B(t)$가 연속인 함수일 때, $\psi(t)$가 다음과 같은 미분 부등식을 만족하면,

$$\dot{\psi}(t) \le B(t)\psi(t),\ t \ge 0, \tag{11.48}$$

$\psi(t)$의 상한은 다음과 같은 부등식으로 주어진다.

$$\psi(t) \le \psi(0)e^{\beta(t)},\ \beta(t) \equiv \int_0^t B(\tau)\,d\tau,\ t \ge 0. \tag{11.49}$$

표기의 편의를 위해 $f(t)$를 다음과 같이 정의하면,

$$f(t) \equiv e^{\beta(t)}, \tag{11.50}$$

$f(t) > 0$, $t \ge 0$이 성립해야 하며, $\dot{f} = Bf$를 얻는다. 따라서 다음을 얻는다.

$$\frac{d}{dt}\left(\frac{\psi}{f}\right) = \frac{f\dot{\psi} - \psi\dot{f}}{f^2} = \frac{f\dot{\psi} - \psi Bf}{f^2} = \frac{\dot{\psi} - \psi B}{f} \le 0. \tag{11.51}$$

여기서 마지막 부등호는 식 (11.48)의 주어진 조건을 사용하여 얻었다.

식 (11.51)에 따르면 $\frac{\psi}{f}$는 시간에 따라 증가할 수 없으므로, 다음을 얻으며,

$$\frac{\psi(t)}{f(t)} \le \frac{\psi(0)}{f(0)} = \psi(0), \tag{11.52}$$

이 식의 양변에 $f(t)$를 곱하면 식 (11.49)를 얻으므로, 미분형 보조정리도 증명되었다. 특히 $B(t) = B$로 상수일 때에 대해서는 식 (11.49)로부터 다음을 얻는다.

$$\psi(t) \le \psi(0)\, e^{Bt}, \ t \ge 0. \tag{11.53}$$

11.3 선형계에 대한 기본 행렬

이 절에서는 식 (11.2), (11.3)과 같이 선형계로 주어진 초기치 문제의 해와 관련하여 여러 가지 측면에서 매우 중요한 역할을 하는 **기본 행렬**(fundamental matrix)에 대해 생각하기로 한다.

먼저 다음과 같은 제차 선형계로 초기치 문제가 주어졌다고 하자.

$$\dot{\underline{y}}(t) = \underline{A}(t)\underline{y}(t), \ t \ge 0, \ \underline{y}(0) = \underline{a}. \tag{11.54}$$

11.1절에서 언급한 바와 같이 $\underline{A}$는 그 성분이 $a_{ij}(t)$인 $n \times n$ 행렬이며, $\underline{y}$, $\underline{a}$는 n-열 벡터이다.

$\hat{e}_i$, $i = 1, 2, \cdots, n$를 i 번째 성분만 1이고 그 외의 다른 성분은 모두 0인 n-열벡터라고 하면, $\hat{e}_1$, $\hat{e}_2$, $\cdots$, $\hat{e}_n$은 모든 n-열벡터로 구성되는 벡터 공간에 대한 자연 기저로 볼 수 있다. 이제 임의의 i에 대해 다음과 같은 초기치 문제를 생각하기로 하는데,

$$\dot{\underline{y}}(t) = \underline{A}(t)\underline{y}(t), \ t \ge 0, \ \underline{y}(0) = \hat{e}_i, \tag{11.55}$$

11.1절에서 보인 바와 같이 이 문제는 유일한 해를 가지므로, 만약 그 해를 다음과 같이 나타내기로 하면,

$$\underline{y}(t) = \sum_{k=1}^{n} \eta_{ki}(t)\hat{e}_k, \tag{11.56}$$

$\eta_{ki}(t)$를 그 성분으로 하는 $n \times n$ 행렬, $\underline{Y}(t)$를 얻으며, $\underline{Y}(t)$의 i 번째 열은 따라서 식 (11.55)의 해로 구성되고, $\underline{Y}(0) = \underline{1}$을 얻는다. 여기서 $\underline{1}$은 $n \times n$의 **단위 행렬**(unit matrix)이다.

식 (11.56)의 양변을 t에 대해 미분하여 다음을 얻으며,

$$\dot{\underline{y}}(t) = \sum_{k=1}^{n} \dot{\eta}_{ki}(t)\hat{e}_k, \tag{11.57}$$

한편, 이 식의 좌변은 식 (11.55)의 첫째 식에 식 (11.56)을 대입하여 다음과 같이 쓸 수도 있다.

$$\dot{\underline{y}}(t) = \underline{A}(t)\sum_{k=1}^{n} \eta_{ki}(t)\hat{e}_k = \sum_{k=1}^{n} \eta_{ki}(t)\underline{A}(t)\hat{e}_k = \sum_{k=1}^{n} \eta_{ki}(t)\sum_{j=1}^{n} a_{jk}(t)\hat{e}_j. \tag{11.58}$$

여기서 마지막 등호는 $\underline{A}\hat{e}_k$가 $\underline{A}$의 k 번째 열을 열벡터로 나타낸 것과 같은 것을 이용하여 얻었다. 따라서 식 (11.57)과 (11.58)의 우변을 비교하여 다음을 얻는데,

$$\sum_{k=1}^{n} \dot{\eta}_{ki}(t)\hat{e}_k = \sum_{j=1}^{n}\sum_{k=1}^{n} a_{jk}(t)\eta_{ki}(t)\hat{e}_j = \sum_{k=1}^{n}\sum_{j=1}^{n} a_{kj}(t)\eta_{ji}(t)\hat{e}_k, \tag{11.59}$$

여기서 마지막 등호는 하첨자 j와 k를 바꿔 써서 얻었다.

따라서 식 (11.59)로부터 다음 결과를 얻으며,

$$\dot{\eta}_{ki}(t) = \sum_{j=1}^{n} a_{kj}(t)\eta_{ji}(t), \; k = 1, 2, \cdots, n, \tag{11.60}$$

위 식은 다음과 같이 행렬을 사용하여 나타낼 수 있다.

$$\dot{\underline{Y}}(t) = \underline{A}(t)\underline{Y}(t). \tag{11.61}$$

위에서 얻은 $\underline{Y}(t)$는 식 (11.2), (11.3)으로 주어진 초기치 문제에 대한 **기본 행렬**(fundamental matrix)로 불리며, 이하에서는 이 행렬의 성질에 대해 논의하기로 한다.

1) 식 (11.54)의 제차 선형계로 주어진 초기치 문제의 해 $\underline{y}(t)$는 기본 행렬을 사용하여 다음과 같이 쓸 수 있다.

$$\underline{y}(t) = \underline{Y}(t)\,\underline{a},\ t \geq 0\,. \tag{11.62}$$

이 식의 양변을 t에 대해 미분하면 다음을 얻는다.

$$\dot{\underline{y}}(t) = \dot{\underline{Y}}(t)\,\underline{a} = \underline{A}(t)\,\underline{Y}(t)\,\underline{a} = \underline{A}(t)\,\underline{y}(t)\,. \tag{11.63}$$

식 (11.62)로 주어진 해는 주어진 미분 방정식을 만족함을 확인할 수 있고, 또 식 (11.56) 아래에서 지적한 바와 같이 $\underline{Y}(0) = \underline{1}$이므로, 식 (11.62)로부터 쉽게 주어진 초기조건을 만족하는 것을 확인할 수 있다. 따라서 제차 계의 해는 기본 행렬이 얻어진 경우, 식 (11.62)를 사용하여 쉽게 구할 수 있다.

2) 기본 행렬 $\underline{Y}(t)$는 $t \geq 0$에 대해 **비특이 행렬**(nonsingular matrix), 즉 그 행렬값이 영이 아닌 행렬이다.

이를 보이기 위해 다음을 생각하자. $\underline{Y}(0) = \underline{1}$이고, 또한 $\underline{Y}(t)$는 연속이므로 $t_1 > 0$이라고 할 때, $\underline{Y}(t)$가 비특이인 구간 $t \in [0, t_1]$이 존재해야 한다. 이하에서는 모순법을 사용하기로 하고, $\underline{Y}(t)$가 최초로 특이 행렬이 될 때의 시간 $t = t_0$라고 하면, 영 벡터가 아닌 벡터 $\underline{c}$에 대해 다음이 성립함을 뜻한다.

$$\underline{Y}(t_0)\,\underline{c} = \underline{0}\,. \tag{11.64}$$

t_0부터 거꾸로 잰 시간 $\tau = t_0 - t$를 사용하기로 하며, $\underline{z}(\tau)$를 다음과 같이 정의하고,

$$\underline{z}(\tau) \equiv \underline{Y}(t_0 - \tau)\,\underline{c}\,,\ \tau \in [0, t_0]\,, \tag{11.65}$$

이 식의 양변을 τ에 대해 미분한 뒤 정리하면 다음을 얻는다.

$$\frac{d\underline{z}(\tau)}{d\tau} = -\dot{\underline{Y}}(t_0-\tau)\underline{c} = -\underline{A}(t_0-\tau)\underline{Y}(t_0-\tau)\underline{c},$$

$$\therefore \frac{d\underline{z}(\tau)}{d\tau} = \underline{B}(\tau)\underline{z}(\tau),\ \tau\in[0,t_0],\ \underline{B}(\tau)\equiv -\underline{A}(t_0-\tau). \tag{11.66}$$

또한 식 (11.64), (11.65)로부터 $\underline{z}(0)=\underline{0}$를 얻으므로, 식 (11.66)의 $\underline{z}(\tau)$에 대한 미분 방정식을 한 번 적분하여 다음을 얻으며,

$$\underline{z}(\tau) = \int_0^\tau \underline{B}(\sigma)\underline{z}(\sigma)\,d\sigma, \tag{11.67}$$

양변의 크기를 취하여 다음 부등식을 얻는다.

$$|\underline{z}(\tau)| \le \int_0^\tau |\underline{B}(\sigma)\underline{z}(\sigma)|\,d\sigma \le nM(t_0)\int_0^\tau |\underline{z}(\sigma)|\,d\sigma. \tag{11.68}$$

여기서 $b_{ij}(t),\ i=1,2,\cdots,n,\ j=1,2,\cdots,n$는 $\underline{B}$의 성분이라고 하면, $M(t_0)$는 다음 조건을 만족하는 양의 상수이다.

$$|b_{ij}(\sigma)| \le M(t_0),\ \sigma\in[0,t_0],\ i=1,2,\cdots,n,\ j=1,2,\cdots,n. \tag{11.69}$$

식 (11.68)에 대해 11.2절에서 증명한 Gronwall의 보조정리를 적용하면, 식 (11.47)에서 $A=0,\ B=nM$이므로 다음 결과를 얻는다.

$$|\underline{z}(\tau)| \le 0,\ \tau\in[0,t_0]. \tag{11.70}$$

이 식의 좌변인 $|\underline{z}(\tau)|$는 정의에 의해 영보다 작을 수 없으므로, 따라서 $|\underline{z}(\tau)|=0$, 즉 $\underline{z}(\tau)=\underline{0},\ \tau\in[0,t_0]$임을 얻는다. 이는 t_0가 $\underline{Y}(t)$가 최초로 특이 행렬이 되는 시간이라는 앞서의 가정에 어긋나며, 그러므로 $\underline{Y}(t)$가 특이 행렬이 되는 최초의 시간 t_0는 존재할 수 없고, 결국 $\underline{Y}(t)$는 $t\ge 0$에 대해 비특이 행렬임을 얻는다.

3) 식 (11.2), (11.3)의 비제차 선형계로 주어진 초기치 문제의 해 $\underline{y}(t)$는 기본 행렬을 사용하여 다음과 같이 쓸 수 있다.

$$\underline{y}(t) = \underline{Y}(t)\,\underline{a} + \int_0^t \underline{Y}(t)\,\underline{Y}^{-1}(\tau)\,\underline{b}(\tau)\,d\tau,\ t \geq 0. \tag{11.71}$$

위와 같은 형태의 해는 **라그랑쥐 공식**(Lagrange formula)이라고 불린다.

제차 선형계로 주어진 초기치 문제의 해 $\underline{y}(t)$가 식 (11.62)로 주어지는 것을 감안하여 라그랑쥐의 매개변수 변분법을 사용하기로 한다. 비제차 선형계로 주어진 초기치 문제의 $\underline{y}(t)$를 다음과 같이 가정하기로 하는데,

$$\underline{y}(t) = \underline{Y}(t)\,\underline{w}(t),\ t \geq 0, \tag{11.72}$$

여기서 $\underline{w}(t)$는 아직 정해지지 않은 함수이다.

식 (11.72)의 양변을 t에 대해 미분하면 다음을 얻으며,

$$\dot{\underline{y}}(t) = \dot{\underline{Y}}(t)\,\underline{w}(t) + \underline{Y}(t)\dot{\underline{w}}(t) = \underline{A}(t)\,\underline{Y}(t)\,\underline{w}(t) + \underline{Y}(t)\dot{\underline{w}}(t),$$

$$\therefore \dot{\underline{y}}(t) = \underline{A}(t)\,\underline{y}(t) + \underline{Y}(t)\dot{\underline{w}}(t), \tag{11.73}$$

이 식을 식 (11.2)와 비교하여 다음을 얻는다.

$$\underline{Y}(t)\dot{\underline{w}}(t) = \underline{b}(t),\ \ \therefore \dot{\underline{w}}(t) = \underline{Y}^{-1}(t)\underline{b}(t). \tag{11.74}$$

여기서 $\underline{Y}^{-1}$의 존재는 2)의 논의에 의해 뒷받침된다.

식 (11.74)의 마지막 결과를 적분하면 $\underline{w}(t)$를 다음과 같이 얻는데,

$$\underline{w}(t) = \underline{w}(0) + \int_0^t \underline{Y}^{-1}(\tau)\underline{b}(\tau)\,d\tau,\ t \geq 0, \tag{11.75}$$

식 (11.72)에 $t=0$를 대입하고 초기조건, 식 (11.3)과 비교하면 $\underline{w}(0) = \underline{a}$를 얻으므로, 이들을 식 (11.72)에 대입하면 식 (11.71)에 보인 라그랑쥐 공식을 얻는다.

비제차 선형계로 주어진 초기치 문제의 해는 11.1절에서 이미 유일함을 증명하였으므로, 식 (11.71)은 주어진 초기치 문제의 유일해임에 유의한다.

4) 특별한 경우로 만약 $\underline{A}(t) = \underline{A}$, 즉 모든 성분이 상수이고, 나아가 n 개의 서로 다른 고유값을 가진다면, 기본 행렬 $\underline{Y}(t)$는 보다 간결한 형태로 주어질 수 있다.

$\underline{A}$의 서로 다른 고유값을 λ_1, λ_2, $\cdots$, λ_n이라고 하면, 5.2절에서 논의한 바와 같이 다음 조건을 만족하는 비특이 $n \times n$ 행렬 $\underline{R}$이 존재함을 알고 있다.

$$\underline{\Lambda} = \underline{R}^{-1}\underline{A}\,\underline{R}. \tag{5.38}$$

여기서 $\underline{R}$의 성분은 모두 상수로 주어지며, $\underline{\Lambda}$는 식 (5.37)에서 보인 바 있는 $n \times n$ 대각 행렬이다.

$$\underline{\Lambda} = \begin{pmatrix} \lambda_1 & 0 & \cdots & 0 \\ 0 & \lambda_2 & \cdots & 0 \\ & & \cdots & \\ 0 & 0 & \cdots & \lambda_n \end{pmatrix}. \tag{5.37}$$

이제 $\underline{Z}(t) \equiv \underline{R}^{-1}\underline{Y}(t)$로 정의하면, $\underline{Y}(0) = \underline{1}$을 이용하여 다음을 얻으며,

$$\underline{Y}(t) = \underline{R}\,\underline{Z}(t),\ \ \underline{Z}(0) = \underline{R}^{-1}\underline{Y}(0) = \underline{R}^{-1}, \tag{11.76}$$

이 식의 양변을 t에 대해 미분하면 다음을 얻는다.

$$\dot{\underline{Y}}(t) = \underline{R}\,\dot{\underline{Z}}(t) = \underline{A}\,\underline{Y}(t),\ \ \dot{\underline{Z}}(t) = \underline{R}^{-1}\underline{A}\,\underline{Y}(t) = \underline{R}^{-1}\underline{A}\,\underline{R}\,\underline{Z}(t),$$

$$\therefore \dot{\underline{Z}}(t) = \underline{\Lambda}\,\underline{Z}(t). \tag{11.77}$$

여기서 $\underline{\Lambda}$는 대각 행렬이므로 위의 식은 **비연계 되어**(uncoupled)있으며, 따라서 식 (11.77)을 미분 방정식, 식 (11.76)의 둘째 식을 초기조건으로 하는 초기치 문제의 해를 고려하여 $\underline{Z}(t)$를 다음과 같이 얻는다.

$$\underline{Z}(t) = \underline{E}(t)\,\underline{R}^{-1},\ \ \underline{E}(t) \equiv \begin{pmatrix} e^{\lambda_1 t} & 0 & \cdots & 0 \\ 0 & e^{\lambda_2 t} & \cdots & 0 \\ & & \cdots & \\ 0 & 0 & \cdots & e^{\lambda_n t} \end{pmatrix}. \tag{11.78}$$

여기서 $\underline{E}(0) = \underline{1}$ 임에 유의한다.

식 (11.78) 첫째 식을 식 (11.76)의 첫째 식에 대입하여 다음을 얻으며,

$$\underline{Y}(t) = \underline{R}\,\underline{E}(t)\,\underline{R}^{-1}, \tag{11.79}$$

이 식에 따르면 기본 행렬의 각 성분은 $e^{\lambda_1 t}$, $e^{\lambda_2 t}$, $\cdots$, $e^{\lambda_n t}$ 의 선형 결합으로 주어짐을 알 수 있다.

저자에 따라서는 식 (11.78)에 보인 대각 행렬 $\underline{E}(t)$를 $e^{\underline{A}t}$로 표기함에 유의한다. $\underline{A}$가 n 개의 서로 다른 고유값을 가지지 않는 경우, 즉 중근을 가지는 경우에 대해서는 $\underline{A}$의 **Jordan 기준형**(Jordan's canonical form)을 사용할 수 있는데, 이에 대해서는 Coddington & Levinson(1955)[17]을 참조하기 바란다.

5) $\underline{A}(t) = \underline{A}$, 즉 모든 성분이 상수이고, $\underline{A}$가 n 개의 서로 다른 고유값을 가진다면, 위의 3)에서 얻었던 라그랑쥐 공식, 식 (11.71)에 4)에서 얻은 기본 행렬에 대한 결과, 식 (11.79)를 대입하여 다음을 얻는다.

$$\underline{y}(t) = \underline{Y}(t)\,\underline{a} + \int_0^t \underline{Y}(t-\tau)\,\underline{b}(\tau)\,d\tau,\ \ t \ge 0,\ \ \underline{Y}(t) = \underline{R}\,\underline{E}(t)\,\underline{R}^{-1}. \tag{11.80}$$

식 (11.71) 피적분 함수에 포함되어 있는 다음 부분에 대해 식 (11.79)를 대입하면 다음을 얻는데,

$$\underline{Y}(t)\,\underline{Y}^{-1}(\tau) = \underline{R}\,\underline{E}(t)\underline{R}^{-1}\left\{\underline{R}\,\underline{E}(\tau)\underline{R}^{-1}\right\}^{-1} = \underline{R}\,\underline{E}(t)\underline{R}^{-1}\left\{\underline{R}\,\underline{E}^{-1}(\tau)\underline{R}^{-1}\right\},$$

$$\therefore \underline{Y}(t)\,\underline{Y}^{-1}(\tau) = \underline{R}\,\underline{E}(t)\underline{E}^{-1}(\tau)\underline{R}^{-1}, \tag{11.81}$$

식 (11.78)에 보인 $\underline{E}(t)$의 정의로부터 그 역행렬에 대해 다음을 얻는다.

$$\underline{E}^{-1}(\tau) = \begin{pmatrix} e^{-\lambda_1 \tau} & 0 & \cdots & 0 \\ 0 & e^{-\lambda_2 \tau} & \cdots & 0 \\ & & \cdots & \\ 0 & 0 & \cdots & e^{-\lambda_n \tau} \end{pmatrix}. \tag{11.82}$$

따라서 $\underline{E}(t)\underline{E}^{-1}(\tau)$에 대해 다음을 얻으므로,

$$\underline{E}(t)\underline{E}^{-1}(\tau) = \begin{pmatrix} e^{\lambda_1(t-\tau)} & 0 & \cdots & 0 \\ 0 & e^{\lambda_2(t-\tau)} & \cdots & 0 \\ & & \cdots & \\ 0 & 0 & \cdots & e^{\lambda_n(t-\tau)} \end{pmatrix} = \underline{E}(t-\tau), \tag{11.83}$$

이 관계를 식 (11.81)에 대입하고 식 (11.79)를 이용하여 다음을 얻으며,

$$\underline{Y}(t)\underline{Y}^{-1}(\tau) = \underline{R}\underline{E}(t-\tau)\underline{R}^{-1} = \underline{Y}(t-\tau), \tag{11.84}$$

이 결과를 식 (11.71)에 대입하면 식 (11.80)을 얻음을 확인할 수 있다.

연습문제

1. 임의의 k에 대해 식 (11.22)가 성립함을 보이시오.

2. 다음과 같은 상수 계수의 비제차 선형계로 주어진 초기치 문제에 대해 생각하자.

$$\dot{y}_1(t) = y_1 + 2y_2 - 1,$$

$$\dot{y}_2(t) = 2y_1 + y_2 + 1, \tag{11.E1}$$

$$y_1(0) = 1,\ y_2(0) = 1.$$

1) 주어진 계로부터 y_2를 소거하여 y_1이 다음과 같은 2계 선형 미분 방정식을 만족함을 보이고, 그 해를 구하시오.

$$\ddot{y}_1 - 2\dot{y}_1 - 3y_1 = -3,\ y_1(0) = 1,\ \dot{y}_1(0) = 2. \tag{11.E2}$$

2) 주어진 계로부터 y_1을 소거하면 y_2는 다음과 같은 2계 선형 미분 방정식을 만족함을 보이고, 그 해를 구하시오.

$$\ddot{y}_2 - 2\dot{y}_2 - 3y_2 = -1,\ y_2(0) = 1,\ \dot{y}_2(0) = 4. \tag{11.E3}$$

3) 식 (11.E1)으로 주어진 문제에 대해 식 (11.79)를 이용하여 기본 행렬을 구하고, 식 (11.80)의 라그랑쥐 공식을 사용하여 해를 구하시오.

4) 위에서 구한 해들을 비교, 논의하시오.

12장 비선형계의 점근 안정성과 선형계의 장시간 거동

이 장에서는 비선형 문제의 **점근 안정성**(asymptotic stability)과 선형계가 가지는 해의 **장시간 거동**(large time behavior)에 대해 생각하기로 한다. 먼저 1절에서 비선형 자율계로 주어지는 문제의 해들과 관련하여 임계점의 안정성에 대해 고려하고, 세 가지 기본적인 안정성의 개념에 대해 간단하게 기술한다. 2절에서는 Lyapunov의 점근 안정성에 대해 논의하며, 3절에서는 선형 미분 방정식의 장시간 해의 특성에 대해 생각하기로 한다. 4절에서는 특히 감쇠항의 역할이 점근 응답에 미치는 영향에 대해 알아보며, 5절에서는 강제력을 포함한 계에 대응되는 선형 비제차 미분 방정식이 가지는 해의 장시간 거동에 대해 고찰하기로 한다.

12.1 비선형 자율계와 안정성

$t \in [0, \infty)$ 상에서 연속적으로 미분 가능한 n 개의 실수 함수 $x_1(t)$, $x_2(t)$, $\cdots$, $x_n(t)$ 에 대해 **비선형 자율계**(nonlinear autonomous system)로 다음과 같이 연립 1계 미분 방정식이 주어졌다고 하자.

$$
\begin{aligned}
\dot{x}_1(t) &= f_1(x_1, \cdots, x_n), \\
\dot{x}_2(t) &= f_2(x_1, \cdots, x_n), \\
&\cdots \\
\dot{x}_n(t) &= f_n(x_1, \cdots, x_n).
\end{aligned}
\tag{12.1}
$$

여기서 f_i, $i = 1, 2, \cdots, n$은 주어진 함수이고, t를 독립 변수로 명시적으로 포함하지 않는다.

벡터를 이용하여 위의 식을 간단한 형태로 다시 쓰면 다음과 같은데,

$$\dot{\underline{x}}(t) = \underline{f}\left(\underline{x}(t)\right), \ t \geq 0, \tag{12.2}$$

여기서 $\underline{x} = (x_1, x_2, \cdots, x_n)^T$, $\underline{f} = (f_1, f_2, \cdots, f_n)^T$로 n-열벡터이다. 이와 같은 방정식의 $n = 2$인 경우에 대한 문제를 8.4절에서 고려한 바 있었음에 유의한다.

식 (12.2)로 주어진 계의 임계점(또는 평형점) P, $\underline{x}_c$를 다음 식으로 정의한다.

$$\underline{f}\left(\underline{x}_c\right) = \underline{0}. \tag{12.3}$$

임계점 주위의 해의 국부적 특성에 대해 생각하기 위해 $\underline{x}(t)$를 다음과 같이 표현하자.

$$\underline{x}(t) = \underline{x}_c + \underline{y}(t). \tag{12.4}$$

여기서 $|\underline{y}| \ll 1$이라고 가정하여 위 식을 식 (12.1)에 대입한 뒤, f_i를 $\underline{x}_c$ 주변에 대해 선형 근사하면 다음을 얻고,

$$\begin{aligned}
\dot{y}_1(t) &= \left.\frac{\partial f_1}{\partial x_1}\right|_P y_1 + \left.\frac{\partial f_1}{\partial x_2}\right|_P y_2 + \cdots + \left.\frac{\partial f_1}{\partial x_n}\right|_P y_n = \sum_{j=1}^{n} \left.\frac{\partial f_1}{\partial x_j}\right|_P y_j, \\
\dot{y}_2(t) &= \sum_{j=1}^{n} \left.\frac{\partial f_2}{\partial x_j}\right|_P y_j, \\
&\cdots \\
\dot{y}_n(t) &= \sum_{j=1}^{n} \left.\frac{\partial f_n}{\partial x_j}\right|_P y_j.
\end{aligned} \tag{12.5}$$

이들을 벡터를 이용하여 다시 쓰면 다음을 얻는다.

$$\dot{\underline{y}}(t) = \underline{A}\,\underline{y}(t), \ t \geq 0. \tag{12.6}$$

여기서 $\underline{A}$ 의 성분인 $a_{ij} = \left.\frac{\partial f_i}{\partial x_j}\right|_P$, $i = 1, 2, \cdots, n$, $j = 1, 2, \cdots, n$ 으로 $\underline{x}_c$가 주어진 경우 이들도 주어진 상수로 간주할 수 있다. 식 (12.6)은 식 (12.1) 또는 (12.2)로 주어진 비선형 문제의 **선형 변분 방정식**(linearized variational equation)이며, 11.3절의 4)에서 고려했던 $\underline{A}(t) \equiv \underline{A}$, 즉 $\underline{A}$ 의 모든 성분이 상수로 주어지는 선형 문제와 전적으로 같은 문제이다.

만약 식 (12.2)로 주어진 비선형 문제에 대해서 임계점 $\underline{x}_c$는, 이 점에 '가까운' 곳에서 시작한 운동이 $t \to \infty$ 일 때에도 $\underline{x}_c$ 에 '가까운' 곳에 있을 때, **점근적으로 안정**(asymptotically stable)하다고 말한다.

한편, 선형 문제로 주어진 식 (12.6)에 대해, 임계점 $\underline{y} = \underline{0}$ 는, 행렬 $\underline{A}$ 의 모든 고유값의 실수부가 영보다 작을 때, 즉 $Re\,\lambda_i < 0$, $i = 1, 2, \cdots, n$ 일 때, 점근적으로 안정하다. 여기서 Re 은 뒤에 따르는 부분의 실수부를 뜻하며, 위의 내용에 대해 증명을 자세하게 시도하지는 않겠지만, 대체적으로 설명하면 다음과 같다.

식 (12.6)으로 주어진 초기치 문제와 관련하여 그 기본 행렬이 $\underline{Y}(t)$ 라고 하자. 초기조건이 $\underline{y}(0) = \underline{a}$ 라고 할 때, 그 해는 $\underline{y}(t) = \underline{Y}(t)\underline{a}$ 로 주어지고, 특히 $\underline{A}$ 의 모든 성분이 상수이므로, 만약 그 고유값이 모두 서로 다르다면, 식 (11.79)로부터 $\underline{Y}(t) = \underline{R}\,\underline{E}(t)\underline{R}^{-1}$ 로 주어짐을 알고 있다. 여기서 $\underline{E}(t)$ 는 식 (11.78)로부터 다음과 같이 주어지고,

$$\underline{E}(t) = \begin{pmatrix} e^{\lambda_1 t} & 0 & \cdots & 0 \\ 0 & e^{\lambda_2 t} & \cdots & 0 \\ & & \cdots & \\ 0 & 0 & \cdots & e^{\lambda_n t} \end{pmatrix}, \tag{12.7}$$

$\underline{R}$ 은 그 성분이 상수인 비특이 행렬이므로, $\underline{y}(t)$ 의 각 성분은 $e^{\lambda_i t}, i = 1, 2, \cdots, n$ 의 선형 결합으로 주어진다. 따라서 만약 $Re\,\lambda_i < 0$, $i = 1, 2, \cdots, n$ 이 성립하면, $t \to \infty$ 일 때 $\underline{y}(t) \to \underline{0}$ 일 것임을 알 수 있다.

선형계에 대해 원점이 점근적으로 안정하다는 것은 초기조건이 원점에 가까운 한, 그 위치에 상관없이 $t \to \infty$ 일 때 $\underline{y}(t) \to \underline{0}$ 임과, 또한 $Re\,\lambda_i < 0$, $i = 1, 2, \cdots, n$ 이 성립한다는 것을 뜻한다.

지금까지 7.3절, 8.3절, 8.4절, 9.4절, 10.6절에서 안정성이라는 용어를 사용하여 관련된 현상을 설명하였는데, 대체적으로 두 가지 다른 개념에 대해 논의하였다.

9.4절, 10.6절에서 논의한 **미소 안정성**(infinitesimal stability)은, 일반적으로 비선형 문제에 대해 임의의 운동을 상정하여 그 운동에 약간의 변화를 주었을 때, 그에 따른 변화가 $t \to \infty$ 일 때 유계인지 아닌지에 따라 결정된다. 이를 위해 선형 변분 방정식의 해에 대해 고려하였으며, 이 방정식의 해의 유계 여부에 따라 고려된 운동의 안정성 여부를 판단하였다.

7.3절, 8.3절, 8.4절에서 논의한 **점근 안정성**(asymptotic stability)은, 주어진 계가 가지는 평형점 또는 임계점 P에 대해 그 점 부근의 운동이 $t \to \infty$ 일 때 점 P로 수렴하는지 여부에 따라 점 P의 점근 안정성 여부를 판단하였다. 이때도 물론 비선형계인 경우에는 선형 변분 방정식을 얻고, 그 해의 성질로부터 점근 안정성을 결정하였다.

전자의 미소 안정성에 관한 개념은 라플라스(Laplace, 1799{24})에 기인하며, 후자의 점근 안정성에 관한 개념은 Lyapunov(1892){11}에 기인한다. 한편, 극한 싸이클을 포함한 주기 운동을 다루다 보면 점근 안정성만으로는 설명하기 힘든 유계인 해를 다루어야 하며, 이를 위해 Poincare(1892){25}는 **궤도 안정성**(orbital stability)을 정의하였다. 안정성에 대해 보다 일반적이고도 자세한 사항은 Struble(1962)[14]를 참조하기 바란다.

12.2 Lyapunov의 점근 안정성

이 절에서는 앞 절에서 논의한 식 (12.6)으로 주어지는 선형 변분 방정식과 관련하여 Lyapunov의 점근 안정성에 대한 정리를 소개하기로 한다.

식 (12.6)과 관련하여 **Lyapunov 함수**(Lyapunov function) $H(t)$를 아직 미정의 대칭 행렬인 $\underline{P}$의 **2차 방형**(quadratic form)으로 다음과 같이 정의하자.

$$H(t) \equiv \left(\underline{y}(t), \underline{P}\,\underline{y}(t)\right). \tag{12.8}$$

여기서 $H(t)$는 양확정이고, $\underline{y}(t)$는 식 (12.6)을 만족하는 해이며, $\underline{P}$는 다음 조건을 만족한다고 하면,

$$\underline{A}^T\underline{P} + \underline{P}\,\underline{A} = -\underline{1}\,, \tag{12.9}$$

$t \to \infty$ 일 때 $\underline{y} \to \underline{0}$ 임을 보일 수 있다. 따라서 식 (12.1) 또는 (12.2)로 주어진 문제의 임계점 $\underline{x}_c$ 는 점근적으로 안정하다.

Lyapunov는 식 (12.9)를 만족하는 $\underline{P}$ 가 존재하기 위한 필요 충분 조건이 $\underline{A}$ 의 모든 고유값의 실수부가 영보다 작아야 한다는 것을 보였다. 이 부분에 대한 증명은 Bellman(1960)[18]으로 미루기로 한다.

여기서는 식 (12.9)의 조건이 만족되면 $t \to \infty$ 일 때 $\underline{y}(t) \to \underline{0}$ 을 얻을 수 있음을 보이는데 그치기로 한다. 식 (12.8)의 양변을 t 에 대해 미분하면 다음을 얻는데,

$$\dot{H}(t) = \left(\dot{\underline{y}}(t), \underline{P}\,\underline{y}(t)\right) + \left(\underline{y}(t), \underline{P}\,\dot{\underline{y}}(t)\right) = \left(\underline{A}\,\underline{y}(t), \underline{P}\,\underline{y}(t)\right) + \left(\underline{y}(t), \underline{P}\,\underline{A}\,\underline{y}(t)\right)$$

$$= \left(\underline{y}(t), \underline{A}^T\underline{P}\,\underline{y}(t)\right) + \left(\underline{y}(t), \underline{P}\,\underline{A}\,\underline{y}(t)\right) = \left(\underline{y}(t), \left(\underline{A}^T\underline{P} + \underline{P}\,\underline{A}\right)\underline{y}(t)\right),$$

$$\therefore \dot{H}(t) = -\left(\underline{y}(t),\ \underline{y}(t)\right) = -\,|\underline{y}(t)|^2, \tag{12.10}$$

여기서 마지막 등호는 식 (12.9)를 사용하여 얻었다.

따라서 $\underline{P}$ 의 고유값을 μ_1, μ_2, $\cdots$, μ_n 이라고 하면 $H(t)$ 는 양확정이므로 모든 고유값이 영보다 커야 하며, 즉 $0 < \mu_1 \le \mu_2 \le\ \cdots\ \le \mu_n$ 이라고 하면, 식 (7.45)에서와 같이 $H(t)$ 는 다음 부등식을 만족해야 한다.

$$\mu_1\,|\underline{y}|^2 \le H(t) \le \mu_n\,|\underline{y}|^2\,. \tag{12.11}$$

이하의 논의는 7.2절 3)에서의 논의와 본질적으로 동일한 점에 유의한다.

식 (12.11)의 오른쪽 부분에 식 (12.10)의 마지막 결과를 대입하면 다음을 얻는다.

$$H(t) \le \mu_n\,|\underline{y}|^2 = -\,\mu_n\,\dot{H}\,,\ \ \therefore \dot{H}\,(t) \le -\frac{1}{\mu_n}H(t)\,,\ t \ge 0\,. \tag{12.12}$$

이 결과에 미분형 Gronwall 보조정리, 식 (11.49)를 적용하면 $B = -\dfrac{1}{\mu_n}$ 이므로 다음을 얻는다.

$$H(t) \le H(0)\, e^{-t/\mu_n}. \tag{12.13}$$

식 (12.11)의 왼쪽 부분으로부터 다음을 얻고,

$$|\underline{y}(t)|^2 \le \frac{H(t)}{\mu_1}, \tag{12.14}$$

이 식의 우변에 식 (12.13)을 대입하면 다음을 얻는다.

$$|\underline{y}(t)|^2 \le \frac{H(0)}{\mu_1} e^{-t/\mu_n}. \tag{12.15}$$

따라서 $t \to \infty$ 일 때 $\underline{y}(t) \to \underline{0}$ 을 얻는다.

위에서 보인 정리의 내용은 사실 상 앞 절 식 (12.6), (12.7) 부근에서 논의한 내용과 동등한 결과임에 유의하며, 이하에서는 위 정리의 응용과 관련하여 두 개의 예제를 생각하기로 한다.

1) 다음과 같은 2계 선형 미분 방정식이 주어졌다고 하자.

$$\ddot{y} + 2\varepsilon\dot{y} + y = 0,\ \ \varepsilon \in (0,1). \tag{12.16}$$

이 문제는 7.2절 3)에서 다루었던 문제와 같은 문제임에 유의한다.

주어진 식을 식 (12.6)과 같은 $n = 2$ 인 1계 벡터 미분 방정식의 형태로 바꾸어 쓰기로 하고, $y_1 = y$, $y_2 = \dot{y}$ 라고 하면 다음을 얻으며,

$$\dot{y}_1 = y_2,\ \ \dot{y}_2 = -y_1 - 2\varepsilon y_2, \tag{12.17}$$

결국 다음을 얻는다.

$$\underline{\dot{y}}(t) = \underline{A}\,\underline{y}(t),\ \ \underline{A} = \begin{pmatrix} 0 & 1 \\ -1 & -2\varepsilon \end{pmatrix}. \tag{12.18}$$

Lyapunov 함수 $H(t)$를 구하기 위해서는 식 (12.9)를 만족하는 대칭 행렬 $\underline{P}$를 구해야 하는데, p_{ij}를 그 성분이라고 하면 식 (12.9)는 다음과 같이 쓸 수 있다.

$$\underline{A}^T\underline{P}+\underline{P}\,\underline{A}=\begin{pmatrix}0 & -1\\ 1 & -2\varepsilon\end{pmatrix}\begin{pmatrix}p_{11} & p_{12}\\ p_{12} & p_{22}\end{pmatrix}+\begin{pmatrix}p_{11} & p_{12}\\ p_{12} & p_{22}\end{pmatrix}\begin{pmatrix}0 & 1\\ -1 & -2\varepsilon\end{pmatrix}$$

$$=\begin{pmatrix}-2p_{12} & -p_{22}+p_{11}-2\varepsilon p_{12}\\ p_{11}-2\varepsilon p_{12}-p_{22} & 2p_{12}-4\varepsilon p_{22}\end{pmatrix}=\begin{pmatrix}-1 & 0\\ 0 & -1\end{pmatrix}. \qquad (12.19)$$

이 식으로부터 다음 식들을 얻고,

$$p_{12}=\frac{1}{2},\ p_{11}-p_{22}=\varepsilon,\ p_{12}-2\varepsilon p_{22}=-\frac{1}{2}, \qquad (12.20)$$

이들로부터 결국 $\underline{P}$를 다음과 같이 얻는다.

$$\underline{P}=\begin{pmatrix}\varepsilon+(2\varepsilon)^{-1} & 2^{-1}\\ 2^{-1} & (2\varepsilon)^{-1}\end{pmatrix}. \qquad (12.21)$$

따라서 Lyapunov 함수 $H(t)$는 식 (12.8)에 식 (12.21)을 대입하여 다음과 같이 얻는데,

$$H(t)=p_{11}y_1^2+2p_{12}y_1y_2+p_{22}y_2^2=\frac{1}{2\varepsilon}\{(1+2\varepsilon^2)y^2+2y\dot{y}+\dot{y}^2\}, \qquad (12.22)$$

이 식 우변은 7.2절 3)에서 같은 문제에 대해 구했던 식 (7.43)과는 상수 배만큼만 차이가 나며, 본질적으로 같은 결과이다. 또한 $H(t)$는 식 (7.42)에서 보인 바와 같이 $\underline{P}$의 고유값이 모두 영보다 크므로, 양확정임을 확인할 수 있다. 식 (12.22)에 보인 양확정인 Lyapunov 함수 $H(t)$를 얻을 수 있었다는 것은 위의 정리에 따르면 $\underline{y}(t)=\underline{0}$는 점근적으로 안정인 임계점임을 뜻한다.

한편, 식 (12.9)의 조건을 만족하는 $\underline{P}$를 구할 수 있었다는 것은 식 (12.18)로 주어진 문제의 $\underline{A}$의 고유값은 그 실수부가 모두 영보다 작아야 함을 뜻하며, $\underline{A}$의 고유값 λ는 다음과 같이 구할 수 있다.

$$f(\lambda)=|\underline{A}-\lambda\underline{1}|=\lambda(2\varepsilon+\lambda)+1=\lambda^2+2\varepsilon\lambda+1=0,$$

$$\therefore \lambda_{1,2}=-\varepsilon\pm\sqrt{\varepsilon^2-1}=-\varepsilon\pm i\sqrt{1-\varepsilon^2}. \qquad (12.23)$$

여기서 마지막 등호는 $\varepsilon < 1$임을 이용하여 얻었다. 따라서 $Re\lambda_i < 0$, $i = 1, 2$를 얻으며, 얻어진 결과와 위에서 설명한 정리의 내용이 모두 부합함을 확인할 수 있다.

2) **Lorenz 모형**(Lorenz model)이라고 불리는 $n = 3$인 다음과 같은 비선형 자율계로 주어지는 문제를 생각하자.

$$\dot{x}_1(t) = -3(x_1 - x_2),$$

$$\dot{x}_2(t) = -x_1 x_3 + k x_1 - x_2,\ k = const., \tag{12.24}$$

$$\dot{x}_3(t) = x_1 x_2 - x_3.$$

각 식의 우변을 영으로 놓아 임계점을 구하면 다음을 얻는다.

$$x_1 = x_2,\ -x_1(x_3 - k + 1) = 0,\ x_1^2 = x_3. \tag{12.25}$$

따라서 원점은 k의 값에 상관없이 임계점이 되며, $x_1 \neq 0$인 경우를 생각하면 마지막 식으로부터 $x_3 > 0$을 얻고, 둘째 식으로부터 $x_3 = k - 1 > 0$을 얻으므로, 다음과 같은 두 가지 경우가 발생할 수 있다.

가) $k > 1$일 때는, 다음과 같은 세 개의 임계점이 존재한다.

$$\xi_1 = (0, 0, 0),\ \xi_{2,3} = (\pm\sqrt{k-1}, \pm\sqrt{k-1}, k-1). \tag{12.26}$$

나) $k < 1$일 때는, 원점이 유일한 임계점이다.

원점에 대한 선형 변분 방정식의 행렬 $\underline{A}$는 다음과 같이 주어지는데[연습문제 1],

$$\underline{A} = \begin{pmatrix} -3 & 3 & 0 \\ k & -1 & 0 \\ 0 & 0 & -1 \end{pmatrix}, \tag{12.27}$$

$\underline{A}$의 고유값 λ는 다음과 같이 구할 수 있다.

$$f(\lambda) = |\underline{A} - \lambda \underline{1}| = -(1+\lambda)\{(3+\lambda)(1+\lambda) - 3k\}$$

$$= -(1+\lambda)\{\lambda^2 + 4\lambda - 3(k-1)\} = 0,$$

$$\therefore \lambda_1 = -1, \ \lambda_{2,3} = -2 \pm \sqrt{3k+1}. \tag{12.28}$$

여기서 $k > 1$이면 λ_2는 영보다 큰 양의 실수가 되므로 점근 안정성이 보장되지 않으며, $k < 1$이면 모든 고유값이 음의 실수가 되므로 원점은 점근적으로 안정한 임계점이다.

$k > 1$일 때에 대해 임계점 $\xi_{2,3}$에 대해서도 선형 변분 방정식을 얻을 수 있으며, $k \in (1, 21)$일 경우에는 두 임계점 모두 점근적으로 안정하고, $k > 21$일 경우에는 불안함을 보일 수 있다[연습문제 1]. 이 문제에 대한 보다 자세한 사항은 Bender & Orszag(2010)[16]을 참조하기 바란다.

12.3 선형 미분 방정식에 대한 해의 장시간 거동

이 절에서는 세 개의 선형 미분 방정식을 예로 들어 생각하여, 그 해의 **장시간 거동** (large time behavior)에 대해 고려하기로 한다.

1) 다음과 같이 실수 함수 $u(t)$에 대한 1계 선형 미분 방정식으로 주어진 초기치 문제를 생각하기로 하자.

$$\dot{u} - \{a + f(t)\}u = 0, \ t \geq 0, \tag{12.29}$$

$$u(0) = u_0. \tag{12.30}$$

여기서 a, u_0는 주어진 상수이고, $f(t)$는 $t \geq 0$에서 연속인 함수이다.

위에 보인 초기치 문제의 해는 다음과 같이 주어질 수 있다.

$$u(t) = u_0 \exp\left[at + \int_0^t f(\tau)\, d\tau\right]. \tag{12.31}$$

만약 $t \gg 1$ 일 때, $f(t)$가 '작다면', 식 (12.29)에 보인 미분 방정식의 해는 다음과 같은 방정식의 해와 '비슷할' 것으로 기대할 수 있다.

$$\dot{u} - au = 0,\ t \gg 1. \tag{12.32}$$

위에서 언급한 '작다면'과 '비슷할'에 보다 정확한 뜻을 부여하기 위해 다음을 생각하자. 만약 $t \to \infty$ 일 때, 충분히 빨리 $|f(t)| \to 0$ 으로 감소하여 다음 조건이 만족된다면,

$$\int_0^\infty |f(t)|\, dt < \infty, \tag{12.33}$$

$f(t)$는 **충격 수준으로 작은**(impulsively small) 함수라고 한다. 예를 들어 $f \sim t^{-1}$이라고 하면 이는 위의 조건을 만족하지 못하며, $f \sim t^{-2}$인 경우에는 위의 조건을 만족하여 충격 수준으로 작다고 할 수 있다.

$f(t)$가 충격 수준으로 작은 함수일 때, 식 (12.31)은 다음과 같이 바꾸어 쓸 수 있다.

$$u(t) = u_0 \exp\left[at + \int_0^\infty f(\tau)\, d\tau - \int_t^\infty f(\tau)\, d\tau\right] = \alpha v(t) e^{at},$$

$$\alpha \equiv u_0 \exp\left[\int_0^\infty f(\tau)\, d\tau\right],\ v(t) \equiv \exp\left[-\int_t^\infty f(\tau)\, d\tau\right]. \tag{12.34}$$

여기서 α는 상수이며, $t \to \infty$ 일 때, $v(t) \to 1$이므로, 다음을 얻으며,

$$u(t) \sim \alpha e^{at},\ t \to \infty \text{ 일 때}, \tag{12.35}$$

위 식은 엄밀하게는 다음과 같은 뜻으로 해석되어야 한다.

$$\frac{u(t)}{\alpha e^{at}} \to 1,\ t \to \infty \text{ 일 때}. \tag{12.36}$$

위의 결과에 따르면 $\alpha \equiv u_0 \exp\left[\int_0^\infty f(\tau)\,d\tau\right]$는 $t \gg 1$일 때의 함수의 '크기'를 나타내는 양임에 유의한다.

만약 $f(t) = t^{-1/2}$, $t > 0$이라면, 초기치 문제의 엄밀해는 식 (12.31)로부터 다음과 같이 얻을 수 있으며[연습문제 2],

$$u(t) = u_0 e^{at + 2\sqrt{t}} = u_0 v(t) e^{at}, \; v(t) = e^{2\sqrt{t}}, \tag{12.37}$$

이 경우에는 $t \to \infty$ 일 때, $v(t) \to 1$이 성립하지 않음을 알 수 있다. 물론 $f(t) = t^{-1/2}$는 식 (12.33)을 만족하지 않으므로, 충격 수준으로 작다고 할 수 없으며, 따라서 식 (12.33)의 조건이 식 (12.35)의 결과를 얻는데 매우 중요한 역할을 하는 것을 알 수 있다.

2) 다음과 같이 실수 함수 $u(t)$에 대한 2계 선형 미분 방정식이 주어졌다고 하자.

$$\ddot{u} + \{1 + f(t)\} u = 0, \; t \ge t_0. \tag{12.38}$$

여기서 t_0는 주어진 상수이고, $f(t)$는 $t \ge t_0$에서 연속이며 $t \to \infty$ 일 때 $f(t) \to 0$인 함수이다.

위에 보인 미분 방정식은 다음과 같이 다시 쓸 수 있는데,

$$\ddot{u} + u = g(t), \; t \ge t_0, \; g(t) \equiv -f(t)u(t), \tag{12.39}$$

위에 보인 미분 방정식의 모든 해는 다음과 같은 선형 적분 방정식을 만족해야 한다[연습문제 3].

$$u(t) = A\cos t + B\sin t - \int_{t_0}^{t} \sin(t-\tau) f(\tau) u(\tau)\,d\tau. \tag{12.40}$$

여기서 A, B는 초기조건을 만족하도록 결정되는 상수이다. 만약 위 식 우변의 피적분 함수가 미지 함수인 u를 포함하지 않는다면, 위 식은 식 (12.38)의 일반해임에 유의한다.

이하에서는 먼저 $f(t)$가 충격 수준으로 작은 경우에 대해, 식 (12.40)에 보인 적분 방정식의 해, 또는 식 (12.38)에 보인 미분 방정식의 해는 $t \in [t_0, \infty)$에서 유계임을 보이고자 한다.

식 (12.40)의 양변의 절대값을 취하면 다음 부등식을 얻는다.

$$|u(t)| \le |A\cos t + B\sin t| + \int_{t_0}^{t} |f(\tau)|\,|u(\tau|\,d\tau$$

$$\le \sqrt{A^2 + B^2} + \int_{t_0}^{t} |f(\tau)|\,|u(\tau|\,d\tau. \tag{12.41}$$

적분형의 Gronwall 보조정리를 이 식에 적용하면, 식 (11.46)으로부터 다음을 얻는다.

$$|u(t)| \le \sqrt{A^2 + B^2}\exp\left[\int_{t_0}^{t} |f(\tau)|\,d\tau\right] \le \sqrt{A^2 + B^2}\,e^{F(\infty)} \equiv M,\ t \ge t_0. \tag{12.42}$$

여기서 $F(t) = \exp\left[\int_{t_0}^{t} |f(\tau)|\,d\tau\right]$이며, 둘째 부등호는 $f(t)$가 충격 수준으로 작다는 가정을 사용하여 얻었고, 따라서 $u(t)$는 $t \ge t_0$에서 유계임을 보였다.

이제 $u(t)$가 유계임을 얻었으므로, 식 (12.40) 우변의 피적분 함수, $h(t, \tau) \equiv \sin(t-\tau) f(\tau)u(\tau)$라고 정의하면 우변의 적분에 대해 다음을 얻는다.

$$\int_{t_0}^{t} h(t,\tau)\,d\tau = \int_{t_0}^{\infty} h(t,\tau)\,d\tau - v(t),\ v(t) \equiv \int_{t}^{\infty} h(t,\tau)\,d\tau. \tag{12.43}$$

따라서 식 (12.40)은 다음과 같이 다시 쓸 수 있다.

$$u(t) = A\cos t + B\sin t - \int_{t_0}^{\infty} h(t,\tau)\,d\tau + v(t). \tag{12.44}$$

이제 $v(t)$와 관련해서는 다음을 얻는다.

$$|v(t)| \le \int_{t}^{\infty} |f(\tau)|\,|u(\tau)|\,d\tau \le M\int_{t}^{\infty} |f(\tau)|\,d\tau. \tag{12.45}$$

여기서 M은 식 (12.42)에서 얻은 $|u(\tau)|$의 상한이며, 따라서 $t \to \infty$일 때 $v(t) \to 0$을 얻는다. 또 식 (12.44) 우변의 적분은 다음과 같이 바꾸어 쓸 수 있으므로,

$$\int_{t_0}^{\infty} h(t,\tau)\, d\tau = \sin t \int_{t_0}^{\infty} \cos\tau f(\tau) u(\tau)\, d\tau - \cos t \int_{t_0}^{\infty} \sin\tau f(\tau) u(\tau)\, d\tau\,, \quad (12.46)$$

이를 식 (12.44)에 대입하고 정리하면 다음을 얻는다.

$$u(t) = A_1 \cos t + B_1 \sin t + v(t)\,, \quad (12.47)$$

$$A_1 = A + \int_{t_0}^{\infty} \sin\tau f(\tau) u(\tau)\, d\tau\,,\ B_1 = B - \int_{t_0}^{\infty} \cos\tau f(\tau) u(\tau)\, d\tau\,. \quad (12.48)$$

따라서 $t \to \infty$일 때에 대해 다음을 얻는다.

$$u(t) \sim A_1 \cos t + B_1 \sin t\,. \quad (12.49)$$

여기서 A_1, B_1은 물론 상수이지만, 식 (12.48)의 피적분 함수는 $u(\tau)$를 포함하고 있으므로, 이들을 구하는 것은 쉬운 일이 아니다. 예를 들어 $t_0 = 0$이고, 초기조건이 $u(0) = u_0$, $\dot{u}(0) = v_0$로 주어지면, 식 (12.40)에서 $A = u_0$, $B = v_0$를 얻어 식 (12.48)은 다음과 같이 쓸 수 있다.

$$A_1 = u_0 + \int_0^{\infty} \sin\tau f(\tau) u(\tau)\, d\tau\,,\ B_1 = v_0 - \int_0^{\infty} \cos\tau f(\tau) u(\tau)\, d\tau\,. \quad (12.50)$$

주어진 u_0, v_0에 대해 A_1, B_1을 구하는 문제는 **연결 문제**(connection problem)로 알려져 있으며, 일반적으로 풀기에 쉽지 않은 문제이다.

3) 다음과 같이 실수 함수 $u(t)$에 대한 **0차 베셀 방정식**(Bessel equation of order zero)이 주어졌다고 하자.

$$\ddot{u} + \frac{1}{t}\dot{u} + u = 0\,. \quad (12.51)$$

장시간, 즉 $t \gg 1$일 때, 이 방정식의 해의 거동에 대해 생각하기 위해, 먼저 1계 도함수 항을 소거할 수 있도록 $u(t) = p(t)w(t)$의 치환을 도입하기로 하고, 이를 위 식에 대입하면 다음을 얻는다.

$$p\ddot{w} + \left(2\dot{p} + \frac{p}{t}\right)\dot{w} + \left(\ddot{p} + \frac{\dot{p}}{t} + p\right)w = 0. \tag{12.52}$$

여기서 $\dot{w}$에 곱해진 항, $2\dot{p} + \frac{p}{t}$이 영이 되어야 한다는 조건으로부터 다음을 얻는데,

$$\frac{dp}{p} = -\frac{dt}{2t}, \quad \therefore \ln p = -\ln\sqrt{t} + c, \tag{12.53}$$

여기서 c는 적분 상수이다. 이 식으로부터 결국 다음을 얻으며,

$$p(t) = \frac{C}{\sqrt{t}}, \tag{12.54}$$

여기서 C 또한 상수이다. 식 (12.51)은 선형 방정식이므로 위 식의 상수 C는 별 의미를 가지지 않는다.

따라서 $p(t) = t^{-1/2}$을 식 (12.52)에 대입하여 다음을 얻는다.

$$\ddot{w} + \left(\frac{\ddot{p}}{p} + \frac{\dot{p}}{tp} + 1\right)w = 0, \quad \therefore \ddot{w} + \left(1 + \frac{1}{4t^2}\right)w = 0. \tag{12.55}$$

위 식의 마지막 결과는 앞에서 다루었던 식 (12.38)에서 $f(t) = \frac{1}{4t^2}$인 경우이며, $t_0 > 0$으로 취하면 $f(t)$는 $t \geq t_0$에서 연속이고, $t \to \infty$일 때 $f(t) \to 0$인 함수이므로 2)의 결과를 사용할 수 있는 경우이다.

그러므로 식 (12.55)의 해는 식 (12.47), (12.48)로부터 다음과 같이 주어질 수 있다.

$$w(t) = A_1 \cos t + B_1 \sin t + v(t), \tag{12.56}$$

$$A_1 = A + \int_{t_0}^{\infty} \sin\tau f(\tau) w(\tau) d\tau, \quad B_1 = B - \int_{t_0}^{\infty} \cos\tau f(\tau) w(\tau) d\tau. \tag{12.57}$$

식 (12.43)으로부터 $v(t)$를 다음과 같이 얻는다.

$$v(t)=\int_t^\infty \sin(t-\tau)\,\frac{w(\tau)}{4\tau^2}\,d\tau\,. \tag{12.58}$$

M을 식 (12.42)와 같은 과정을 통해서 얻은 $|w(\tau)|$의 상한이라고 하면, $|v(t)|$에 대해 위 식으로부터 다음 결과를 얻으므로,

$$|v(t)| \le \frac{M}{4}\int_t^\infty \frac{1}{\tau^2}\,d\tau = \frac{M}{4t}\,, \tag{12.59}$$

다시 말하면 $v(t)$에 대해 다음을 얻는다.

$$v(t)= O(t^{-1}),\ t\to\infty \text{ 일 때.} \tag{12.60}$$

지금까지 0차 베셀 방정식의 해 $u(t)$에 대해 얻은 결과를 정리하면 다음과 같다.

$$u(t) = A_1\frac{\cos t}{\sqrt{t}} + B_1\frac{\sin t}{\sqrt{t}} + O(t^{-3/2}),\ t\to\infty \text{ 일 때.} \tag{12.61}$$

식 (12.51)의 엄밀해는 잘 알려진 바대로 다음과 같이 주어지는데[24],

$$u(t) = A\,J_0(t)+B\,Y_0(t)\,,\ t>0\,, \tag{12.62}$$

여기서 A, B는 상수, $J_0(t)$, $Y_0(t)$는 각각 제1종 및 제2종 0차 베셀 함수이다. 당연히 식 (12.61)의 A_1, B_1은 식 (12.62)의 A, B와 관련이 있지만 이들 사이의 관계에 대해 위에서 소개한 논의로부터 얻을 수 있는 것은 없다. 단지 베셀 함수의 $t\to\infty$일 때에 대한 점근식으로부터, $A=1$, $B=0$일 때, 이에 상응하는 $A_1=B_1=\dfrac{1}{\sqrt{2\pi}}$을 얻는다.

이 절에서 지금까지 논의한 선형 미분 방정식에 대한 해의 장시간 거동과 관련하여 보다 자세한 사항은 Struble(1962)[14]를 참조하기 바란다.

24) 이승준(2014)[13], 또는 Arfken(1985)[19] 등을 참조하시오.

12.4 감쇠항을 가진 방정식에 대한 해의 장시간 거동

이 절에서는 식 (12.38)과 같은 2계 선형 미분 방정식에 선형 감쇠항을 더한 문제에 대한 해의 장시간 거동에 대해 생각하기로 한다.

실수 함수 $u(t)$에 대한 2계 선형 미분 방정식이 다음과 같이 주어졌다고 하자.

$$\ddot{u}+2\varepsilon\dot{u}+\{1+f(t)\}u=0,\ t\geq 0,\ \varepsilon\in(0,1). \tag{12.63}$$

$f(t)$가 $t\geq 0$에서 연속일 경우, $t\to\infty$일 때 이 식의 해에 대해 무엇을 말할 수 있는가 생각해 보자.

식 (12.63)의 미분 방정식은 다음과 같이 다시 쓸 수 있으며,

$$\ddot{u}+2\varepsilon\dot{u}+u=g(t),\ t\geq t_0,\ g(t)\equiv -f(t)u(t), \tag{12.64}$$

위에 보인 미분 방정식의 모든 해는 다음과 같은 선형 적분 방정식을 만족해야 한다[연습문제 4].

$$u(t)=(A\cos\omega t+B\sin\omega t)e^{-\varepsilon t}-\frac{1}{\omega}\int_{t_0}^{t}e^{-\varepsilon(t-\tau)}\sin(t-\tau)f(\tau)u(\tau)\,d\tau. \tag{12.65}$$

여기서 $\omega\equiv\sqrt{1-\varepsilon^2}$이고, A, B는 초기조건으로부터 결정할 수 있는 상수이다.

식 (12.65)의 양변에 $e^{\varepsilon t}$를 곱하고, 절대값을 취하면 다음 부등식을 얻고,

$$|u(t)|\,e^{\varepsilon t}\leq\sqrt{A^2+B^2}+\frac{1}{\omega}\int_{t_0}^{t}|f(\tau)|\,|u(\tau)|\,e^{\varepsilon\tau}\,d\tau, \tag{12.66}$$

적분형의 Gronwall 보조정리를 이 식에 적용하면, 식 (11.46)으로부터 다음을 얻는다.

$$|u(t)|\,e^{\varepsilon t}\leq\sqrt{A^2+B^2}\,e^{F(t)},\ F(t)=\frac{1}{\omega}\int_{0}^{t}|f(\tau)|\,d\tau. \tag{12.67}$$

이 식의 양변에 $e^{-\varepsilon t}$를 곱하고 정리하면 다음 결과를 얻으며,

$$|u(t)|\leq\sqrt{A^2+B^2}\,e^{\left\{\frac{F(t)}{t}-\varepsilon\right\}t}, \tag{12.68}$$

그러므로 만약 다음 조건이 성립하면,

$$\frac{F(t)}{t} - \varepsilon < 0, \quad \therefore \frac{1}{t}\int_0^t |f(\tau)|\, d\tau < \varepsilon\omega, \tag{12.69}$$

식 (12.68)로부터 $t \to \infty$ 일 때 $|u(t)| \to 0$을 얻는다.

식 (12.69)로 주어지는 $f(t)$에 대한 조건은 $t \to \infty$ 일 때 작아야 하는 것을 요구하고 있지 않으며, 예를 들어 $f(t) = c = const.$, $c < \varepsilon\omega$인 경우에도 식 (12.69)는 만족되므로, $t \to \infty$ 일 때 $|u(t)| \to 0$을 얻는 것에 유의한다.

12.5 선형 비제차 미분 방정식에 대한 해의 장시간 거동

이 절에서는 식 (12.38)과 같은 2계 선형 미분 방정식에 강제력을 더한 문제에 대한 해의 장시간 거동에 대해 생각하기로 한다.

실수 함수 $u(t)$에 대한 2계 선형 미분 방정식이 다음과 같이 주어졌다고 하자.

$$\ddot{u} + \{1 + f(t)\}u = g(t), \quad t \ge 0. \tag{12.70}$$

여기서 $f(t)$, $g(t)$는 $t \ge 0$에서 주어진 연속인 함수라고 한다.

위에 보인 미분 방정식은 다음과 같이 다시 쓸 수 있는데,

$$\ddot{u} + u = g(t) - f(t)u(t), \quad t \ge 0, \tag{12.71}$$

위에 보인 미분 방정식의 모든 해는 다음과 같은 선형 적분 방정식을 만족해야 한다[연습문제 5].

$$u(t) = u_0 \cos t + v_0 \sin t + \int_0^t \sin(t-\tau)\{g(\tau) - f(\tau)u(\tau)\}\, d\tau. \tag{12.72}$$

여기서 $u_0 = u(0)$, $v_0 = \dot{u}(0)$로 초기조건으로 주어진 상수이다.

이하에서는 $f(t)$, $g(t)$가 충격 수준으로 작은 경우에 대해, 식 (12.72)에 보인 적분 방정식의 해, 또는 식 (12.70)에 보인 미분 방정식의 해는 $t \to \infty$ 일 때 유계임을 보이고자 한다.

식 (12.72)의 양변의 절대값을 취하면 다음 부등식을 얻는데,

$$|u(t)| \le \sqrt{u_0^2 + v_0^2} + \int_0^t |g(\tau)|\, d\tau + \int_0^t |f(\tau)|\, |u(\tau|\, d\tau, \qquad (12.73)$$

여기서 $g(\tau)$가 충격 수준으로 작으므로 다음 식이 성립하는 상수 M이 존재한다.

$$M \equiv \sqrt{u_0^2 + v_0^2} + \int_0^\infty |g(\tau)|\, d\tau. \qquad (12.74)$$

이를 이용하여 식 (12.73)을 다시 쓰면 다음을 얻고,

$$|u(t)| \le M + \int_0^t |f(\tau)|\, |u(\tau|\, d\tau, \qquad (12.75)$$

적분형의 Gronwall 보조정리를 이 식에 적용하면, 식 (11.47)로부터 다음을 얻는다.

$$|u(t)| \le Me^{F(t)}, \ t \ge 0, \ F(t) = \exp\left[\int_0^t |f(\tau)|\, d\tau\right]. \qquad (12.76)$$

여기서 $f(t)$가 충격 수준으로 작으므로, $F(\infty)$는 유계이며, 따라서 $t \to \infty$ 일 때 $u(t)$는 유계임을 얻는다.

아래에서는 위에서 보인 결과들의 적용을 보이기 위해 다음과 같은 실수 함수 $u(t)$에 대한 문제를 생각하자.

$$\ddot{u} + \left(1 + \frac{1}{1+t^4}\right)u = \cos t, \ t \ge 0. \qquad (12.77)$$

만약 좌변 ( ) 안의 분수 함수가 없다면 위 식의 우변은 공진을 일으키는 강제력이므로, 위와 같이 분수 함수가 추가된 경우에도 여전히 공진의 위험이 있는지에 대한 의문은 당연하다고 할 수 있다.

위의 식 우변은 충격 수준으로 작은 함수가 아니며, 따라서 위 문제에 식 (12.70)과 관련하여 얻은 결과를 직접 적용할 수 없으므로, 먼저 다음과 같은 치환을 도입하기로 하자.

$$u(t) = \frac{t}{2}\sin t + v(t). \tag{12.78}$$

여기서 위 식 우변 첫째 항은 식 (12.77)에서 분수 함수를 무시할 때 얻어지는 **특수해**(particular solution)이다[연습문제 6].

식 (12.78)을 식 (12.77)에 대입하여 $v(t)$에 대한 미분 방정식을 다음과 같이 얻는다.

$$\ddot{v} + \left(1 + \frac{1}{1+t^4}\right)v = -\frac{t}{2}\frac{\sin t}{1+t^4}, \quad t \geq 0. \tag{12.79}$$

식 (12.79)와 (12.70)을 비교하면 $f(t)$, $g(t)$가 모두 충격 수준으로 작은 것을 확인할 수 있으므로, 식 (12.79)의 해 $v(t)$는 $t \to \infty$ 일 때 유계이며, 따라서 식 (12.78)로부터 식 (12.77)의 해, $u(t)$는 $t \to \infty$ 일 때 무계임을 얻는다.

위에서 생각한 문제들과 비교하여 보다 일반적인 문제들은 n-열벡터 $\underline{y}(t)$에 대한 1계 선형 미분 방정식으로 바꾸어 다룰 수 있는데, 예를 들어 다음과 같은 문제에 대해 생각할 수 있다.

$$\dot{\underline{y}} = \{\underline{A} + \underline{F}(t)\}\underline{y} + \underline{b}(t). \tag{12.80}$$

여기서 $\underline{A}$는 그 성분이 모두 상수인 $n \times n$ 행렬, $\underline{F}(t)$는 그 성분이 연속인 함수로 주어진 $n \times n$ 행렬, $\underline{b}(t)$는 그 성분이 연속인 함수로 주어진 n-열벡터이다.

위의 문제를 다루는데 있어 핵심적인 개념은 $\underline{F}(t)$가 충격 수준으로 작다는 가정이다. 이와 같은 수준의 작은 **교란**(perturbation)에 대한 해의 장시간 거동은, $t \to \infty$ 일 때 교란의 영향이 무시할 수 있을 만큼 작아지므로, $\underline{F}(t)$를 무시했을 때의 거동과 거의 같음을 보일 수 있다. 이와 관련된 보다 자세한 사항은 Bellman(1953)[20]을 참조하기 바란다.

연습문제

1. 식 (12.24)에 보인 Lorenz 모형과 관련하여 원점에 대한 선형 변분 방정식의 행렬 $\underline{A}$가 식 (12.27)에 보인 바와 같이 주어짐을 보이시오. 또한 $k > 1$일 때에 대해 임계점 $\xi_{2,3}$에 대해 선형 변분 방정식을 얻고, $k \in (1, 21)$일 경우에는 두 임계점 모두 점근적으로 안정하고, $k > 21$일 경우에는 불안함을 보이시오.

2. 식 (12.E1), (12.30)으로 주어지는 초기치 문제의 엄밀해는 식 (12.37)로 주어짐을 보이시오.

$$\dot{u} - \left(a + t^{-1/2}\right)u = 0\,,\ \ t \geq 0\,. \tag{12.E1}$$

3. 식 (12.38)로 주어진 선형 미분 방정식을 만족하는 해는 모두 식 (12.40)으로 주어진 선형 적분 방정식을 만족함을 보이시오.

4. 식 (12.63)으로 주어진 선형 미분 방정식을 만족하는 해는 모두 식 (12.65)로 주어진 선형 적분 방정식을 만족함을 보이시오.

5. 식 (12.70)으로 주어진 선형 미분 방정식을 만족하는 해는 모두 식 (12.72)로 주어진 선형 적분 방정식을 만족함을 보이시오.

6. 비제차 선형 미분 방정식의 해는 **제차해**(homogeneous solution)와 **비제차해**(inhomogeneous solution)의 함으로 주어지는데, 비제차해는 **특수해**(particular solution)로 불리기도 한다. 아래에 보인 비제차 미분 방정식, 식 (12.E2)의 특수해가 식 (12.78) 우변 첫째 항으로 주어짐을 보이시오.

$$\ddot{u} + u = \cos t\ ,\ \ t \geq 0\,. \tag{12.E2}$$

13장
계수가 주기함수인 선형계, Mathieu 방정식

이 장에서는 계수가 주기함수인 선형계에 대한 대표적인 해석인 Floquet 이론에 대해 소개하고, Mathieu 방정식의 해에 대해 논의한다. 먼저 1절에서 비선형 자율계로 주어지는 문제의 해들과 관련하여 주기해의 안정성에 대해 고려할 때 얻어지는 Hill 방정식을 유도하고, 2절에서는 선형계의 **매개기진**(parametric excitation)에 의한 동요의 운동 방정식으로 Mathieu 방정식을 유도하기로 한다. 3절에서는 계수가 주기함수인 선형계의 해석을 위한 **Floquet 이론**(Floquet theory)에 대해 설명하고, 4절에서는 Floquet 이론 등 다양한 방법을 이용하여 Mathieu 방정식의 해의 특성에 대해 고찰하며, 5절에서는 Duffing 방정식의 해의 안정성과 관련하여 Mathieu 방정식을 생각하기로 한다.

13.1 비선형계에 대한 주기해의 안정성

앞에서도 여러 번 언급한 바와 같이 계수가 주기함수인 선형계를 고려하는 이유 중의 하나는 비선형계가 가지는 주기해의 안정성을 논의하기 위함이다.

실수 함수 $u(t)$에 대해 다음과 같은 비선형 자율계가 주어졌다고 하자.

$$\ddot{u} = f(u, \dot{u}). \tag{13.1}$$

이 문제가 다음과 같은 주기 T의 주기해를 가진다고 하면,

$$u(t) = U(t), \tag{13.2}$$

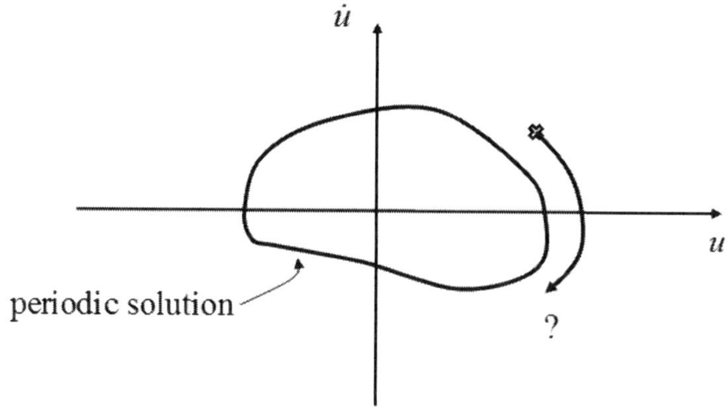

그림 13.1 주기해 부근에서 시작된 운동

이 주기해의 부근에서 '시작된' 미분 방정식의 해는 시간이 지남에 따라 어떤 거동을 보일 것인지에 대한 질문이 제기될 수 있다(그림 13.1 참조).

위의 질문에 답하기 위해 $u(t)$를 다음과 같이 다시 쓰고,

$$u(t) = U(t) + \eta(t), \tag{13.3}$$

이를 식 (13.1)에 대입한 후, $f(u,\dot{u})$를 $(u,\dot{u}) = (U,\dot{U})$에 대해 급수 전개한 후, $|\eta(t)| \ll 1$, $|\dot{\eta}(t)| \ll 1$을 가정하여 선형 근사하기로 하면 다음을 얻는다.

$$\ddot{U}(t) + \ddot{\eta}(t) = f(U+\eta, \dot{U}+\dot{\eta}) = f(U,\dot{U}) + \left.\frac{\partial f}{\partial u}\right|_P \eta + \left.\frac{\partial f}{\partial \dot{u}}\right|_P \dot{\eta} + \cdots,$$

$$\therefore \ddot{\eta} + q\dot{\eta} + p\eta = 0, \; p \equiv \left.\frac{\partial f}{\partial u}\right|_P, \; q \equiv \left.\frac{\partial f}{\partial \dot{u}}\right|_P. \tag{13.4}$$

여기서 하첨자 P는 편도함수들이 $(u,\dot{u}) = (U,\dot{U})$에서 계산되었음을 나타내며, 위의 정의에 따라 $p(t)$, $q(t)$는 명백히 주기함수이다.

식 (13.4)에 보인 $\eta(t)$에 대한 식은 계수가 주기함수인 2계 선형 미분 방정식이며, 앞에서 밝힌 바대로 비선형계가 가지는 주기해의 안정성에 대한 해답을 얻기 위해서는 식 (13.4)와 같은 식의 해에 대해 고찰해야 함을 알 수 있다. 9.4절에서 Duffing 방정식의 주기해의 안정성에 대해 생각하면서 식 (9.47) 또는 (9.48)로 Mathieu 방정식을 유도한

바 있었지만, 위의 식 (13.4)는 보다 일반적인 비선형계가 가지는 주기해의 안정성과 관련하여 주기함수를 계수로 가지는 선형계로 유도되었다.

13.2 선형계의 매개기진 동요

계수가 주기함수인 선형계를 고려하는 또 다른 이유는 그와 같은 방정식이 **매개기진**(parametric excitation)에 의한 동요에 대한 수학적 모형을 제공한다는 점이다.

예를 들어 그림 13.2에 보인 바와 같이 동요하는 지지대에 연결된 단진자의 운동을 고려하기로 하고, l은 진자의 길이, g는 중력 가속도, a는 지지대 동요의 진폭, ω는 그 진동수라고 하면, 운동 에너지 T는 다음과 같고,

$$T = \frac{m}{2}\left\{\left(\dot{y} - l\dot{\theta}\sin\theta\right)^2 + l^2\dot{\theta}^2\cos^2\theta\right\},\ y = a\cos\omega t, \tag{13.5}$$

위치 에너지 V는 다음과 같이 주어지므로,

$$V = -mg(y + l\cos\theta), \tag{13.6}$$

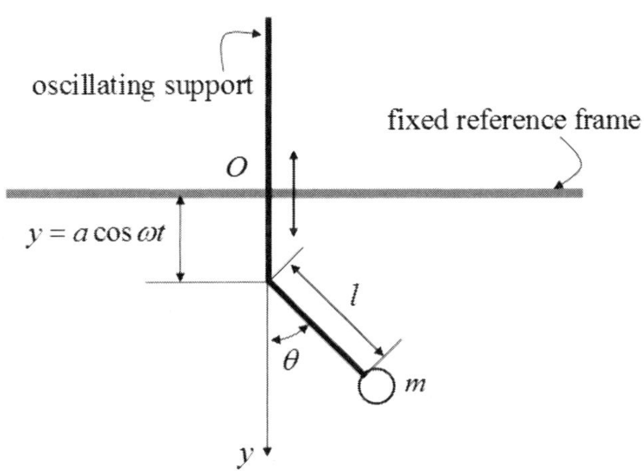

그림 13.2 동요하는 지지대에 연결된 단진자

라그란지안 L을 다음과 같이 얻고,

$$L = T - V = \frac{m}{2}\left\{(\dot{y} - l\dot{\theta}\sin\theta)^2 + l^2\dot{\theta}^2\cos^2\theta\right\} + mg(y + l\cos\theta), \qquad (13.7)$$

θ 방향의 운동에 대한 운동 방정식은 식 (3.21)을 이용하여 다음과 같이 얻는다[연습문제 1].

$$l\ddot{\theta} + (g + a\omega^2\cos\omega t)\sin\theta = 0. \qquad (13.8)$$

초기 변위 $\theta(0) = \theta_0 \ll 1$인 경우에는 위의 식에 $\theta(t) = 0 + \phi(t)$를 대입하는데, $|\phi(t)| \ll 1$을 가정하여 선형화하기로 하면 다음 결과를 얻는다.

$$l\ddot{\phi} + (g + a\omega^2\cos\omega t)\phi = 0. \qquad (13.9)$$

반면에 초기 변위 $\theta(0) = \pi - \theta_0$, $|\theta_0| \ll 1$인 경우에는 $\theta(t) = \pi + \phi(t)$를 대입하고 $|\phi(t)| \ll 1$을 가정하여 선형화하기로 하면 다음 결과를 얻는다.

$$l\ddot{\phi} - (g + a\omega^2\cos\omega t)\phi = 0. \qquad (13.10)$$

식 (13.9), (13.10)에서 지지대의 동요에 기인하는 힘은 그 크기가 변위 θ에 비례하므로 복원력과 같은 역할을 하는 것을 알 수 있다. 한편 이 항을 우변으로 이항하면 기진력으로 볼 수도 있어 이와 같이 물체 자체의 운동에 비례하는 기진력에 기인하는 동요를 **매개기진 동요**(parametrically excited oscillation)라고 한다.

위의 선형화된 운동 방정식들을 무차원 변수를 사용하여 표준형으로 나타내기 위해 $\tau = \omega t$를 도입하고, $\phi(t)$를 $\eta(\tau)$로 나타내기로 하면 다음을 얻는다.

$$\frac{d^2\eta}{d\tau^2} + (\delta + \varepsilon\cos\tau)\eta = 0. \qquad (13.11)$$

여기서 $\delta = \pm g/l\omega^2$, $\varepsilon = \pm a/l$이고, $+$, $-$ 부호는 $\theta(0) \approx 0$, π에 대응하며, 위 방정식은 **Mathieu 방정식**(Mathieu equation, 1868{16})이라고 불리는데, 물론 이 방정식은 9.4절에서 유도한 식 (9.48)과 같은 식이다.

13.3 Floquet 이론

식 (13.11)과 같이 주기함수를 계수로 가지는 2계 선형 미분 방정식은 1계 벡터 선형 미분 방정식으로 바꾸어 푸는 것이 일반적이며, 이와 같은 방정식의 해에 대한 이론은 **Floquet 이론**(Floquet theory, 1883{26})이라고 불린다. 이하에서는 먼저 Floquet 이론에 대한 서론으로 주기함수를 계수로 가지는 다음과 같은 실수 함수 $u(t)$에 대한 1계 미분 방정식의 해에 대해 생각하기로 한다.

$$\dot{u} + p(t)u = 0. \tag{13.12}$$

여기서 $p(t)$는 $t \in (-\infty, \infty)$에서 연속이며, 주기 T의 주기함수이다.

위 식의 모든 해는 다음과 같은 형태로 주어지는 것은 잘 알려져 있는데, [연습문제 2],

$$u(t) = A\exp\left\{-\int_0^t p(\tau)\,d\tau\right\} = Ae^{-P(t)},\ \ P(t) \equiv \int_0^t p(\tau)\,d\tau, \tag{13.13}$$

여기서 A는 초기조건에 의해 결정되는 상수이다.

$t \to \infty$일 때 식 (13.13)으로 주어진 해의 거동을 알아보기 위해 다음을 생각하자. 먼저 $t > 0$에 대해 $n(t)$를 $\dfrac{t}{T}$보다 크지 않은 최대의 자연수라고 하면 다음이 성립한다.

$$P(t) = \int_0^t p(\tau)\,d\tau = n(t)P(T) + \int_{nT}^t p(\tau)\,d\tau. \tag{13.14}$$

또한 $p(t)$는 연속이므로 다음 식을 만족하는 상수 M이 존재하고,

$$M = \max|p(t)|,\ \ t \in [0, T], \tag{13.15}$$

따라서 식 (13.14)는 다음과 같이 다시 쓸 수 있다.

$$P(t) = n(t)P(T) + q(t),\ \ q(t) \equiv \int_{nT}^t p(\tau)\,d\tau. \tag{13.16}$$

여기서 $q(t)$는 다음 부등식을 만족한다.

$$|q(t)| \le \int_{nT}^{t} |p(\tau)|\, d\tau \le M(t-nT) \le MT,\ t>0. \tag{13.17}$$

따라서 $P(t) \le nP(T) + MT$를 얻으므로, 식 (13.13)에 대한 고려로부터 다음과 같은 세 가지 경우가 발생함을 알 수 있다.

1) $P(T) > 0$일 경우,

$t \to \infty$에 따라, $n \to \infty$이고, MT는 상수이므로, $t \to \infty$일 때 식 (13.12)의 모든 해는 0으로 수렴한다.

2) $P(T) < 0$일 경우,

$A \ne 0$이면, $t \to \infty$일 때 식 (13.12)의 모든 해는 무계이다.

3) $P(T) = 0$일 경우,

식 (13.12)의 모든 해는 유계이다. 이 경우에는 다음이 성립하므로,

$$P(t+T) - P(t) = \int_{t}^{t+T} p(\tau)\, d\tau = 0, \tag{13.18}$$

$u(t+T)$는 다음을 만족하며,

$$u(t+T) = Ae^{-P(t+T)} = Ae^{-P(t)} = u(t), \tag{13.19}$$

따라서 식 (13.12)의 모든 해는 주기 T의 주기함수이다.

이제 식 (13.4)로 주어진 2계 미분 방정식을 생각하는데 η를 $u(t)$로 쓰기로 하면 다음과 같이 다시 쓸 수 있으며,

$$\ddot{u} + q(t)\dot{u} + p(t)u = 0, \tag{13.20}$$

여기서 1계 도함수를 포함하는 항은 변수들의 치환에 의해 항상 소거할 수 있으므로[연습문제 3], 위 식 대신 다음과 같은 Hill **방정식**(Hill's equation)을 생각할 수 있다.

$$\ddot{u} + p(t)u = 0\,. \tag{13.21}$$

여기서 $p(t)$는 $t \in (-\infty, \infty)$에서 연속이며, 주기 T의 주기함수이다. 물론 Mathieu 방정식은 Hill 방정식의 특수한 경우이다.

식 (13.21)을 벡터 함수 $\underline{y}(t) = (u, \dot{u})^T \equiv (y_1, y_2)^T$에 대한 1계 미분 방정식으로 다시 쓰면 다음을 얻는다.

$$\dot{\underline{y}} = \underline{P}(t)\underline{y}\,,\ \underline{P}(t) = \begin{pmatrix} 0 & 1 \\ -p(t) & 0 \end{pmatrix} = \underline{P}(t+T). \tag{13.22}$$

11.3절에서 논의한 기본 행렬을 이용하기로 하고, 위 식에 대한 기본 행렬을 $\underline{Y}(t)$라고 하면, $\dot{\underline{Y}}(t) = \underline{P}(t)\,\underline{Y}(t)$를 만족하므로, $\underline{Y}(t+T) \equiv \underline{Z}(t)$에 대해 다음을 얻는다.

$$\dot{\underline{Z}}(t) = \dot{\underline{Y}}(t+T) = \underline{P}(t+T)\,\underline{Y}(t+T) = \underline{P}(t)\,\underline{Y}(t+T) = \underline{P}(t)\,\underline{Z}(t)\,. \tag{13.23}$$

이 식에 따르면, $\underline{Z}(t)$는 $\underline{Y}(t)$와 같은 1계 선형 미분 방정식을 만족하며, 이는 $\underline{Z}(t)$도 기본 행렬임을 뜻하므로, $\underline{Z}(t)$와 $\underline{Y}(t)$ 사이에는 선형 관계가 성립해야 한다.

아래에서는 $\underline{Z}(t)$와 $\underline{Y}(t)$ 사이의 관계를 구하기 위해 먼저 $\underline{W}(t)$를 다음과 같이 정의한다.

$$\underline{W}(t) \equiv \underline{Y}^{-1}(t)\underline{Z}(t). \tag{13.24}$$

여기서 11.3절 2)의 논의에 의해 $\underline{Y}(t)$는 비특이 행렬이므로 $\underline{Y}^{-1}(t)$의 존재가 보장됨에 유의한다. 이 식의 양변을 t에 대해 미분하면 다음을 얻는다.

$$\dot{\underline{W}}(t) = \frac{d\underline{Y}^{-1}(t)}{dt}\,\underline{Z}(t) + \underline{Y}^{-1}(t)\,\dot{\underline{Z}}(t). \tag{13.25}$$

이 식 우변 첫째 항과 관련하여 정의에 의해 $\underline{Y}(t)\underline{Y}^{-1}(t) = \underline{1}$이 성립하는 점을 이용하기로 하고, 이 식의 양변을 t에 대해 미분하여 다음을 얻으며,

$$\underline{Y}(t)\frac{d\underline{Y}^{-1}(t)}{dt} = -\dot{\underline{Y}}(t)\underline{Y}^{-1}(t),$$

$$\therefore \frac{d\underline{Y}^{-1}(t)}{dt} = -\underline{Y}^{-1}(t)\dot{\underline{Y}}(t)\underline{Y}^{-1}(t) = -\underline{Y}^{-1}(t)\underline{P}(t), \tag{13.26}$$

이 결과를 식 (13.25)에 대입하면 다음을 얻는다.

$$\dot{\underline{W}}(t) = -\underline{Y}^{-1}(t)\underline{P}(t)\underline{Z}(t) + \underline{Y}^{-1}(t)\underline{P}(t)\underline{Z}(t) = \underline{0}, \quad \therefore \underline{W}(t) = \underline{C}. \tag{13.27}$$

여기서 $\underline{C}$는 상수 행렬이며, 이를 식 (13.24)에 대입하고 양변에 $\underline{Y}(t)$를 앞에서 곱해주면 다음을 얻고,

$$\underline{Z}(t) = \underline{Y}(t)\underline{C} = \underline{Y}(t+T), \tag{13.28}$$

$\underline{Y}(t)$는 $t \geq 0$에 대해 비특이이므로, $\underline{C}$ 또한 비특이 행렬이다. $\underline{C}$는 **Floquet 행렬**(Floquet matrix), 식 (13.28) 마지막 등식은 **Floquet 공식**(Floquet formula)이라고 각각 불린다.

11.3절 식 (11.56) 아래에서 언급한 바와 같이 행렬 $\underline{Y}(t)$의 i 번째 열은 초기조건 $\underline{y}(0) = \hat{e}_i$를 만족하는 해, $(y_i, \dot{y}_i)^T$이므로, $\underline{Y}(t)$는 다음과 같이 쓸 수 있으며,

$$\underline{Y}(t) = \begin{pmatrix} y_1 & y_2 \\ \dot{y}_1 & \dot{y}_2 \end{pmatrix}, \tag{13.29}$$

따라서 $\underline{Y}(t)$의 행렬값을 $|\underline{Y}(t)|$라고 하면 다음을 얻는다.

$$|\underline{Y}(t)| = y_1\dot{y}_2 - y_2\dot{y}_1. \tag{13.30}$$

이 식의 양변을 t에 대해 미분하여 다음을 얻는다.

$$\frac{d}{dt}|\underline{Y}(t)| = \dot{y}_1\dot{y}_2 + y_1\ddot{y}_2 - \dot{y}_2\dot{y}_1 - y_2\ddot{y}_1 = y_1\ddot{y}_2 - y_2\ddot{y}_1,$$

$$\therefore \frac{d}{dt}|\underline{Y}(t)| = -y_1 p(t) y_2 + y_2 p(t) y_1 = 0. \tag{13.31}$$

따라서 $|\underline{Y}(t)| = const. = |\underline{Y}(0)| = 1$을 얻는데, 여기서 셋째 등호는 식 (11.56) 아래에서 언급한 바와 같이 $\underline{Y}(0) = \underline{1}$임을 이용하여 얻는다. 이 결과와 식 (13.28)로부터 $\underline{C}$의 행렬값 $|\underline{C}| = 1$ 임을 얻는다.

$\underline{C} = \begin{pmatrix} c_{11} & c_{12} \\ c_{21} & c_{22} \end{pmatrix}$는 2×2 행렬이므로, 두 개의 고유값 λ_1, λ_2를 가질 수 있으며, 위에서 얻은 $|\underline{C}| = 1$ 이라는 사실로부터 다음을 얻는다.

$$|\underline{C}| \equiv c_{11}c_{22} - c_{12}c_{21} = \lambda_1 \lambda_2 = 1. \tag{13.32}$$

또한 선형대수로부터 행렬의 주대각선 상에 있는 성분들의 합, 즉 Tr(trace)는 기저에 상관없는 불변량이라는 점은 잘 알려져 있으므로, 다음을 얻는다.

$$\mathrm{Tr}\,\underline{C} \equiv c_{11} + c_{22} = \lambda_1 + \lambda_2 \equiv 2\sigma. \tag{13.33}$$

따라서 $\underline{C}$의 고유값을 결정하는 **특성 방정식**(characteristic equation)은 다음과 같으며,

$$\lambda^2 - 2\sigma\lambda + 1 = 0, \tag{13.34}$$

이 식으로부터 $\underline{C}$의 고유값, λ_1, λ_2를 다음과 같이 얻는다.

$$\lambda_{1,2} = \sigma \pm \sqrt{\sigma^2 - 1}. \tag{13.35}$$

아래에서는 고유값이 가질 수 있는 값들과 관련하여 발생할 수 있는 세 가지 경우를 생각하기로 한다.

1) $|\sigma| > 1$인 경우,

즉 $|\mathrm{Tr}\,\underline{C}| > 2$인 경우, λ_1, λ_2는 서로 다른 실수이며, 만약 $|\lambda_1| > |\lambda_2|$라고 하면, $|\lambda_1| > 1$, $|\lambda_2| < 1$이다.

2) $|\sigma| < 1$인 경우,

즉 $|\mathrm{Tr}\,\underline{C}| < 2$인 경우, λ_1, λ_2는 다음과 같이 그 **크기**(modulus)가 1인 **공액**(conjugate) 복소수로 주어지며,

$$\lambda_{1,2} = \sigma \pm i\sqrt{1-\sigma^2} = e^{\pm i\mu}, \ \mu \equiv \cos^{-1}\sigma, \tag{13.36}$$

여기서 $\mu \in (0,\pi)$ 인 양의 실수이다.

3) $|\sigma| = 1$ 인 경우,

즉 $|\mathrm{Tr}\underline{C}| = 2$인 경우, λ_1, λ_2는 다음과 같이 주어지는데,

$$\lambda_1 = \lambda_2 = \pm 1, \tag{13.37}$$

즉 중근을 가지며, 이 경우에는 상응하는 고유벡터가 하나만 존재할 수도 있다는 점에 유의한다.

이하에서는 위의 각 경우에 대해 해들의 특성을 보다 구체적으로 살펴보기로 한다. 고유값 λ_1, λ_2에 상응하는 고유벡터를 $\underline{c}_1$, $\underline{c}_2$라고 할 때, 초기조건 $\underline{y}(0) = \underline{c}_i$, $i = 1, 2$를 만족하는 해를 $\underline{v}_i(t)$, $i = 1, 2$라고 하면 이들은 명백히 서로 선형 독립인 해들이며, 식 (11.62)로부터 다음을 얻는다.

$$\underline{v}_i(t) = \underline{Y}(t)\,\underline{c}_i, \ i = 1, 2. \tag{13.38}$$

2계 선형 미분 방정식인 식 (13.21)의 일반해는 두 개의 선형 독립인 해의 선형 결합으로 주어진다. 또 식 (13.28)로부터 다음을 얻으므로,

$$\underline{Y}(t + nT) = \underline{Y}(t)\,\underline{C}^n, \tag{13.39}$$

$t \to \infty$ 일 때 해의 특성은 다음과 같이 주어지는 $\underline{v}_i(nT)$에 의해 결정된다.

$$\underline{v}_i(T) = \underline{Y}(T)\,\underline{c}_i = \underline{C}\,\underline{c}_i = \lambda_i\,\underline{c}_i,$$

$$\therefore \underline{v}_i(nT) = \underline{Y}(nT)\,\underline{c}_i = \underline{C}^n\,\underline{c}_i = \lambda_i^n\,\underline{c}_i, \ i = 1, 2. \tag{13.40}$$

따라서 $t \to \infty$ 일 때 해의 특성은 결국 Floquet 행렬 $\underline{C}$의 특성에 따라 결정되며, 위에서 고려한 세 가지 경우의 각각에 대해 다음을 얻는다.

1) $|\sigma| > 1$ 인 경우,

$|\lambda_1| > 1$, $|\lambda_2| < 1$이므로, 식 (13.40)으로부터 $t \to \infty$ 일 때, $\underline{v}_1(t)$는 무계, $\underline{v}_2(t)$는 영으로 수렴한다.

2) $|\sigma| < 1$ 인 경우,

$\lambda_{1,2} = e^{\pm i\mu}$ 이므로, 식 (13.40)으로부터 $t \to \infty$ 일 때, $\underline{v}_1(t)$, $\underline{v}_2(t)$는 모두 유계이다. 특히 $\mu = \dfrac{2\pi}{m}$, $m = 3, 4, \cdots$ 이면, N을 임의의 자연수라고 할 때, $n = mN$에 대해 다음이 성립하므로,

$$e^{in\mu} = e^{2\pi i N} = 1, \tag{13.41}$$

모든 해는 주기 mT의 주기함수이다.

3) $|\sigma| = 1$ 인 경우에는 네 가지 가능성이 있다.

먼저 $\lambda_1 = \lambda_2 = 1$일 때와 $\lambda_1 = \lambda_2 = -1$일 때로 나누어 생각하기로 한다.

가) $\lambda_1 = \lambda_2 = 1$일 때,

첫째는 서로 다른 두 개의 고유벡터 $\underline{c}_1$, $\underline{c}_2$가 존재하는 경우인데, 이때는 식 (13.40)으로부터 다음을 얻으므로,

$$\underline{v}_i(T) = \underline{c}_i, \quad \therefore \underline{v}_i(nT) = \underline{c}_i, \; i = 1, 2, \tag{13.42}$$

따라서 $t \to \infty$ 일 때, $\underline{v}_1(t)$, $\underline{v}_2(t)$는 모두 유계이며, 주기 T의 주기함수이다.

둘째는 오직 하나의 고유벡터 $\underline{c}_1$만 존재하는 경우인데, 이 고유벡터를 초기조건으로 하는 해 $\underline{v}_1(t)$에 대해서는 식 (13.42)를 그대로 적용할 수 있으므로, $t \to \infty$ 일 때 이 해는 유계이며, 주기 T의 주기함수이다. $\underline{v}_1(t)$와 선형 독립인 해 $\underline{v}_2(t)$에 대한 고려를 진행하기 위해서는 다음을 생각한다.

논의의 일반성을 확보하기 위해 선형대수[25]로부터 알려진 사실, 즉 $\underline{C}$를 다음과 같은 **Jordan 기준형**(Jordan's canonical form) $\underline{D}$로 나타내는 기저 $\{\underline{e}\}$가 존재하는 점을 이용하기로 한다.

$$\underline{D} \equiv \begin{pmatrix} 1 & 1 \\ 0 & 1 \end{pmatrix}, \quad \underline{C} = \underline{R}\,\underline{D}\,\underline{R}^{-1}. \tag{13.43}$$

여기서 $\underline{R}$은 비특이인 기저변환 행렬이며, 둘째 식은 식 (5.31) 둘째 식으로부터 얻고, 또 기저변환 시 열벡터 $\underline{x}$는 식 (5.22) 둘째 식에 의해 변환된다.

$$\underline{x}' = \underline{R}^{-1}\underline{x}. \tag{13.44}$$

여기서 $\underline{x}'$는 새로운 기저 $\{\underline{e}\}$를 사용하여 얻는 $\underline{x}$의 표현이다.

한편 $\underline{c}_1$은 고유값 1에 상응하는 $\underline{C}$의 고유벡터이므로 $\underline{C}\,\underline{c}_1 = \underline{c}_1$이 성립하는데, $\underline{c}_1'$을 기저 $\{\underline{e}\}$를 사용할 때 얻는 $\underline{c}_1$의 표현이라고 하면, 식 (5.30)으로부터 다음을 얻는다.

$$\underline{D}\,\underline{c}_1' = \underline{c}_1'. \tag{13.45}$$

따라서 $\underline{c}_1'$은 위 식을 만족하는 임의의 벡터로 잡을 수가 있는데, $\underline{c}_1' = \begin{pmatrix} 1 \\ 0 \end{pmatrix}$이라고 하면 대입에 의해 쉽게 식 (13.45)를 만족하는 것을 보일 수 있다. 그러므로 만약 $\underline{c}_2' = \begin{pmatrix} 0 \\ 1 \end{pmatrix}$로 잡으면 이는 명백히 $\underline{c}_1'$에 대해 선형 독립이며, $\underline{c}_2'$을 원래의 자연 기저를 사용할 때 얻어지는 열벡터를 $\underline{c}_2$라고 하면, 이에 상응하는 해 $\underline{v}_2(t)$는 $\underline{v}_1(t)$에 대해 선형 독립이고, 또 식 (13.38)로부터 $\underline{v}_2(t) = \underline{Y}(t)\,\underline{c}_2$에 의해 얻는다.

한편 식 (13.40)으로부터 $\underline{v}_2(nT) = \underline{Y}(nT)\,\underline{c}_2 = \underline{C}^n\,\underline{c}_2$가 성립하므로, 이 식에 식 (13.43) 둘째 식을 대입하여 다음을 얻는다.

$$\begin{aligned} \underline{C}^n\,\underline{c}_2 &= \left(\underline{R}\,\underline{D}\,\underline{R}^{-1}\right)\left(\underline{R}\,\underline{D}\,\underline{R}^{-1}\right)\cdots\left(\underline{R}\,\underline{D}\,\underline{R}^{-1}\right)\underline{c}_2 \\ &= \underline{R}\,\underline{D}^n\,\underline{R}^{-1}\,\underline{c}_2 = \underline{R}\,\underline{D}^n\,\underline{c}_2'. \end{aligned} \tag{13.46}$$

25) 보다 자세한 사항은 이승준(2010)[7]을 참조하기 바란다.

직접 계산에 의해 다음을 쉽게 보일 수 있으며,

$$\underline{D}\,\underline{d}_2 = \begin{pmatrix}1 & 1\\0 & 1\end{pmatrix}\begin{pmatrix}0\\1\end{pmatrix} = \begin{pmatrix}1\\1\end{pmatrix},\ \underline{D}^2\,\underline{d}_2 = \begin{pmatrix}1 & 1\\0 & 1\end{pmatrix}\begin{pmatrix}1\\1\end{pmatrix} = \begin{pmatrix}2\\1\end{pmatrix},\ \cdots,$$
$$\underline{D}^n\,\underline{d}_2 = \begin{pmatrix}1 & 1\\0 & 1\end{pmatrix}\begin{pmatrix}n-1\\1\end{pmatrix} = \begin{pmatrix}n\\1\end{pmatrix}, \tag{13.47}$$

$\underline{R}$은 비특이이므로, 따라서 $\underline{v}_2(t)$는 $t\rightarrow\infty$ 일 때 무계가 된다. 결과적으로, 고유값이 중근인 1이며, 고유벡터가 하나밖에 존재하지 않는 경우, $t\rightarrow\infty$ 일 때 고유벡터를 초기조건으로 가지는 해는 유계이며, 주기 T의 주기함수이고, 이 해에 선형 독립인 또 하나의 해는 무계임을 얻는다.

나) $\lambda_1 = \lambda_2 = -1$일 때,

첫째는 서로 다른 두 개의 고유벡터가 존재하는 경우인데, 이때는 식 (13.40)으로부터 다음을 얻으므로,

$$\underline{v}_i(T) = -\underline{c}_i,\ \therefore \underline{v}_i(nT) = (-)^n\underline{c}_i,\ i = 1, 2, \tag{13.48}$$

$t\rightarrow\infty$ 일 때, $\underline{v}_1(t)$, $\underline{v}_2(t)$는 모두 유계이며, 주기 $2T$의 주기함수이다.

둘째는 중근인 고유값에 대해 오직 하나의 고유벡터 $\underline{c}_1$만 존재하는 경우인데, 이 고유벡터를 초기조건으로 하는 해 $\underline{v}_1(t)$에 대해서는 식 (13.48)을 그대로 적용할 수 있으므로, $t\rightarrow\infty$ 일 때 이 해는 유계이며, 주기 $2T$의 주기함수이다. $\underline{v}_1(t)$와 선형 독립인 해 $\underline{v}_2(t)$에 대해서는 $\underline{C}$를 다음과 같은 Jordan 기준형 $\underline{D}$로 변환하는 기저 $\{\underline{e}\}$가 존재함을 이용한다.

$$\underline{D} \equiv \begin{pmatrix}-1 & 1\\0 & -1\end{pmatrix}. \tag{13.49}$$

$\underline{c}_1$은 고유값 -1에 상응하는 $\underline{C}$의 고유벡터이므로 $\underline{C}\,\underline{c}_1 = -\underline{c}_1$이 성립하는데, $\underline{c}_1{}'$을 기저 $\{\underline{e}\}$를 사용할 때 얻는 $\underline{c}_1$의 표현이라고 하면, 식 (5.30)으로부터 다음을 얻는다.

$$\therefore \underline{D}\,\underline{c}_1{}' = -\underline{c}_1{}'. \tag{13.50}$$

따라서 $\underline{c}_1{}'$은 위 식을 만족하는 임의의 벡터로 잡을 수가 있는데, $\underline{c}_1{}' = \begin{pmatrix}1\\0\end{pmatrix}$이라고 하

면 대입에 의해 쉽게 식 (13.50)을 만족하는 것을 보일 수 있다. 그러므로 만약 $\underline{c}_2{}' = \begin{pmatrix} 0 \\ 1 \end{pmatrix}$로 잡으면 이는 명백히 $\underline{c}_1{}'$에 대해 선형 독립이며, $\underline{c}_2{}'$을 원래의 자연 기저를 사용할 때 얻어지는 열벡터를 $\underline{c}_2$라고 하면, 이와 관련된 해 $\underline{v}_2(t)$에 대해 식 (13.40)으로부터 다음이 성립한다.

$$\underline{v}_2(nT) = \underline{Y}(nT)\,\underline{c}_2 = (-)^n\,\underline{C}^n\,\underline{c}_2. \tag{13.51}$$

한편, 식 (13.46)은 여전히 성립하므로 직접 계산에 의해 다음을 쉽게 보일 수 있으며,

$$\underline{D}\,\underline{c}_2{}' = \begin{pmatrix} -1 & 1 \\ 0 & -1 \end{pmatrix}\begin{pmatrix} 0 \\ 1 \end{pmatrix} = -\begin{pmatrix} -1 \\ 1 \end{pmatrix},\quad \underline{D}^2\,\underline{c}_2{}' = \begin{pmatrix} -1 & 1 \\ 0 & -1 \end{pmatrix}\begin{pmatrix} 1 \\ -1 \end{pmatrix} = \begin{pmatrix} -2 \\ 1 \end{pmatrix},\quad \cdots,$$

$$\underline{D}^n\,\underline{c}_2{}' = (-)^{n-1}\begin{pmatrix} -1 & 1 \\ 0 & -1 \end{pmatrix}\begin{pmatrix} -n+1 \\ 1 \end{pmatrix} = (-)^n\begin{pmatrix} -n \\ 1 \end{pmatrix}, \tag{13.52}$$

$\underline{v}_2(t)$는 $t \to \infty$일 때 무계가 된다. 결과적으로 고유값이 중근인 -1이며, 고유벡터가 하나밖에 존재하지 않는 경우, $t \to \infty$일 때 고유벡터를 초기조건으로 가지는 해는 유계이며, 주기 $2T$의 주기함수이고, 이 해에 선형 독립인 또 하나의 해는 무계임을 얻는다.

13.4 Mathieu 방정식

이 절에서는 9.4절에서 Duffing 방정식이 가지는 주기해의 안정성과 관련하여, 또 13.2절에서 매개기진 동요와 관련하여 유도하였던 Mathieu 방정식에 대해 고려한다. Mathieu 방정식은 앞 절에서 논의한 Hill 방정식의 특수한 경우이므로 먼저 Floquet 이론을 이용하여 그 해의 특성에 대해 생각하기로 한다.

식 (13.11)로 주어진 Mathieu 방정식은 식 (13.21)로 주어진 Hill 방정식의 특수한 경우로, 식 (13.11) 좌변에서 $p(t) = \delta + \varepsilon\cos t$인 경우이므로, $\delta = k^2$이라고 할 때 실수 함수 $u(t)$에 대한 Mathieu 방정식은 다음과 같이 쓸 수 있다.

$$\ddot{u} + (k^2 + \varepsilon\cos t)u = 0. \tag{13.53}$$

여기서 $k>0$, ε은 주어진 상수이고, $p(t)$는 주기 $T=2\pi$인 주기함수인 점에 유의한다.

앞 절의 식 (13.22)에서와 같이, 식 (13.53)은 다음과 같은 벡터 함수 $\underline{y}(t)=(u, \dot{u})^T \equiv (y_1, y_2)^T$에 대한 1계 미분 방정식으로 바꾸어 쓸 수 있다.

$$\dot{\underline{y}} = \underline{P}(t)\,\underline{y}\,,\ \ \underline{P}(t) = \begin{pmatrix} 0 & 1 \\ -k^2-\varepsilon\cos t & 0 \end{pmatrix}. \tag{13.54}$$

이 방정식의 해들과 관련된 특성을 알기 위해서는 Floquet 행렬 $\underline{C}$를 알아야 하는데, 식 (13.28)로 주어진 Floquet 공식으로부터 $\underline{C}=\underline{Y}(T)$를 얻으므로, 따라서 Floquet 행렬을 얻기 위해서는 먼저 기본 행렬 $\underline{Y}(t)$를 알아야 한다.

기본 행렬 $\underline{Y}(t)$를 구하기 위해서는 11.3절에서 보인 바와 같이 $u_1(t)$, $u_2(t)$에 대한 다음 문제를 풀어야 한다.

$$\ddot{u}_1 + (k^2+\varepsilon\cos t)u_1 = 0\,,\ t\ge 0\,,\ u_1(0)=1\,,\ \dot{u}_1(0)=0\,, \tag{13.55}$$

$$\ddot{u}_2 + (k^2+\varepsilon\cos t)u_2 = 0\,,\ t\ge 0\,,\ u_2(0)=0\,,\ \dot{u}_2(0)=1\,. \tag{13.56}$$

이 문제들의 해를 구하기 위하는 데는 $|\varepsilon| \ll 1$을 가정하고, 10.3절에서 논의한 바 있는 정규 섭동법을 사용하기로 한다.

먼저 $u_1(t)$를 ε의 멱급수로 다음과 같이 가정하고,

$$u_1(t,\varepsilon) = x_0(t) + \varepsilon x_1(t) + \varepsilon^2 x_2(t) + \cdots\ , \tag{13.57}$$

이를 식 (13.55)에 대입하면 다음을 얻는다.

$$(\ddot{x}_0 + \varepsilon\ddot{x}_1 + \varepsilon^2\ddot{x}_2 + \ \cdots\ ) + (k^2+\varepsilon\cos t)(x_0+\varepsilon x_1 + \cdots) = 0\,, \tag{13.58}$$

$$x_0(0) + \varepsilon x_1(0) + \varepsilon^2 x_2(0) + \cdots\ = 1\,, \tag{13.59}$$

$$\dot{x}_0(0) + \varepsilon \dot{x}_1(0) + \varepsilon^2 \dot{x}_2(0) + \cdots\ = 0\,. \tag{13.60}$$

여기서 식 (13.58)의 좌변은 ε^0, ε^1, ε^2, ⋯ 등에 대해 따로 따로 정리할 수 있으며, 또 초기조건도 같은 방법으로 다루어, ε^0-문제, 또는 최저차 문제를 다음과 같이 얻으며[연습문제 4],

$$\varepsilon^0;\ \ddot{x}_0 + k^2 x_0 = 0,\ t \geq 0,\ x_0(0) = 1,\ \dot{x}_0(0) = 0, \tag{13.61}$$

최저차 문제의 해는 다음과 같이 얻는다.

$$x_0(t) = \cos kt. \tag{13.62}$$

다음으로 식 (13.58), (13.59), (13.60)으로부터 ε^1-문제, 또는 1차 문제를 다음과 같이 얻으며[연습문제 5],

$$\varepsilon^1;\ \ddot{x}_1 + k^2 x_1 = -\cos t \cos kt = -\frac{1}{2}\{\cos(k+1)t + \cos(k-1)t\},\ t \geq 0,$$

$$x_1(0) = 0,\ \dot{x}_1(0) = 0, \tag{13.63}$$

1차 문제의 해는 다음과 같이 얻는다.

$$x_1(t) = A\cos kt + B\cos(k+1)t - C\cos(k-1)t,$$

$$A = \frac{1}{4k^2-1},\ B = \frac{1}{2(2k+1)},\ C = \frac{1}{2(2k-1)}. \tag{13.64}$$

여기서 A, B, C는 미정계수법에 의해 얻어질 수 있는데, 특히 $k \neq \frac{1}{2}$을 가정해야 함에 유의한다. $k \to \frac{1}{2}$일 경우에는 위의 정규 섭동법을 적용하여 초기치 문제의 해를 구하는 것이 문제가 있다는 점을 시사하고 있다.

위에서 $u_1(t)$에 대해 얻은 결과를 정리하면 다음과 같다.

$$u_1(t) = \cos kt + \varepsilon\{A\cos kt + B\cos(k+1)t - C\cos(k-1)t\} + O(\varepsilon^2). \tag{13.65}$$

$u_2(t)$에 대해서도 같은 방법을 사용하기로 하면, 먼저 ε의 멱급수로 다음과 같이 가정하고,

$$u_2(t,\varepsilon)=z_0(t)+\varepsilon z_1(t)+\varepsilon^2 z_2(t)+\cdots\ , \tag{13.66}$$

이를 식 (13.56)에 대입하면 다음을 얻는다.

$$\left(\ddot{z}_0+\varepsilon\ddot{z}_1+\varepsilon^2\ddot{z}_2+\ \cdots\ \right)+\left(k^2+\varepsilon\cos t\right)\left(z_0+\varepsilon z_1+\cdots\right)=0\,, \tag{13.67}$$

$$z_0(0)+\varepsilon z_1(0)+\varepsilon^2 z_2(0)+\cdots\ =0\,, \tag{13.68}$$

$$\dot{z}_0(0)+\varepsilon\dot{z}_1(0)+\varepsilon^2\dot{z}_2(0)+\cdots\ =1\,. \tag{13.69}$$

따라서 ε^0-문제, 또는 최저차 문제를 다음과 같이 얻으며[연습문제 6],

$$\varepsilon^0;\ \ddot{z}_0+k^2 z_0=0\,,\ t\ \geq 0\,,\ z_0(0)=0\,,\ \dot{z}_0(0)=1\,, \tag{13.70}$$

최저차 문제의 해는 다음과 같이 얻는다.

$$z_0(t)=\frac{1}{k}\sin kt\,. \tag{13.71}$$

식 (13.67), (13.68), (13.69)로부터 ε^1-문제, 또는 1차 문제를 다음과 같이 얻으며[연습문제 7],

$$\varepsilon^1;\ \ddot{z}_1+k^2 z_1=-\frac{1}{k}\cos t\sin kt=-\frac{1}{2k}\{\sin(k+1)t+\sin(k-1)t\}\,,\ t\ \geq 0\,,$$

$$z_1(0)=0\,,\ \dot{z}_1(0)=0\,, \tag{13.72}$$

1차 문제의 해는 다음과 같이 얻는다.

$$z_1(t)=-\frac{A}{k}\sin kt+\frac{B}{k}\sin(k+1)t-\frac{C}{k}\sin(k-1)t\,. \tag{13.73}$$

여기서 A, B, C는 식 (13.64)로 주어진 바와 같다.

위에서 $u_2(t)$에 대해 얻은 결과를 정리하면 다음과 같다.

$$u_2(t) = \frac{1}{k}\sin kt + \frac{\varepsilon}{k}\{-A\sin kt + B\sin(k+1)t - C\sin(k-1)t\} + O(\varepsilon^2). \quad (13.74)$$

식 (13.65)의 $\cos kt$ 항들, 또 식 (13.74)의 $\sin kt$ 항들은 고차 문제에서 영속항의 문제를 야기할 것으로 기대되며, 이에 대해서는 아래에서 다시 논의하기로 한다.

11.3절 식 (11.56) 아래에서 논의한 바와 같이 기본 행렬 $\underline{Y}(t)$의 i 번째 열은 $u_i(t)$, $i = 1,2$ 로부터 다음과 같이 주어지므로,

$$\underline{Y}(t) = \begin{pmatrix} u_1(t) & u_2(t) \\ \dot{u}_1(t) & \dot{u}_2(t) \end{pmatrix}, \quad (13.75)$$

Floquet 행렬 $\underline{C}$는 다음과 같이 주어진다.

$$\underline{C} = \underline{Y}(2\pi) = \begin{pmatrix} c_{11} & c_{12} \\ c_{21} & c_{22} \end{pmatrix} = \begin{pmatrix} u_1(2\pi) & u_2(2\pi) \\ \dot{u}_1(2\pi) & \dot{u}_2(2\pi) \end{pmatrix}. \quad (13.76)$$

식 (13.65), 식 (13.74)를 이용하여 이들 성분을 $O(\varepsilon)$까지 구하고 표기의 편의를 위해 $\kappa \equiv 2\pi k$라고 하면 다음을 얻으며[연습문제 8],

$$c_{11} = u_1(2\pi) = \cos\kappa, \ c_{12} = u_2(2\pi) = (1-2\varepsilon A)k^{-1}\sin\kappa,$$

$$c_{21} = \dot{u}_1(2\pi) = -(1+2\varepsilon A)k\sin\kappa, \ c_{22} = \dot{u}_2(2\pi) = \cos\kappa, \quad (13.77)$$

따라서 Floquet 행렬 $\underline{C}$를 $O(\varepsilon)$까지 근사적으로 다음과 같이 얻는다.

$$\underline{C} = \begin{pmatrix} \alpha & (1-2\varepsilon A)k^{-1}\beta \\ -(1+2\varepsilon A)k\beta & \alpha \end{pmatrix}, \ (\cos\kappa, \sin\kappa) \equiv (\alpha, \beta). \quad (13.78)$$

앞 절에서 얻은 결과를 이용하기 위해 $\underline{C}$의 고유값을 결정하는 특성 방정식을 구하면 다음과 같다.

$$(\alpha-\lambda)^2 + (1-4\varepsilon^2 A^2)\beta^2 = \lambda^2 - 2\alpha\lambda + 1 - 4\varepsilon^2 A^2\beta^2 = 0. \quad (13.79)$$

이를 식 (13.34)의 특성 방정식과 비교하면 다음을 얻는데,

$$\sigma = \alpha = \cos\kappa\,,\ \det\underline{C} = 1 - 4\varepsilon^2 A^2 \beta^2\,, \tag{13.80}$$

$O(\varepsilon)$ 까지 $\det\underline{C} = 1$ 이 성립하므로, 식 (13.32)와 일관된 결과를 얻음을 확인할 수 있다.

또 식 (13.80) 첫째 식에 따르면 $\sigma \le 1$ 이므로 $\underline{C}$ 의 고유값과 관련하여 두 경우를 생각할 수 있다.

1) $|\cos\kappa| < 1$ 인 경우,

즉 $2k \neq n$, $n = 2, 3, \cdots$ 인 경우, $\mu = \kappa$ 이고, 이는 앞 절의 2)에 해당하며, $t \to \infty$ 일 때, 모든 해는 유계이다. 여기서 $2k \neq 1$ 은 식 (13.64)와 관련하여 이미 가정되고 있음에 유의한다.

2) $|\cos\kappa| = 1$ 인 경우,

즉 $2k = n$, $n = 2, 3, \cdots$ 인 경우, 이는 앞 절의 3)에 해당하며, $2k$ 가 짝수일 때, 즉 k 가 자연수일 때는, $\lambda_1 = \lambda_2 = 1$ 의 중근을 가지고, $2k$ 가 홀수일 때, 즉 k 가 반 정수(half integer)일 때는, $\lambda_1 = \lambda_2 = -1$ 의 중근을 가진다.

전자는 앞 절의 경우 3가)에 해당한다. $\alpha = 1$, $\beta = 0$ 이므로, $\underline{C} = \underline{1}$ 이 되고, 따라서 임의의 선형 독립인 두 개의 벡터를 고유벡터로 잡을 수 있으며, $t \to \infty$ 일 때, 모든 해는 유계이며, 주기 T 의 주기함수이다.

후자는 앞 절의 경우 3나)에 해당한다. $\alpha = -1$, $\beta = 0$ 이므로, $\underline{C} = -\underline{1}$ 이 되고, 따라서 임의의 선형 독립인 두 개의 벡터를 고유벡터로 잡을 수 있으며, $t \to \infty$ 일 때, 모든 해는 유계이며, 주기 $2T$ 의 주기함수이다.

위의 결과를 종합하면 따라서 $|\varepsilon| \ll 1$ 이 성립하면, k (또는 δ)의 어떤 값에 대해서도 모든 해는 유계임을 얻었으나, $k = \dfrac{1}{2}$ 인 경우는 제외되었고, 또 식 (13.74) 아래에서 지적한 바와 같이 영속항의 문제가 발생한다는 문제점이 있다. 사실은 $k = \dfrac{1}{2}$ 인 경우도, 1차 문제들인 식 (13.63), (13.72)의 우변으로부터 영속항이 발생하는 경우에 해당하는 것을 확인할 수 있다. 그러므로 아래에서는 $|\varepsilon| \ll 1$ 을 가정하고, $\delta(\varepsilon)$ 로 간주하여 식

(13.53)으로 주어지는 Mathieu 방정식의 주기해가 가지는 특성에 대해 알아보기로 한다.

$\delta(\varepsilon)$, $u(t,\varepsilon)$을 다음과 같다고 하고,

$$\delta(\varepsilon) = \delta_0 + \varepsilon\delta_1 + \varepsilon^2\delta_2 + \cdots , \tag{13.81}$$

$$u(t,\varepsilon) = x_0(t) + \varepsilon x_1(t) + \varepsilon^2 x_2(t) + \cdots , \tag{13.82}$$

이들을 식 (13.53)에 대입하여 다음을 얻는다.

$$\begin{aligned}&\left(\ddot{x}_0 + \varepsilon\ddot{x}_1 + \varepsilon^2\ddot{x}_2 + \cdots\right)\\ &+ \left\{\left(\delta_0 + \varepsilon\delta_1 + \varepsilon^2\delta_2 + \cdots\right) + \varepsilon\cos t\right\}\left(x_0 + \varepsilon x_1 + \varepsilon^2 x_2 + \cdots\right) = 0 .\end{aligned} \tag{13.83}$$

식 (13.83)의 좌변을 ε^0, ε^1, ε^2, $\cdots$ 등에 대해 따로 따로 정리하여 ε^0-, ε^1-, ε^2-문제를 각각 다음과 같이 얻는다[연습문제 9],

$$\varepsilon^0;\ \ddot{x}_0 + \delta_0 x_0 = 0 , \tag{13.84}$$

$$\varepsilon^1;\ \ddot{x}_1 + \delta_0 x_1 = -\left(\delta_1 + \cos t\right)x_0 \equiv f_1(t) , \tag{13.85}$$

$$\varepsilon^2;\ \ddot{x}_2 + \delta_0 x_2 = -\delta_2 x_0 - \left(\delta_1 + \cos t\right)x_1 \equiv f_2(t) . \tag{13.86}$$

식 (13.84)로 주어지는 최저차 문제는 $\delta_0 = n^2$, $n = 0, 1, 2, \cdots$일 때 주기 $T = 2\pi$인 주기함수를 해로 가지며, $\delta_0 = \left(n + \frac{1}{2}\right)^2$, $n = 0, 1, 2, \cdots$일 때 주기 $T = 4\pi$인 주기함수를 해로 가지므로, 이 두 경우를 모두 고려하기 위해 δ_0가 다음과 같은 경우 식 (13.84)는 주기 $T = 2\pi$, 또는 $T = 4\pi$인 주기함수를 해로 가진다고 할 수 있다.

$$\delta_0 = \frac{n^2}{4} , \ n = 0, 1, 2, \cdots . \tag{13.87}$$

이 식에 따르면 위의 $k = \frac{1}{2}$인 경우뿐만 아니라, 식 (13.80)과 관련하여 고려한 경우

2), 즉 $k=\dfrac{n}{2}$, $n=2,3,\cdots$ 도 위 식에 포함되는 경우임을 알 수 있고, 또 이들은 고차 문제에서 영속항의 문제를 발생시킬 것으로 기대할 수 있다.

아래에서는 식 (13.87)에서 $n=0,1$ 인 경우에 대해 보다 자세히 생각하기로 한다.

1) $n=0$,

이 경우에는 $x_0(t)=a_0=const.$ 로 주어지며, 따라서 식 (13.85)는 다음과 같이 다시 쓸 수 있다.

$$\ddot{x}_1=-(\delta_1+\cos t)a_0. \tag{13.88}$$

따라서 x_1은 $\delta_1=0$일 때만 주기해를 가질 수 있고, 그 해는 다음과 같이 주어진다.

$$x_1=a_0\cos t+a_1. \tag{13.89}$$

위에서 얻은 결과를 이용하여 식 (13.86)의 우변 $f_2(t)$를 구하면 다음과 같다.

$$f_2(t)=-\delta_2 a_0-(a_1+a_0\cos t)\cos t=-\left(\delta_2+\frac{1}{2}\right)-a_1\cos t-\frac{a_0}{2}\cos 2t. \tag{13.90}$$

따라서 x_2는 $\delta_2=-\dfrac{1}{2}$일 때만 주기해를 가질 수 있고, 이 경우에 δ는 다음과 같이 주어져야 한다.

$$\delta=-\frac{\varepsilon^2}{2}+O(\varepsilon^3). \tag{13.91}$$

2) $n=1$,

이 경우에는 a_0, b_0를 상수라고 할 때, $x_0(t)=a_0\cos\dfrac{t}{2}+b_0\sin\dfrac{t}{2}$로 주어지며, 식 (13.85)의 우변 $f_1(t)$를 구하면 다음과 같다.

$$-f_1(t) = (\delta_1 + \cos t)\left(a_0 \cos\frac{t}{2} + b_0 \sin\frac{t}{2}\right)$$

$$= \left(\delta_1 + \frac{1}{2}\right)a_0 \cos\frac{t}{2} + \left(\delta_1 - \frac{1}{2}\right)b_0 \sin\frac{t}{2} + \frac{a_0}{2}\cos\frac{3}{2}t + \frac{b_0}{2}\sin\frac{3}{2}t. \quad (13.92)$$

따라서 x_1은 $\delta_1 = \pm\frac{1}{2}$ 일 때만 주기해를 가질 수 있고, 이 경우에 δ는 다음과 같이 주어져야 한다.

$$\delta = \frac{1}{4} \pm \frac{\varepsilon}{2} + O(\varepsilon^2). \quad (13.93)$$

지금까지 얻은 결과를 종합하면, 정규 섭동법을 사용할 때는, $k = \frac{1}{2}$, 즉 $\delta = \frac{1}{4}$ 인 경우는 논의에 포함될 수 없었으며, 주기해에 대한 직접적인 해석을 통해 식 (13.93)이 만족되는 경우 Mathieu 방정식은 주기해를 가짐을 확인할 수 있었다. 또한 (δ, ε) 평면에서 Mathieu 방정식이 가지는 해의 특성에 대해 고려하면 식 (13.87)로 주어지는 δ_0 값의 주변에서 주기해를 가지며, 이는 식 (13.80)과 관련하여 논의한 경우 2)와도 대응됨을 알 수 있다.

이하에서는 (δ, ε) 평면에서 Mathieu 방정식이 가지는 해의 안정성에 대해 보다 자세하게 고려하기 위해, $\delta_0 = \frac{1}{4} \equiv k_0^2$인 경우를 택하여, $\delta(\varepsilon)$을 다음과 같다고 가정하고,

$$\delta(\varepsilon) = \frac{1}{4} + \varepsilon\delta_1 + \varepsilon^2\delta_2 + \cdots , \quad (13.94)$$

10.3절에서 소개했던 다중척도법을 이용하기로 한다.

$t_1 = t$, $t_2 = \varepsilon t$ 라고 하고, $u(t)$를, t_1, t_2의 함수 $W(t_1, t_2)$로 간주하면 다음을 얻으며,

$$\dot{u} = \frac{\partial W}{\partial t_1} + \varepsilon\frac{\partial W}{\partial t_2} = W_{,1} + \varepsilon W_{,2}, \quad (10.64)$$

$$\ddot{u} = \frac{\partial^2 W}{\partial t_1^2} + 2\varepsilon\frac{\partial^2 W}{\partial t_1 \partial t_2} + \varepsilon^2\frac{\partial^2 W}{\partial t_2^2} = W_{,11} + 2\varepsilon W_{,12} + \varepsilon^2 W_{,22}, \quad (10.65)$$

이들을 식 (13.53)으로 주어지는 Mathieu 방정식에 대입하면 $W(t_1,t_2)$에 대한 방정식을 다음과 같이 얻는다.

$$\left(W_{,11}+2\varepsilon W_{,12}+\varepsilon^2 W_{,22}\right)+\left\{\left(\delta_0+\varepsilon\delta_1+\cdots\right)+\varepsilon\cos t_1\right\}W=0\,,$$

$$\therefore\ W_{,11}+\delta_0 W+\varepsilon\left\{\left(\delta_1+\cos t_1\right)W+2W_{,12}\right\}+O\left(\varepsilon^2\right)=0. \tag{13.95}$$

이제 $W(t_1,t_2)$를 ε의 멱급수로 다음과 같이 가정하고,

$$W(t_1,t_2)=w_0(t_1,t_2)+\varepsilon w_1(t_1,t_2)+\varepsilon^2 w_2(t_1,t_2)+\cdots\ , \tag{10.68}$$

이를 식 (13.95)에 대입하면 다음을 얻으며,

$$\left(w_{0,11}+\varepsilon w_{1,11}\cdots\right)+\delta_0\left(w_0+\varepsilon w_1+\cdots\right)$$

$$+\varepsilon\left\{\left(\delta_1+\cos t_1\right)w_0+2\left(w_{0,12}+\cdots\right)\right\}+O\left(\varepsilon^2\right)=0\,, \tag{13.96}$$

이 식들을 ε^0, ε^1, ε^2, … 항들로 정리하여, ε^0-문제를 다음과 같이 얻는다.

$$\varepsilon^0;\ w_{0,11}+\delta_0 w_0=0\,. \tag{13.97}$$

이 문제의 일반해는 다음과 같이 주어질 수 있으며,

$$w_0(t_1,t_2)=A(t_2)\cos k_0 t_1+B(t_2)\sin k_0 t_1\,, \tag{13.98}$$

아직 $A(t_2)$, $B(t_2)$는 완전히 정해지지 않았음에 유의한다.

또 식 (13.96)으로부터 ε^1-문제를 다음과 같이 얻으며[연습문제 10],

$$\varepsilon^1;\ w_{1,11}+\delta_0 w_1=-\left\{\left(\delta_1+\cos t_1\right)w_0+2w_{0,12}\right\}\equiv f_1(t_1,t_2)\,, \tag{13.99}$$

f_1을 구하기 위해 식 (13.98)을 대입하면 다음을 얻는다.

$$-f_1(t_1,t_2)=(\delta_1+\cos t_1)(A\cos k_0 t_1+B\sin k_0 t_1)$$

$$+2k_0\left(-\frac{dA}{dt_2}\sin k_0 t_1+\frac{dB}{dt_2}\cos k_0 t_1\right). \tag{13.100}$$

$k_0=\dfrac{1}{2}$ 이므로, 다음을 얻고,

$$-f_1(t_1,t_2)=\left\{(\delta_1+k_0)A+\frac{dB}{dt_2}\right\}\cos t_1+\left\{(\delta_1-k_0)B-\frac{dA}{dt_2}\right\}\sin t_1$$

$$+\frac{A}{2}\cos\frac{3}{2}t_1+\frac{B}{2}\sin\frac{3}{2}t_1, \tag{13.101}$$

따라서 영속항을 제거하기 위해서는 다음 조건이 만족되어야 한다.

$$\frac{dB}{dt_2}+(\delta_1+k_0)A=0,\ \ \frac{dA}{dt_2}-(\delta_1-k_0)B=0. \tag{13.102}$$

위 식에 대해 a, b는 구해야 할 상수라고 하고, 다음을 가정한 뒤,

$$A(t_2)=ae^{\mu t},\ \ B(t_2)=be^{\mu t}, \tag{13.103}$$

이들을 식 (13.102)에 대입하여 다음을 얻는다.

$$(\delta_1+k_0)a+\mu b=0,$$

$$\mu a-(\delta_1-k_0)b=0. \tag{13.104}$$

이 식은 a, b에 대한 1차 연립 방정식인데, 우변이 모두 영이므로 해가 존재하기 위해서는 계수 행렬의 행렬값이 영이어야 하며, 따라서 다음을 얻는다.

$$(\delta_1^2-k_0^2)+\mu^2=0,\ \ \therefore\mu=\pm\sqrt{k_0^2-\delta_1^2}=\pm\sqrt{\delta_0-\delta_1^2}. \tag{13.105}$$

여기서 $\sqrt{\ }$ 안에 위치한 $\delta_0-\delta_1^2$의 부호에 따라 두 가지 경우가 발생한다.

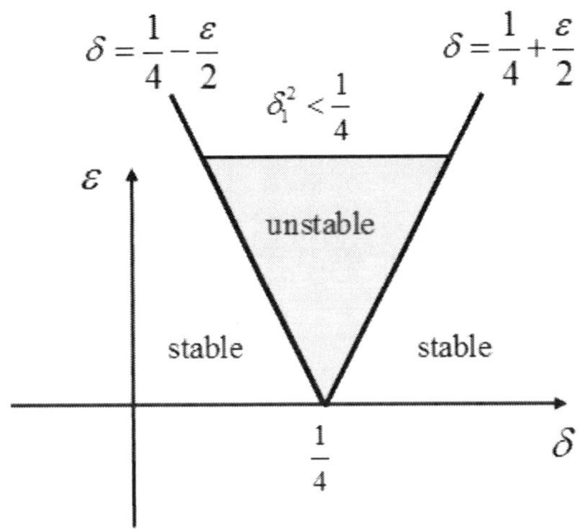

그림 13.3 $\delta = \frac{1}{4}$ 부근에서 Mathieu 방정식이 가지는 해의 안정성

1) $\delta_0 > \delta_1^2$ 인 경우,

다시 말하면 $|\delta_1| < \frac{1}{2}$ 일 때는 μ 중의 하나는 양의 실수 값을 가지므로, $t \rightarrow \infty$ 일 때, $w_0(t_1, t_2)$ 는 무계가 되며, 따라서 $u(t)$ 는 **불안정**(unstable)하다. 식 (13.94)로부터 $|\delta_1| < \frac{1}{2}$ 은 다음 경우에 상응하며,

$$\delta \in \left(\frac{1}{4} - \frac{\varepsilon}{2}, \frac{1}{4} + \frac{\varepsilon}{2}\right), \tag{13.106}$$

그림 13.3에 이 결과를 도시하였다.

2) $\delta_0 < \delta_1^2$ 인 경우,

즉, $|\delta_1| > \frac{1}{2}$ 일 때 μ 는 모두 허수가 되고, $t \rightarrow \infty$ 일 때, $w_0(t_1, t_2)$ 는 유계이며, 따라서 $u(t)$ 는 **안정**(stable)하다. 식 (13.94)로부터 $|\delta_1| > \frac{1}{2}$ 은 다음 경우에 상응하며,

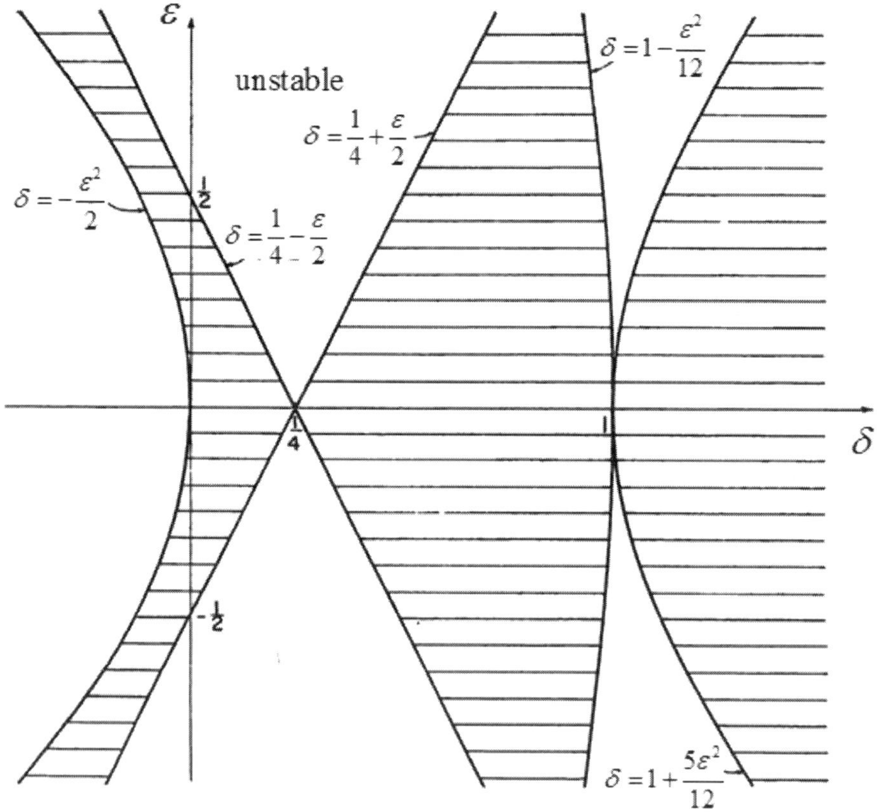

그림 13.4 $\delta = \frac{n^2}{4}$, $n = 0, 1, 2$ 부근에서 해의 안정성

$$\delta < \frac{1}{4} - \frac{\varepsilon}{2},\ \delta > \frac{1}{4} + \frac{\varepsilon}{2}, \tag{13.107}$$

이 결과는 그림 13.3에 같이 보였다.

물론 식 (13.93), $\delta_1 = \pm\frac{1}{2}$는 주기해를 가지는 경우에 상응함을 다시 한 번 확인할 수 있다.

위의 $n = 0$에 대해 얻은 식 (13.91)과, $n = 1$에 대해서 위에서 얻은 결과, 그리고 식 (13.87)에서 $n = 2$일 때에 대해 위에서 보인 것과 같은 다중척도법을 적용하여 얻는 결과를 그림 13.4에 모두 같이 보였다[연습문제 11].

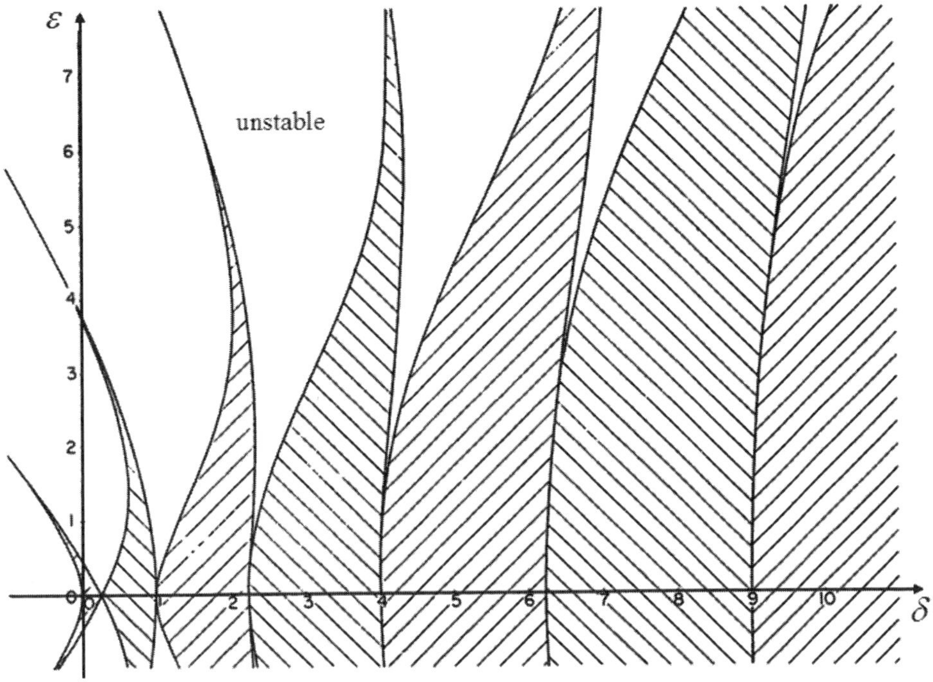

그림 13.5 (δ, ε) 평면에 보인 Mathieu 방정식이 가지는 해의 안정성 영역

ε의 크기가 증가할수록 불안정성 영역이 증가하는 것을 볼 수 있으며, 불안정성 영역의 경계는 주기해에 상응함을 확인할 수 있다. 식 (13.87)에 속하는 모든 경우에 대해 다중척도법을 적용하여 일반적인 결과를 얻을 수 있으며, 또한 ε의 고차 항에 대한 결과를 얻어 그림 13.4에 보인 곡선들에 대한 보정을 얻을 수도 있다. 또한 $|\varepsilon| \ll 1$의 가정을 도입하지 않고도 Mathieu 방정식의 해의 안정성에 대한 논의를 진행할 수 있는데, 이로부터 얻은 결과를 종합적으로 그림 13.5에 보였다. 고정된 ε 값에 대해 n이 증가함에 따라 안정성 영역이 더 커짐에 유의한다.

13.5 Duffing 방정식에 대한 조화해의 안정성

9.1절에서 조화함수로 주어진 강제력을 받는 $u(t)$에 대한 Duffing 방정식은 다음과 같이 식 (9.5)로 주어졌다.

$$\ddot{u} = -\beta u - \kappa u^3 + F\cos\omega t. \tag{9.5}$$

여기서 β, κ, F, ω는 주어진 상수였다.

$|\kappa| \ll 1$을 가정하고 이 문제에 대한 주기해가 $u(t) = A\cos\omega t$라고 할 때, 응답 곡선에 대응하는 함수 $\omega^2(A, \beta, \kappa, F)$는 식 (9.15)에서 다음과 같이 얻은바 있고,

$$\omega^2 = \beta + \frac{3}{4}\kappa A^2 - \frac{F}{A}, \tag{9.15}$$

9.4절에서 Duffing 방정식의 주기해의 안정성과 관련하여 선형 변분 방정식을 식 (9.48), Mathieu 방정식으로 얻은 바 있다.

$$\frac{d^2\eta}{d\tau^2} + (\delta + \varepsilon\cos\tau)\eta = 0,\ \tau = 2\omega t,\ (\delta,\varepsilon) = \frac{\left(\beta + \frac{3}{2}\kappa A^2, \frac{3}{2}\kappa A^2\right)}{4\omega^2}. \tag{13.108}$$

$\kappa > 0$, 즉 굳센 스프링에 대한 응답 곡선을 그림 13.6에 보였다.

$|\kappa| \ll 1$을 가정하고 있으므로, 식 (13.108)의 마지막 식으로부터 $|\varepsilon| \ll 1$도 성립하며, F가 작은 경우, $F = \kappa F_1$이라고 놓을 수 있고, 또 $\mu \equiv \frac{3}{2}\frac{\kappa}{\beta}$라고 하면 $|\mu| \ll 1$을 얻으며, 이들을 이용하여 (δ, ε)에 대해 다음을 얻는다.

$$4(\delta,\varepsilon) = \frac{(1 + \mu A^2, \mu A^2)}{1 + \mu\left(\frac{A^2}{2} - \frac{2}{3}\frac{F_1}{A}\right)} \sim (1 + \mu A^2, \mu A^2)\left\{1 - \mu\left(\frac{A^2}{2} - \frac{2}{3}\frac{F_1}{A}\right)\right\},$$

$$\therefore 4(\delta,\varepsilon) = \left(1 + \mu\left(\frac{A^2}{2} + \frac{2}{3}\frac{F_1}{A}\right), \mu A^2\right) + O(\mu^2). \tag{13.109}$$

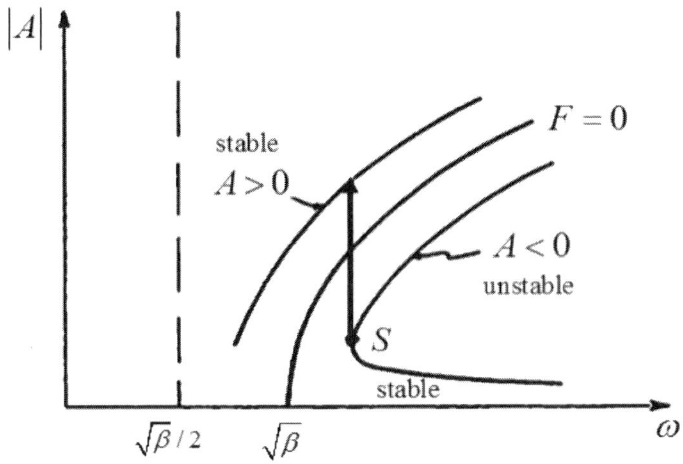

그림 13.6 비감쇠 Duffing 방정식에 대한 응답 곡선, $\kappa > 0$

이 식으로부터 $\delta(\varepsilon)$에 대해 다음 결과를 얻으며,

$$\delta = \frac{1}{4} + \frac{\varepsilon}{2} \pm \frac{\mu}{12}\sqrt{\frac{\mu}{\varepsilon}}F_1, \tag{13.110}$$

여기서 우변의 $+$는 $A > 0$일 때, $-$는 $A < 0$일 때 취해야 하며, μ, ε은 κ와 부호가 같으므로 $\frac{\mu}{\varepsilon}$는 항상 0보다 큰 점에 유의한다.

위 결과에 따르면 Duffing 방정식의 주기해는 앞 절에서 고려한 식 (13.87)에서 $n = 1$에 해당하는 경우임을 알 수 있다. 그림 13.3에 보인 바와 같이 $\delta > \frac{1}{4} + \frac{\varepsilon}{2}$이면 안정성 영역에 속하는데, $\kappa > 0$이면 $\mu > 0$이므로, 이 경우는 $A > 0$인 경우에 대응하므로, 그림 13.6에서 이에 상응하는 부분이 안정한 것으로 표기되고 있음을 확인할 수 있다.

반면에 $\frac{1}{4} - \frac{\varepsilon}{2} < \delta < \frac{1}{4} + \frac{\varepsilon}{2}$이면 불안정성 영역에 속하는데, $A < 0$인 경우에는 이 영역에 속하는 부분이 있을 수 있으며, 이 사실 또한 그림 13.6에서 확인할 수 있다.

F를 일정하게 유지하면서 ω를 감소시킬 경우, 그림 13.6 또는 그림 9.8에 보인 바와 같은 점프 현상이 발생할 것으로 예측하였고, 이와 같은 점프는 응답 곡선의 기울기가

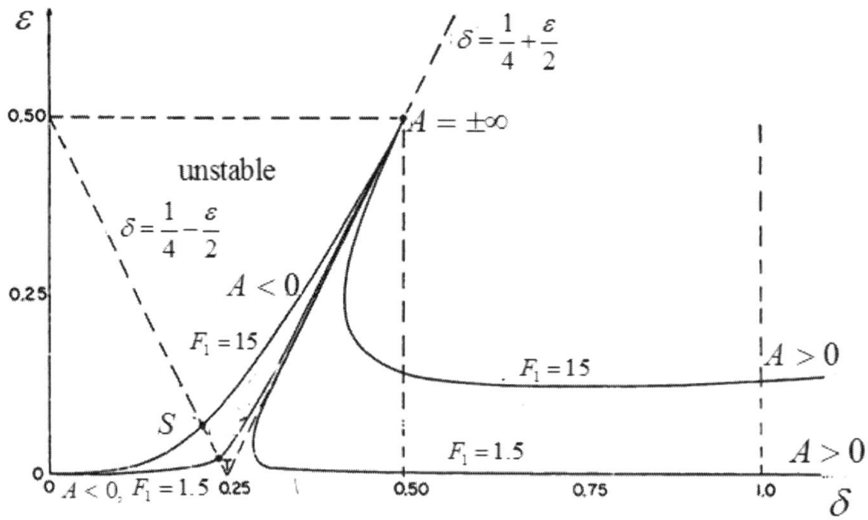

그림 13.7 (δ, ε) 평면에 보인 Duffing 방정식에 대한 응답 곡선, $\kappa > 0$

무한대인 점 S에서 발생한다고 기술한 바 있다. 이와 같은 현상을 설명하기 위해 응답 곡선을 (δ, ε) 평면에 다시 보인 것이 그림 13.7이다.

식 (13.108) 마지막 식으로부터 (δ, ε) 평면 상의 응답 곡선은 다음 두 가지 특성을 가짐에 유의한다.

1) $|A| \to \infty$ 일 때, $(\delta, \varepsilon) \to \left(\frac{1}{2}, \frac{1}{2}\right)$,

2) $A \to \pm 0$ 일 때, $(\delta, \varepsilon) \to \mp (0, 0)$.

그림 13.7에는 $F_1 = 1.5$, 15 인 두 경우에 대한 응답 곡선을 보였는데, 예를 들어 $F_1 = 15$ 인 경우에 대한 곡선은 $\delta > \frac{1}{4} + \frac{\varepsilon}{2}$, 즉 $A > 0$ 인 경우와, $\frac{1}{4} - \frac{\varepsilon}{2} < \delta < \frac{1}{4} + \frac{\varepsilon}{2}$ 에 포함되는 부분을 가진 $A < 0$ 인 경우의 두 곡선으로 주어진다. 두 곡선은 $|A| \to \infty$ 일 때, $(\delta, \varepsilon) \to \left(\frac{1}{2}, \frac{1}{2}\right)$ 이므로, 이 점에서 만나며, 이 점은 주기해에 상응하는 직선 $\delta = \frac{1}{4} + \frac{\varepsilon}{2}$ 상에 있음에 유의한다.

식 (9.15)로부터 $A \to \pm 0$일 때 $\omega^2 \to \infty$이므로, 그림 13.6에서 $A<0$일 때 $\omega \gg 1$인 경우는 그림 13.7에서 원점에 상응하며, 따라서 ω를 감소시키다 보면 두 그림에서 모두 점 S에 도달할 것이다. 그림 13.7에서 점 S가 응답 곡선의 기울기가 무한대인 점에 상응하는 것을 보이기 위해, 그림 13.6에서 점 S는 식 (9.24)의 둘째 식으로부터 다음과 같이 주어지는 것을 이용하기로 한다.

$$\omega^2 = \beta + \frac{9}{4}\kappa A^2 . \tag{13.111}$$

위 식의 우변을 식 (9.15)의 우변과 등치하여 다음을 얻는다.

$$F = \kappa F_1 = -\frac{3}{2}\kappa A^3 . \tag{13.112}$$

이를 식 (13.109)에 대입하면 다음을 얻으므로,

$$4(\delta,\varepsilon) = \left(1 - \frac{\mu A^2}{2}, \mu A^2\right) + O(\mu^2), \quad \therefore \delta = \frac{1}{4} - \frac{\varepsilon}{2}, \tag{13.113}$$

결국 점 S가 직선 $\delta = \frac{1}{4} - \frac{\varepsilon}{2}$ 상에 있음을 확인할 수 있다.

따라서 그림 13.6에서 점 S보다 우상부에 있는 $A<0$인 곡선은 그림 13.7에서 점 S보다 우상부에 있는 곡선에 상응하며, 이 영역은 불안정성 영역에 해당하므로, 그림 9.8에서 기술한 점프 현상이 변분 해들의 안정성과 관련되어 있음을 확인할 수 있다.

$\kappa<0$인 무른 스프링의 경우, $(\omega, |A|)$ 평면 상의 응답 곡선을 그림 13.8에 보였다. 식 (9.15)의 양변에 A를 곱하고 정리하면 다음을 얻는다.

$$A\omega^2 = \frac{3}{4}\kappa A^3 + \beta A - F. \tag{13.114}$$

이 식의 우변은 A의 3차 다항식이므로 A의 세 값에서 영이 되고, 또한 $\kappa<0$이므로 식 (13.108) 마지막 식으로부터 $\varepsilon<0$임을 얻는다. 따라서 이들에 상응하는 (δ,ε) 평면 상의 점은 (13.108) 마지막 식으로부터 $(\pm\infty, -\infty)$임을 얻는다. 그림 13.9에 $\mu \equiv \frac{3}{2}\frac{\kappa}{\beta} = -0.1$, $F_1 = -15$인 경우에 대한 (δ,ε) 평면 상의 응답 곡선을 보였다.

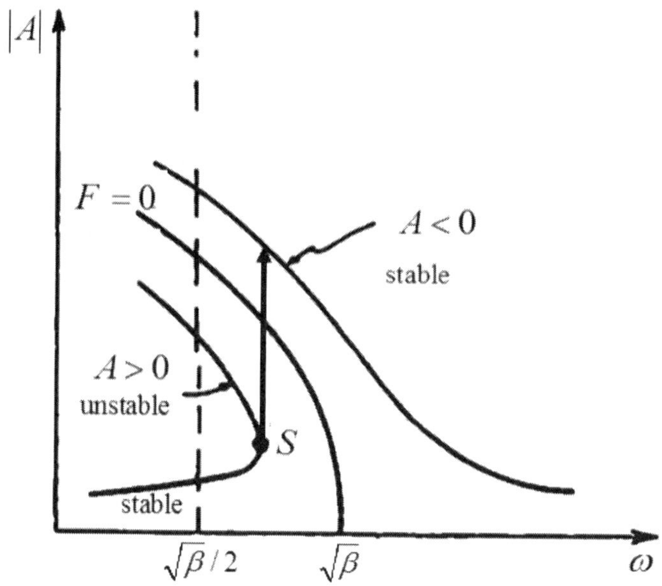

그림 13.8 비감쇠 Duffing 방정식에 대한 응답 곡선, $\kappa < 0$

그림에 보인 경우에 대해 식 (13.114)의 우변을 β로 나누어 다음을 얻는다.

$$\frac{3}{4}\frac{\kappa}{\beta}A^3 + A - \frac{\kappa F_1}{\beta} = \frac{\mu}{2}(A^3 - 20A + 20),$$

$$\therefore (A-a)(A-b)(A-c) = 0,\ a = -4.906,\ b = 1.059,\ c = 3.847. \quad (13.115)$$

식 (13.114) 좌변의 부호는 A의 부호와 같아야 하므로 식 (3.114)는 A의 모든 값에 대해 만족될 수 없으며, 다음 구간에서만 만족됨에 유의한다.

$$A > 0,\ A \in (b, c);\ A < 0,\ A \in (a, 0). \quad (13.116)$$

식 (13.108) 마지막 식으로부터 $\delta = 0$는 다음 경우에 상응하므로,

$$A^2 = -\frac{2}{3}\frac{\beta}{\kappa} = -\frac{1}{\mu},\ \therefore A = \pm\sqrt{-\mu^{-1}} = \pm 3.162 \equiv \pm d, \quad (13.117)$$

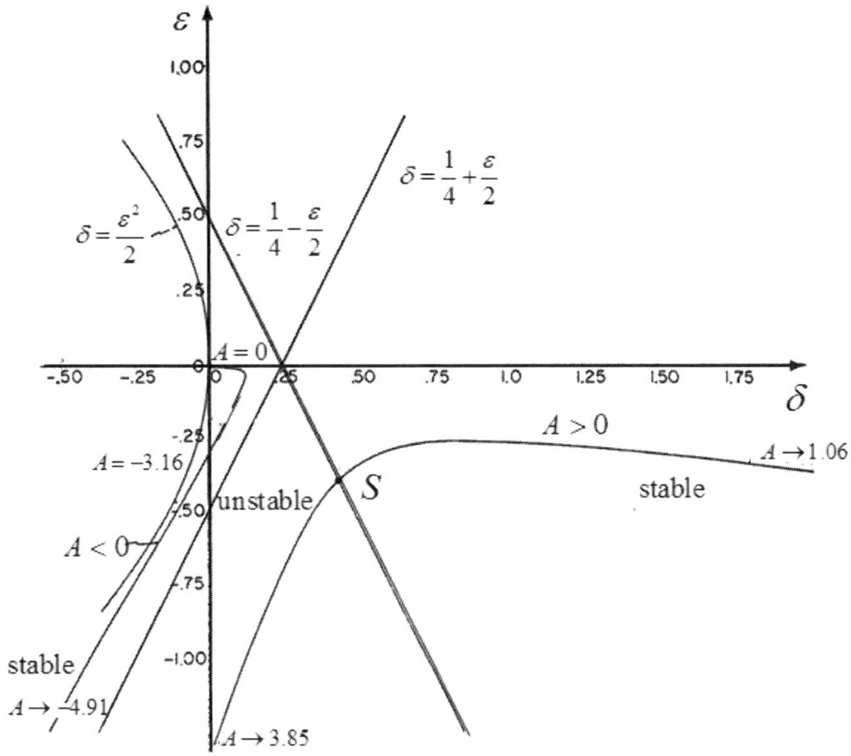

그림 13.9 (δ, ε) 평면에 보인 Duffing 방정식에 대한 응답 곡선, $\kappa < 0$

$A > 0$ 인 구간은 $A \to b$ 에 대응하는 점이 (δ, ε) 평면의 제4 상한에서 시작하는 곡선으로 주어지고, $A < 0$ 인 구간은 $A \to a$ 에 대응하는 점이 제3 상한에서 시작하는 곡선으로 주어진다. 두 곡선 모두 $|A| = d$일 때 $\delta = 0$, 즉 ε축을 지난다. 그림 13.9의 $A > 0$ 에 상응하는 곡선에서 $A \to b$ 는 그림 13.8의 $\omega^2 \to 0$ 에 상응하며, ω 가 증가함에 따라 점 S에 도달한다. 이 점은 그림 13.8에서는 응답 곡선의 기울기가 무한대가 되는 점이며, 그림 13.9에서는 직선 $\delta = \frac{1}{4} - \frac{\varepsilon}{2}$ 과 만나는 점임을 식 (13.113)에서와 같은 방법으로 보일 수 있다. $\varepsilon < 0$이므로 불안정성 영역은 위의 직선 $\delta = \frac{1}{4} - \frac{\varepsilon}{2}$ 보다 왼쪽에 있으며, 점 S는 식 (13.112)를 만족해야 하므로 다음을 얻는다.

$$A^3 = -\frac{2}{3}F_1 = 10\,, \quad \therefore A = 10^{1/3} = 2.154 \equiv s\,. \tag{13.118}$$

따라서 그림 13.9에서 $A \in (s, c)$는 불안정성 영역에 속하며, 이 구간은 그림 13.8에서 점 S보다 좌상부에 있는 곡선 부분에 대응된다. 그림 9.8에서 기술한 점프 현상이 변분해들의 안정성과 관련되어 있음을 다시 한 번 확인할 수 있다.

연습문제

1. 식 (3.21)과 식 (13.7)로 주어진 라그란지안을 이용하여 식 (13.8)과 같이 θ 방향에 대한 운동 방정식을 얻을 수 있음을 보이시오.

2. 식 (13.12)의 일반해가 식 (13.13)으로 주어지는 것을 보이시오.

3. 식 (13.20)에 대해 $u(t)=v(t)e^{-\frac{1}{2}\int_0^t q(\tau)\,d\tau}$의 치환을 사용하여 식 (13.21)과 같은 형태인 $v(t)$에 대한 식 (13.E1)과 같이 얻고, $r(t)$를 $p(t)$, $q(t)$, $z(t)\equiv e^{-\frac{1}{2}\int_0^t q(\tau)\,d\tau}$의 함수로 구하시오.

$$\ddot{v}+r(t)v=0. \tag{13.E1}$$

4. 식 (13.58), (13.59), (13.60)으로부터 ε^0-문제를 구하고 그 해가 식 (13.62)로 주어짐을 보이시오.

5. 식 (13.58), (13.59), (13.60)으로부터 ε^1-문제를 구하고 그 해가 식 (13.64)로 주어짐을 보이시오.

6. 식 (13.67), (13.68), (13.69)로부터 ε^0-문제를 구하고 그 해가 식 (13.71)로 주어짐을 보이시오.

7. 식 (13.67), (13.68), (13.69)로부터 ε^1-문제를 구하고 그 해가 식 (13.73)으로 주어짐을 보이시오.

8. 식 (13.65), 식 (13.74)를 이용하여 식 (13.77)에 보인 Floquet 행렬의 성분이 식 (13.77)과 같이 주어짐을 보이시오.

9. 식 (13.83)으로부터 ε^0-, ε^1-, ε^2-문제가 각각 식 (13.84), (13.85), (13.86)으로 주어짐을 보이시오.

10. 식 (13.96)으로부터 ε^1-문제가 식 (13.99)로 주어짐을 보이시오.

11. 식 (13.87)에서 $n=2$일 때에 대해 다중척도법을 적용하여 그림 13.4에 보인 것과 같은 결과를 얻음을 보이시오.

참고도서 및 참고문헌과 찾아보기

참고도서

[1] L. Meirovitch, Methods of Analytical Dynamics, McGraw-Hill Book Company, Inc., 1970.

[2] H. Goldstein, Poole & Safko, Classical mechanics, 3rd Ed., Addison-Wesley Publishing Company, 2000.

[3] L. D. Landau & E. M. Lifshitz, Mechanics, 3rd Ed., Oxford, Pergamon Press, 1976.

[4] 이승준, 역사로 배우는 동역학, 개정판, GS인터비전, 2012.

[5] J. J. Stoker, Nonlinear Vibrations, Interscience Publishers, 1966.

[6] D. W. Jordan & P. Smith, Nonlinear ordinary differential equations, 3rd Ed., Oxford University Press. 1999.

[7] 이승준, 역사로 배우는 공학수학, GS인터비전, 2010.

[8] R. Weinstock, Calculus of variations, Dover Publications Inc. 1974.

[9] L. Meirovitch, Analytical methods in vibrations, Macmillan Company, 1967.
[10] J. K. Knowles, Linear vector spaces and Cartesian tensors, Oxford University Press, 1998.
[11] C. Lanczos, The Variational Principles of Mechanics, 4th Ed., University of Toronto Press, 1970.
[12] 이승준, 선박해양 유체역학, GS인터비전, 2014.
[13] 이승준, 공학도를 위한 응용수학, GS인터비전, 2014.
[14] R. A. Struble, Nonlinear differential equations, McGraw-Hill Book Company, 1962.
[15] I. S. Gradshteyn & I. M. Ryzhik, Table of Integrals, Series, and Products, Corrected and Enlarged Edition, Academic Press, 1980.
[16] C. M. Bender & S. A. Orszag, Advanced Mathematical Methods for Scientists and Engineers, Springer, 2010.
[17] E. A. Coddington & N. Levinson, Theory of Ordinary Differential Equations, McGraw-Hill Book Company, Inc., 1955.
[18] R. Bellman, Introduction to matrix analysis, McGraw-Hill Book Company, Inc., 1960.
[19] G. Arfken, Mathematical methods for physicists, Academic Press, 1985.
[20] R. Bellman, Stability theory of differential equations, McGraw-Hill Book Company, Inc., 1953.

참고문헌

{1} Lagrange(1788), Mécanique Analytique, reissued by Cambridge University Press(2009).

{2} Newton(1687), The mathematical principles of natural philosophy (Philosophiae Naturalis Principia Mathematica), Vol. 1, 2, 3.

{3} Euler(1736), Mechanica sive motus scientia analytice exposita, Vol. 1 & 2.

{4} Johann Bernoulli(1717), Principle of virtual work, letter to Pierre Varignon,

{5} D'Alembert(1743), Traité de Dynamique, Paris.

{6} Euler(1753), Dissertatio de principio mininiae actionis, una cum examine objectionum cl. prof. Koenigii, Berlin, in octavo.

{7} Galileo(1638), Two New Sciences, English translation by Drake(1989), Discorsi e Dimostrazioni Matematiche Intorno a Due Nuove Scienze, Elsvire.

{8} Johann Bernoulli(1696), Problema novum ad cujus solutionem Mathematici invitantur(A new problem to whose solution mathematicians are invited), Acta Eruditorum, 18, p. 269.

{9} Hamilton(1834), On a General Method in Dynamics, Philosophical Transaction of the Royal Society Part II, pp. 247-308; also from the collection Sir William Rowan Hamilton(1805-1865): Mathematical Papers edited by David R. Wilkins, School of Mathematics, Trinity College, Dublin 2, Ireland(2000).

{10} Hamilton(1835), Second Essay On a General Method in Dynamics, Philosophical Transaction of the Royal Society Part I, pp. 95-144.

{11} Lyapunov(1892), The general problem of the stability of motion, originally in Russian, later in French, 'Problème général de la stabilité du mouvement', Annales de Toulouse, Vol. 9 (2), 1907, 203-474.

{12} Poincaré(1892), Sur les courbes définies par une équation différentielle, Oeuvres, Guthier-Villars, Paris.

{13} Duffing(1918), Erzwungene Schwingungen bei veränderlicher Eigenfrequenz. F. Vieweg u. Sohn, Braunschweig.

{14} Lindstedt(1883), Differentialgleichungen der Störungstheorie, Mém. Acad. Sci. St. Pétersbourg, Vol. XXXI.

{15} Hill(1886), On the part of lunar perigee which is a function of the mean motions of the sun and moon, Acta Math., 8, 1-36.

{16} Mathieu(1868), Mémoire sur le mouvement vibratoire d'une membrane de forme elliptique. J. Math., 13, 137-203.

{17} Rayleigh(1883), On maintained vibrations, Phil. Mag. Series 5, Vol. 15, 229-235.

{18} Van der Pol(1922), On oscillation hysteresis in a simple triode generator, Phil. Mag. Series 6, Vol. 43, 700-719.

{19} Liénard(1928), Etude des oscillations entretenues, Revue générale de l'electrécite, Vol. 23, 901-946.

{20} Van der Pol(1927), Forced oscillation in a circuit with non-linear resistance, Phil. Mag. Series 7, Vol. 3.

{21} Picard(1890), Mémoire sur la théorie des équations aux dérivées partielles et la méthode des approximations successives, J. de Math., Vol. 6 (4), 145-210.

{22} Bellman(1943), The stability of solutions of linear differential equations, Duke Math. J., 10 (4), 643-647.

{23} Gronwall(1919), Note on the derivatives with respect to a parameter of the solutions of a system of differential equations, Ann. of Math., 20 (2), 292-296.

{24} Laplace(1799), Méchanique Céleste, Paris.

{25} Poincaré(1892), Les Méthodes nouvelles de la mécanique céleste, Vol. 1, Paris.

{26} Floquet(1883), Sur les équations différentielles linéaires à coefficients périodiques, Annales de l'École Normale Supérieure, 12, 47-88.

찾아보기

D

E

F

G

H

I

J

K

L

M

N

O

P

Q

R

S

ㄱ

ㄴ

ㄷ

해석역학과 비선형동요

2017년 10월 16일 초판 인쇄

2017년 10월 20일 인쇄 발행

저　　자　이승준
발 행 인　송기수
발 행 처　도서출판 GS인터비전
편 집 처　도서출판 GS인터비전
인 쇄 처　대명프린팅
등록번호　제 25100-2016-000050호
I S B N　979-11-5576-196-0(93550)

주　　소 서울 은평구 증산로 15길 69 2층
전　　화 02-976-7898, 02-3272-7898.
팩　　스 02-6468-7898
홈페이지 gsintervision.co.kr
E-Mail gsinter7@gmail.com

정 가　25,000원